香港海水魚類圖鑑

Hong Kong Fish Guide

尤炳軒　著

莊棣華、黎諾維　監修

JPC HK

目錄

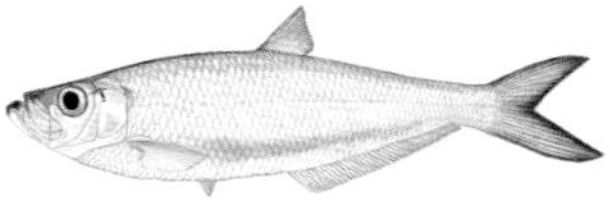

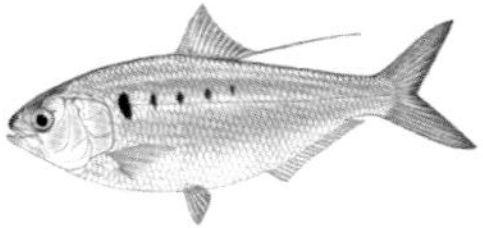

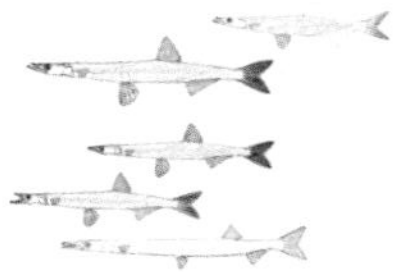

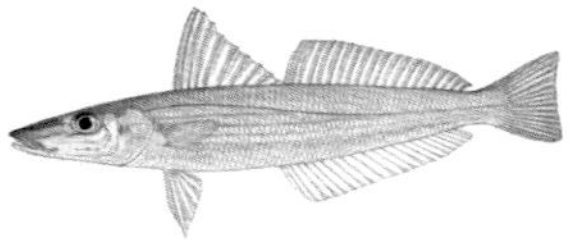

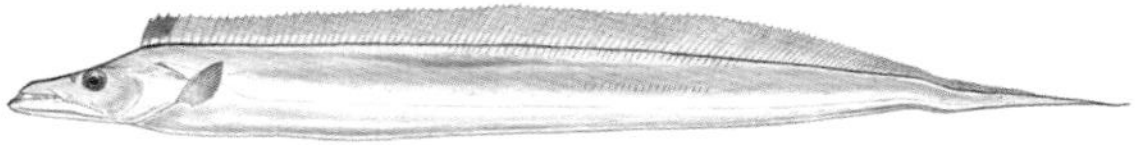

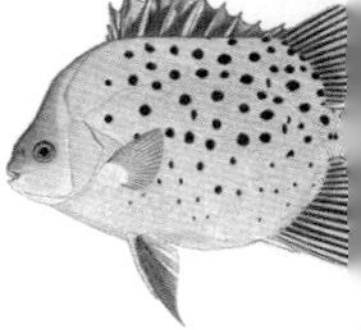

監修序

莊棣華
香港魚類學會會長

黎諾維
香港魚類學會理事

與作者尤炳軒先生相識已有 20 餘載，在參與魚類有關研究工作的香港人中，尤先生對魚類的博物畫及標本製作方面的造詣，尤其在水彩畫與剝製標本，可以肯定是獨當一面的專家。在他數十年考察魚市場的過程中，更細心留意每種魚類的形態、分類，以及生態與生物學等特性，特別於經濟海水魚類，是一位資深的博物學工作者。

現知魚類有效記錄物種已逾 36,000 種，無論形態色彩、生態習性、地理分布，以及起源進化等，生物多樣性上為脊椎動物之首，與我們生活亦息息相關，在博物學研究以至休閒垂釣，從來都是廣受注目，最具魅力的生物類群之一。現代魚類學的確立與發展約有 300 年，自 19 世紀，魚類書籍出版無數，其中圖文並茂的「圖鑑」為主流，在提高當地科普常識影響最為顯著。

尤先生委託監修，考慮到編著本書的意義和定位，與著者交流多方面經驗，根據香港及內地以至海外的同類出版物，在原有的內容與編排結構上，做了較大幅度的改良修訂，以及最新學術資訊之補充，主要包括：

1. 左文右圖的橫向開頁：保留魚類手繪彩圖最大放大比例與完整性；
2. 形態特徵：在魚類彩圖上作標記，提供物種分類指引；
3. 簡易比例：與人體對照，提供較直接的物種體長標準；
4. 分布地圖：表示該物種在全球的分布區域（根據 FAO 及 Fishbase 繪製）；
5. IUCN 紅色名錄：表示物種瀕危等級。

每個物種的拉丁文與中文學名及中英文俗名參考自 2024 年最新 FishBase 及 Eschmeyer's Catalog of Fishes，亦補充整理各類「生物學特性」與「經濟文化」之準確簡約資訊，令本書知識適合入門愛好者、從事水產專業者，以及學術研究者等，能被更廣泛讀者所理解和使用。

作者序

尤炳軒

寄望加深市民對海魚的認識

魚類是重要的海洋生物，和人類的生活息息相關，但由於兩者生活領域不同，魚是動物世界裡較難接觸的族群，人不能隨意觀察魚的活動，尤其是海魚動態，更不易親身探究。大型水族館只是 19 世紀的發明，完整潛水裝備更只是 20 世紀的產物。因此自古以來，除了漁民、魚類學者、航海者外，普羅大眾對海魚的認識非常有限。

中國地大物博，河流一直是華夏文明的脈搏。傳統上中國人對魚類認識主要是淡水物種，所謂「四大家魚」皆是河魚。然而，數千年來中國人已懂得欣賞魚了，無論在國畫、詩詞、賀禮、吉祥物都聯想到魚，當中大都是淡水物種。

中國人認識海魚主要限於沿海各省之漁民，包括香港這個城市昔日漁村的居民。英國人管治香港的那段日子，漁村逐漸發展為一個大都會。香港三面臨海，海魚自必是本地居民源源不斷的食物資源。香港漁業在 1960 和 1970 年代發生重大變化，捕魚和導航技術日益進步，海魚捕撈量增加，漁船前往更遠的外海作業。從此，更多魚類物種被引入香港水產市場，消費者也有更多新鮮海產可選擇，令香港發展出了一套獨特的海鮮文化，漸漸傳播到亞洲，乃至世界其他地區。這種海鮮文化——包括活魚市場、海鮮酒家、魚翅需求等，都是近年新興現象，而非源自內地的傳統飲食文化。

香港海鮮文化不僅創造了不同的烹調風格，更深一層地影響漁民捕撈的魚種、海洋生態，甚至海洋執法，這些都是海鮮消費者不曾意識到的影響。事實上，香港個人平均海鮮消耗量在亞洲僅次於日本，但大多數香港市民對魚類知識仍很有限。消費者往往只關注魚肉之口感和味道，不會刻意認識不同物種。消費者缺乏對魚類知識的興趣，並不利於海洋保育，因為過量捕撈將導致某些物種的滅絕危機，黃花漁汛的一去不復返便是一個實例，今天街市已難見海黃花的蹤跡。

我希望透過準確的繪畫，用學術和研究的角度介紹香港海魚，獻給水生物愛好者、研究員、學校、漁業部門、水產養殖相關人士，以及普羅大眾，以供參考之用。本書可用藝術和科學角度閱讀，彩色圖畫有助提升讀者的注意力和興趣。藉著圖文，我寄望加深市民對海魚的認識。本書開首亦有一篇文章描述香港常見食用海魚的變遷，讓讀者更深入地了解漁業發展，對魚類物種帶來的深遠影響。珍惜海洋生物，首先需要認識牠們，故此我抱著一種拋磚引玉的苦心，希望本書能引起讀者的保育共鳴，環保地享用海魚，激發守護、永續海洋的承諾，這是本書希望達致之目的。

手繪魚圖的價值

我自小喜歡畫魚，也不知何故小學時已對魚很感興趣，但從前拍一張好照片不是易事，即使是擁有一部照相機，也需時沖出一幀黑白照片，失真的機會也很高。因此，我的基本方法是用紙筆將眼前物體畫下，這是最佳的保存技巧，漸漸畫魚便成了一種興趣，越畫便越用心去改良，不論是色彩、輪廓、準確度，甚至紙張的質素，都志在精益求精。40 多年來，我相信曾畫過上千幅彩色魚圖，自己不滿意棄掉的也數不清了。本書使用的魚類繪畫，主要是過去 10 年內完成的作品。

畫一幅好的圖畫，最大秘訣是耐心，因要呈現每一塊魚鰭、每一塊鱗片，必須花費時間和眼力。在數碼相機未出現前，還需跟時間和陽光搏鬥，因魚類顏色隨新鮮度降低而消褪，特別是淺色和銀色的魚類如青筋、走排等。舉例來說，銀色的魚活著時身體可反射多種顏色，如粉紅、藍、綠、黃色，但死後魚身變為沉悶的銀灰色。事實上，所有魚都需要在最新鮮時捕捉體色，若不敏捷地把握魚體色彩，即使輪廓美觀，也失去了意義，因為很多物種是靠細緻的一斑一點顏色作分類。在今天數碼相機的時代，我可以快速拍照，率先捕捉顏色，但有時也急不及待要在市場外拍照，甚至有一次要趕在陽光消失前，利用巴士上層前窗的光線！

還有，採買原物作繪圖之用，亦非經常一帆風順，因為當原物太大、不能帶回家時，為了輪廓的準確，我需要使用報紙或紙皮印出實體，再配合數碼拍照，這需要店主的容忍。最糟糕的情況是在韓國首爾畫大鯊魚時被驅趕出了魚攤。

我的畫魚啟蒙老師是 1950、60 年代香港漁護署畫家唐英偉先生。唐先生的作品一直沿用至今；不論是圖冊、月曆、網站或海報，都可找到他手繪的精美魚、蝦類圖畫。他的原稿作品也曾在香港仔石排灣道的漁護署漁業教育中心展出。

隨著時代和科技的演變，當今手繪魚已是很少人的作業了；亦因如此，稀有、精美手繪魚便有了藝術價值。畢竟傳統上魚類學者和自然生物學者皆以細緻的黑白手繪圖，作為記錄和分類動植物物種的憑藉，所以畫魚同時有科學和藝術上的意義。手繪魚圖的價值是數碼相機不能在一朝一夕取代的。

謹將此書獻給愛好欣賞手繪魚藝術的朋友。

魚體基本結構圖

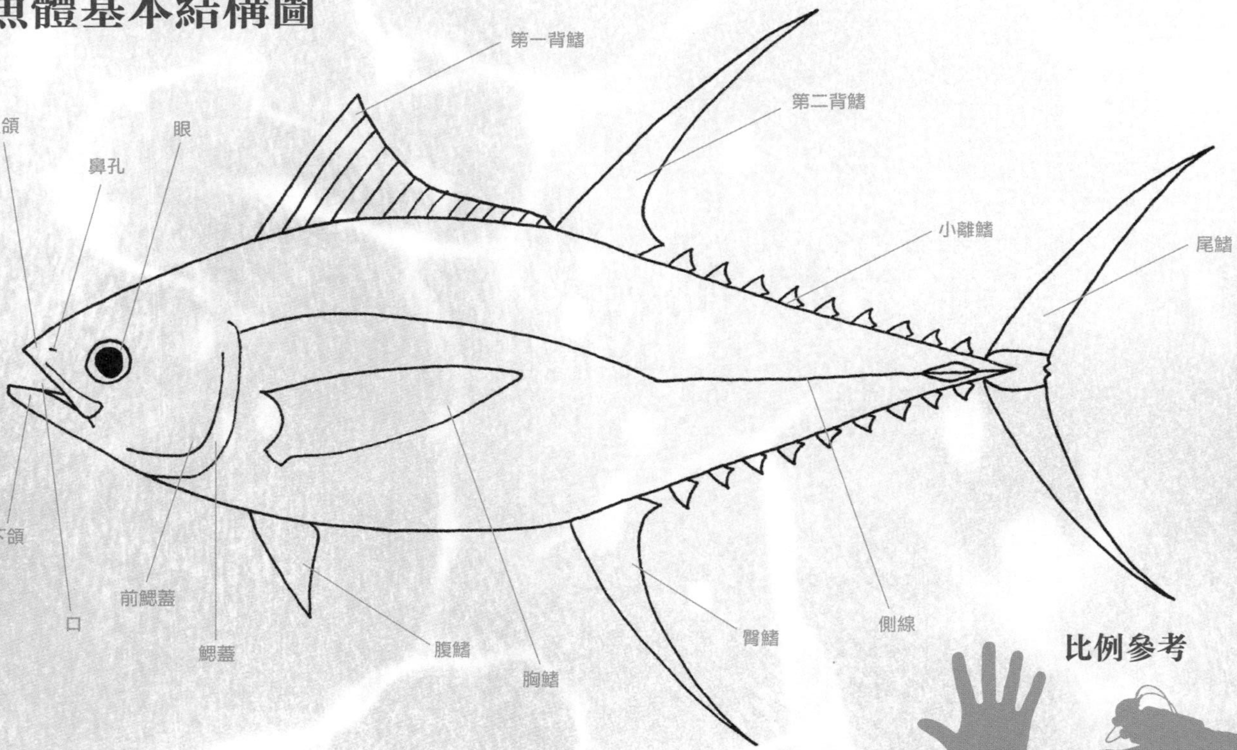

比例參考

專有名詞淺釋

晝行 |

即晝出夜伏，主要在白天活動或覓食，晚上保持靜態。

夜行 |

即晝伏夜出，主要在夜間活動或覓食，日間居於珊瑚礁、岩礁孔穴、沙泥基質等棲所。

定棲魚類 |

大部分時期生活於一個固定範圍的魚類。一般來說，定棲魚類資源不易恢復。

洄游魚類 |

在某個特定階段，在不同環境條件（如靜水與流水；海水、鹹淡水與淡水；表層、中層與底層）的水域間遷移之魚類。

表層魚類 |

大部分或整個時期在表層水域生活的魚類。

中層魚類 |

大部分或整個時期在中層水域生活的魚類。

底棲魚類 |

大部分或整個時期都在底層或海床附近生活的魚類，部分物種棲息於海床和河床的沉積物當中。

導讀：博物體驗——看街市、識海魚、讀歷史

羅家輝

在香港買賣魚產的地方稱為「街市」和「魚市場」，兩者雖通用，含義卻不同，前者管零售，後者管批發。「街市」是普羅大眾買魚的零售市場，「魚市場」是魚販和漁民交易的批發市場。顧名思義，「街市」即「街道之市場」，1945 年以前，香港零售魚檔大多位於街上，和平後香港市政局逐步興建市政大廈，安排街上攤檔搬入大廈集中管理；然而因傳統問題，這些路邊小販即使上了大廈，市民大眾仍沿用「街市」之名；[1] 至於「魚市場」，則專指魚類統營處轄下的「魚類批發市場」。

今天香港街市多達 180 餘個，分別由食物環境衛生署或私人企業管理。[2] 走進大部分街市，不難發現有四大類賣魚的舖戶，包括乾貨檔、淡水魚檔、冰鮮檔、海鮮（活鮮）檔，對此本地市民見怪不怪，不過遊客多感新奇，尤其是歐美遊客，對海鮮檔深感驚嘆，吃海鮮更是來港旅遊的指定節目。香港街市魚檔究竟有何特色？或許，可從香港漁業發展史找到答案。每個魚檔除了是生物學教室，也是本土歷史景點，而這本圖鑑便是為大家解讀的鑰匙。

外國遊客無法在香港魚檔尋找他們熟悉的魚種，本地街市甚少售賣世界主流經濟魚類，如鱈魚、沙甸魚、三文魚、金槍魚等，在 20 世紀世界漁業史上，舉足輕重的經濟物種有黃線狹鱈魚、大西洋鱈魚、遠東擬沙丁魚、南美擬沙丁魚、秘魯鯷魚、智利竹筴魚，在 1980 年代末這些魚種年產量俱在 200 萬噸或以上，[3] 卻在全香港街市難見蹤影，只在超級市場以急凍魚柳和罐頭方式出售。這些都屬大洋性魚種，偏偏香港缺乏三大洋作業的漁船，街市看到的魚種大多來自本地海域和南中國海。

本地街市四大類魚檔中，乾貨檔、冰鮮檔、海鮮檔都是售賣海水魚，反映了香港漁業以海洋漁業為主，淡水魚檔魚貨或來自本地魚塘養殖，或由珠江三角洲入口。乾貨、冰鮮、海鮮三類魚檔的興替，揭示了大半個世紀漁業發展的進程。

鹹魚白菜的年代

乾貨檔賣鹹魚和魚乾，是戰前香港魚檔的主流，當時漁業的習慣分類是「鹹魚業」（包括鹹魚和魚乾）和「鮮魚業」。香港島西區是全港魚貨銷售中心，鮮魚欄集中在西環，鹹魚欄集中在西營盤梅芳街，並以「聯益十二社」（12 間鹹魚欄組成的行業組織）聞名。[4]

香港流行曲有歌詞謂「鹹魚白菜也好好味」，說明了鹹魚是最傳統的魚食。據農林漁業管理處（香港漁農自然護理署前身）的統計，1947-1948年度魚類統營處海魚批發量共256,470擔（15,664公噸），鹹乾魚佔 77%，冰鮮魚只佔 23%；批發產值合共 $14,473,093 港元，鹹乾魚和冰鮮魚分佔 71.4% 和 28.6%。[5] 香港最常見鹹魚大多由曹白（鰳魚）、鰔魚（叫姑魚）、馬鮁（四指馬鮁） 等製成，行內有諺「第一鯧，第二䱽，第三第四馬膏郎」，[6] 即鹹魚之三種貴價貨，「鯧」即鯧魚、「䱽」估計指槽仔（軍曹魚）、「馬膏郎」應指馬鮫；但時至今天，鹹魚已成中老年人的浪漫，昔日普通馬鮁鹹魚也變成了上價貨。

至於魚乾，相信年輕讀者會略感陌生。魚乾大多由小魚曬製而成，如青鱗（鈍腹鯡屬）、橫擲（小沙丁魚屬，在本地亦普遍寫作「黃澤」、「橫澤」）、白飯魚（銀魚屬）等魚種，這些都是昔日罟仔（小型圍網漁船在香港的俗稱）的主力漁獲，罟仔漁民大多將漁獲曬製魚乾。在香港眾多船種中，罟仔是最為近岸作業的漁船，亦因此最深受城市發展的影響，早於 1980 年代漁獲已開始減少，年輕一代對魚乾印象，亦大概只限於白飯魚乾（白飯魚是香港最常見的銀魚屬魚種）。[7] 魚乾在乾貨檔仍有不俗銷量，清蒸白飯魚乾、白飯魚蒸蛋仍是主流的本地家常菜。[8]

冰鮮魚成為主流

今天街市最常見的魚檔是冰鮮檔，佔的空間也較大，賣的魚種也較多，住家菜最普及的海魚，如紅衫（金線魚，*Nemipterus virgatus*）、黃花（大黃魚，*Larimichthys crocea*）、鯧魚（*Pampus* spp.）等，這些都來自冰鮮魚檔。戰前主流魚檔是乾貨檔，但踏入 1950 年代，生雪供應迅速普及，加上韓戰爆發，聯合國對華實施貿易禁運，香港鹹魚頓失內地市場，鹹乾魚和冰鮮魚的勢力此消彼長。1951 年上半年全港海魚批發量是 262,731 擔，鹹乾魚只佔 68,721 擔，只佔全部海魚 26%，[9] 自此鹹乾魚萎縮至今，魚類批發市場已幾乎看不到鹹魚的蹤影，變成冰鮮和海鮮的天下。

談到冰鮮魚，首先要談的是「冰鮮之王」——紅衫，這是香港最家喻戶曉的海魚，[10] 紅衫魚也是百元鈔票代名詞，這個文化現象從何而來？紅衫其實是一個統稱，在臺灣紅衫是黃鱲鯧（布氏鯧鰺，*Trachinotus blochii*）的俗稱，[11] 而香港魚檔常見的紅衫，主要指金線魚科的長尾衫（*Nemipterus virgatus*）、瓜衫（*Nemipterus japonicus*）和黃肚（*Nemipterus bathybius*）；[12] 市民和魚販口中的紅衫，一般指長尾衫，這是最常見的一種紅衫。1950 年代中期，長尾衫約佔香港紅衫家族漁獲量的 7 成。[13] 值得注意的是，長尾衫一般棲息於水深 40 米以上泥質海床，在漁民眼中屬於「深水魚」，在廣東西部的陽江、電白等地，長尾衫被稱為「刀鯉」，香港漁民十分熟悉此魚名，[14] 因專捕紅衫漁船主要在粵西沿海作業。

紅衫貴為香港「冰鮮之王」，這不是自古以來的現象，1940 年代紅衫（長尾衫）在全港海魚產量的比重中，跟狗棍（狗母魚科）、公魚（胡瓜魚科）、鰽魚（鰺科），只在伯仲之間，產值所佔之比重更不及上述三者。[15] 但在 1950 至 1980 年代，隨著香港漁船普遍機動化，作業水深不斷擴展，紅衫無論在產量和產值方面，長期進佔海魚之首。

在紅衫漁業全盛的 1972 至 1973 年期間，全港冰鮮海魚批發量為

549,515 擔，產量排名一至五的海魚分別是紅衫、鰽魚、橫擲（小沙丁魚）、鰔魚和木棉（大眼鯛）。在約 55 萬擔總漁獲中，單是紅衫便佔了 110,814 擔（33,527 公噸），即總數 2 成左右，產值更佔全港海魚的 4 成。[16] 讀者在冰鮮魚檔買紅衫時，偶爾可發現魚嘴含著釣鉤，因為延繩釣是捕撈紅衫最常用的漁法，其次是流刺網和單拖網。在香港眾多專攻紅衫漁船中，以筲箕灣的紅衫釣艇最有名，1970 年代筲箕灣避風塘更有專為紅衫釣竿上魚餌的工場。[17]

隨著 1990 年代香港延繩釣、流刺網和單拖網漁業的沒落，冰鮮魚之王的桂冠也由紅衫轉至牙帶（*Trichiurus*）。「牙帶」是帶魚在港的慣稱，帶魚號稱中國「國魚」，[18] 但在港地位一直不算起眼，直至 1990 年代中期，隨著內地改革開放深入發展、水產市場對香港漁船開放，加上雙拖成為香港的主流漁船，牙帶產量上揚，今天已成為產量、產值皆為第一之冰鮮魚。[19] 香港市漁民捕撈的牙帶主要有三種，包括白帶魚（*Trichiurus lepturus*）、南海帶魚（*Trichiurus nanhaiensis*）和短尾帶魚（*Trichiurus brevis*）。[20] 三種帶魚中以白帶體形最大，深受大陸、中國臺灣、日本和韓國等地水產市場歡迎，因此是香港漁船的主力漁獲。

香港水域也有牙帶的足跡，包括白帶魚和南海帶魚，由於白帶主要棲息於水深 100 米以上大陸架外圍，在本港水域較難捕獲，而南海帶魚很可能是漁民口中的「淺水帶」、「黃邊帶」（背鰭、胸鰭、眼虹呈黃色得名），在約 30 米水深已可大量捕獲。[21] 白帶魚分布於全國海區，每年生殖長達 10 個月之久，幾乎一年四季都在繁殖，因此成為香港雙拖的主力漁獲。[22] 南海帶魚和短尾帶魚則只見於南中國海，兩者體長不足 1 米；[23] 走過魚檔時，如見體長 1 米以上的牙帶，很大機會是白帶魚。在香港漁民眼中，牙帶是生命力頑強、頻密散春（繁殖）、擅長霸地盤之「惡魚」，如果連牙帶也失收，相信漁業也臨近崩潰。隨著越來越多雙拖船專攻牙帶，這種憂慮也無日無之。[24] 看過冰鮮檔後，我們再轉至海鮮檔。

海鮮革命及活魚興起

海鮮檔或活鮮（活魚）檔是香港街市的最大特色。在香港「活魚」基本上是「海鮮」同義詞，香港號稱「海鮮王國」，這個稱號也源自吃活魚的獨特文化。不過，吃活魚並非香港傳統飲食文化，自從1945年農林漁業管理處成立以來，幾乎每年都有統計海魚批發量，但在政府眼中「海魚」只包括「鹹乾魚」和「冰鮮魚」兩大類，規管海魚買賣的「海魚統營條例」，[25] 也沒有針對活魚或海鮮買賣的相關法例。在漁護署的年度報告中，遲至1976年才有香港漁船的活海鮮產量和產值數字。[26]

雖然活海鮮是香港的品牌，但活魚漁業一直不是行業重點，1970和1980年代的活魚捕撈量雖有逐年增加之趨勢，最高紀錄是1988年的43,892擔（2,678公噸），但活魚產量只佔全港漁獲1%左右，遠遠不及冰鮮魚；[27] 活魚售價（批發和零售）雖較冰鮮魚可觀，但在1970和1980年代海魚產值的比重，大約只佔1成；1990年活魚產值達到了1.5億港元的高峰，亦只佔全部海魚產值的11%。[28] 因此，香港奠定「海鮮王國」的稱號，不是靠活魚產量和產值數字，而是活魚對大中華飲食文化以及整個印度—太平洋地區的影響，這可說是一場「海鮮革命」，而這場「革命」可分成兩個階段。

第一階段的海鮮革命由紅斑（*Epinephelus akaara*）領銜，開創以食用活魚為中心的海鮮文化。1960年代當香港市民談及上酒家吃海鮮，所吃的「海鮮」最大機會便是紅斑。紅斑成為當時最普及的活魚，跟香港手釣漁船往東發展息息相關，這批漁船以筲箕灣石斑艇為老大哥，跟隨的還有西貢和大埔的石斑艇，石斑艇船隊由向香港以東沿岸開發，在岩岸、礁石水域手釣紅斑，以1970年代初開發至浙江舟山群島為北上極限。活魚漁業成功的關鍵除了手釣技術，更重要的是船上活養技術，包括香港活魚漁民俗稱的「開生艙」（漁船設置海水對流魚艙）、「放氣」（釋放魚鰾內空氣解壓）、「沖涼」（泡浸淡水除去魚身黏液）等，他們認為這些是香港漁業走向世界的代表作。

1960年代中後期，紅斑漁業發展至高峰，生猛紅斑源源不絕供應酒樓，形成一種活魚海鮮文化，清蒸紅斑成為高貴筵席名菜，炒斑球、炒斑片、炆紅斑腩都是酒家標榜的地道菜式。[29] 在當時嗜食海鮮的食客中，流傳一句吃海鮮的口訣：「斑不過磅，鱲不過八，點不過六」——意思是吃石斑要挑1磅重以下的，吃黃腳鱲（*Acanthopagrus latus*）要挑8両以下的；吃火點鱠（*Lutjanus russellii*）要挑6両重以下的活魚。[30] 同時，由於紅斑售價水漲船高，也促進本港海魚養殖業的誕生，1970年代香港已成為世界養殖紅斑的先驅。[31]

第二階段的「海鮮革命」由珊瑚礁魚類領銜，開創了以食用活珊瑚魚為中心的海鮮文化，換句話說，即活珊瑚魚成為了活魚的中心，香港漁業也從這個時代走向世界。「海鮮革命」步入第二波，關鍵是開發東沙群島——第一個香港漁船開發的離岸珊瑚礁、世界首個珊瑚礁活魚漁業的漁場。[32]1970年以前，香港漁業發展仍以沿岸式為主，以筲箕灣漁民為代表的「東路船」向香港以東開發，以香港仔、長洲漁民為代表的「西路船」向香港以西開發，但隨著漁船的機動力增強，香港漁業開展了離岸式發展，向南開發南中國海的珊瑚島礁，包括東沙、西沙、中沙、南沙等。

1970年代，香港漁業踏入珊瑚礁開發的大時代，漁船打破了地域界限，部分東路船和西路船一同改道向南進發，以手釣捕捉各類熱帶珊瑚魚，但東、西路漁船仍保留了各自傳統，東路船慣用幼魚絲作業，專釣老虎斑（*Epinephelus fuscoguttatus*）和杉斑（*Epinephelus polyphekadion*），西路船慣用粗魚絲作業，專攻東星斑（*Plectropomus leopardus*）和蘇眉（*Cheilinus undulatus*），雙方術業有專攻。[33]1970年起東星斑、蘇眉、老虎斑、杉斑等珊瑚魚傳入香港，這些大都是香港沒有或少見的魚種，市面一時震動。[34] 由於上述珊瑚魚的活魚和同物種的冰鮮魚味道相差甚遠，手釣漁民都致力改進各種船養技術，確保釣獲的能夠鮮活回港。

1980年代以蘇眉和東星為代表的珊瑚礁活魚，已取代了紅斑為代表岩礁活魚，成為了酒家的新寵，[35] 相對蘇眉和東星而言，老虎斑和杉斑價錢差了一截，因此街市活魚檔亦可買到，成為飛入尋常百姓家的珊瑚礁活魚，但要吃蘇眉和東星斑，還是要去大酒家；如果負擔不起大酒家享用生猛魚，亦可到市政大廈熟食中心，例如鴨脷洲街市的「海鮮加工」餐廳便十分有名，只有一層的鴨脷洲街市，便有多達 16 個魚檔。[36] 為了應付與日俱增的活魚需求，1970 年代漁民更引進潛水捕魚方式，新晉潛捕與傳統手釣方式並行，部分手釣或刺網漁民更轉型成為全職潛水漁民；與此同時，魚欄和水產公司亦投資活魚漁船，到盛產熱帶珊瑚魚的印度—太平洋區的島國捕撈，將香港漁民釣捕和船養技術傳播世界，[37] 這些都為當地生態和社會帶來深遠的影響。[38]

一書遊街市

香港的街市毫不簡單，賣海魚的有乾貨檔、冰鮮檔、活鮮檔，這個現場在世上絕無僅有，反映了香港漁業大半個世紀走過的道路。本地水域有豐富多彩的魚類資源，有淡水、鹹淡水、海水；香港漁民作業方式多元化，除了傳統拖網、圍網、排釣、刺網，還有專攻活魚的手釣和潛捕作業；保存漁獲的方式也各式各樣，有鹹魚、魚乾、凍鮮和活魚等。

本書的繪圖作品都是街市常見的海水魚，讀者在欣賞圖鑑時，不妨也帶著本書遊走各區街市魚檔和海鮮酒家。香港街市雖然毫不起眼，但多元的魚種、保鮮、售賣和煮食方式，儼然是一個自然博物學的活動教室，揭示著魚類的文化與科學趣味。

1 爾東、許嘉汶；陳國豪攝影，《樂遊九龍街市》，香港：明報出版社，2014年，序，頁9-10。

2 同上。

3 Dietrich Sahrhage and Johannes Lundbeck, *A History of Fishing*, Berlin: Springer-Verlag, 1992. p.168-169.

4 謝慎生、盧維亞，《香港漁民概況》，上海：中國漁民協進會；香港：中國僑港漁民協進會總代售，1939年，頁4。

5 "Comparison of fresh fish and salt/dried fish marketed during period April 1947 to March, 1948", *Hong Kong Annual Report of the Director of Fisheries For the Period 1st April 1948 to 31st March, 1949*, Hong Kong: Government Printer, 1949.

6 長春社文化古蹟資源中心，《守下留情：鹹魚欄的故事》，香港：長春社文化古蹟資源中心，2015年3月，「鹹魚的種類」；另見王崇熙纂、舒懋官修，《嘉慶新安縣志》，卷之三「物產」，頁13。

7 羅家輝、吳家文、尤炳軒，《做海做魚：康港漁業的故事》，香港：三聯書店（香港）有限公司，2016年，頁264-265。

8 爾東、許嘉汶；陳國豪攝影，《樂遊九龍街市》，香港：明報出版社，2014年，頁46-47。

9 J. P. McCarthy, J. Tausz, *Salt Fish Industry in Hong Kong*, in HKRS41-1-8186 Fish-Drying Plant at Aberdeen-1. Request For Information on... 2. Permission For Disposal Of..., Hong Kong Public Records Office, p.2.

10 尤炳軒撰文、繪圖，《香港海水魚的故事》，基隆市：水產出版社，2012年，頁14-15。

11 吳佳瑞、賴春福撰文、潘智敏攝影，《菜市場魚圖鑑》，台北：遠見天下文化出版社，2006年，2016年第30次印行，頁20。

12 羅家輝、吳家文、尤炳軒，《做海做魚：康港漁業的故事》，香港：三聯書店（香港）有限公司，2016年，頁292-293。

13 Li Kwan Ming, "On the Biology of the Hong Kong golden thread, *Nemipterus virgatus* (Houttyun)", *Hong Kong University Fisheries Journal*, No. 3, April 1960, Hong Kong : Hong Kong University Press, p.92

14 梁金福訪談，2015年6月30日；梁金福，香港仔蝦艇、雙拖漁民，1936年生。

15 "Comparison of fresh fish and salt/dried fish marketed during period April 1947 to March, 1948", *Hong Kong Annual Report of the Director of Fisheries For the Period 1st April 1948 to 31st March, 1949*, Hong Kong: Government Printer, 1949.

16 香港漁農處，《漁業報導》（第四卷第一期），香港：香港政府漁農處編印，1973年8月，頁7。

17 張二仲訪談，2016年9月18日。張二仲，筲箕灣釣艇漁民、魚商，1951年生。

18 尤炳軒撰文、繪圖，《香港海水魚的故事》，基隆市：水產出版社，2012年，頁34-35。

19 綜合2014-2017年香港仔、筲箕灣10位雙拖漁民之訪談內容。

20 K.Y. Kwok, I. -H Ni, "Reproduction of cutlassfishes *Trichiurus* spp. from the South China Sea", *Marine Ecology Progress Series*, Vol. 176: 39-47, 18 Jan 1999, p.39.

21 李俊宇訪談，2017年6月12日。李俊宇，筲箕灣雙拖漁民，1979年生。

22 K.Y. Kwok, I. -H Ni, " Reproduction of cutlassfishes *Trichiurus* spp: from the South China Sea", *Marine Ecology Progress Series*, Vol. 176: 39-47, 18 Jan 1999, p.42-43.

23 *Trichiurus nanhaiensis* , FishBase (http://www.fishbase.org/summary/58409); *Trichiurus brevis*, FishBase (http://www.fishbase.org/summary/59046).

24 綜合2014-2017年香港仔、筲箕灣10位雙拖漁民之訪談內容。

25 香港法例，第291章《海魚（統營）條例》。

26 "Estimated local production of fish and fishery products", in Annual Departmental Report by the Director of Agriculture and Fisheries for the financial year 1977-1978, Appendix 9.

27 綜合整理 1972-1973 年度至 1993-1994 年度之漁農自然護理署年報（Annual Departmental Report by the Director of Agriculture and Fisheries）。

28 同上。

29 陳幹培，「海鮮之王——石斑（四）」，《家庭生活》（第 51 集），1965 年 3 月 30 日，頁 14-15，收於香港大學孔安道紀念圖書館編，《香港海鮮評談 魚鮮雜談》剪報集，香港：香港大學孔安道紀念圖書館，1985 年，頁 53 及 55。

30 同上。

31 Ho Sheck Leung, "The biology of red grouper, *Epinephelus akaara* (Temminck & Schlegel) in Hong Kong with special emphasis on induced breeding and cultivation", Hong Kong: Chinese University of Hong Kong, 1980, Master of Philosophy Thesis, pp.140-142；張二仲訪談，2016 年 6 月 13 日。

32 羅家輝、吳家文、尤炳軒，《做海做魚：康港漁業的故事》，香港：三聯書店（香港）有限公司，2016，「東沙：珊瑚礁第一站」，頁 41-43。

33 張二仲訪談，2017 年 4 月 17 日。

34 李彩華訪談，2015 年 7 月 3 日。李彩華，香港仔活鮮魚商，1958 年生。

35 同上。

36 爾東、許嘉汶；陳國豪攝影，《樂遊九龍街市》，香港：明報出版社，2014 年，頁 160-161。

37 張二仲訪談，2017 年 4 月 17 日；李彩華訪談，2015 年 7 月 3 日、2016 年 11 月 29 日。

38 Carl Safina, *Song for the blue ocean: encounters along the world's coasts and beneath the seas*, New York: Henry Holt, 1998.p.376-377.

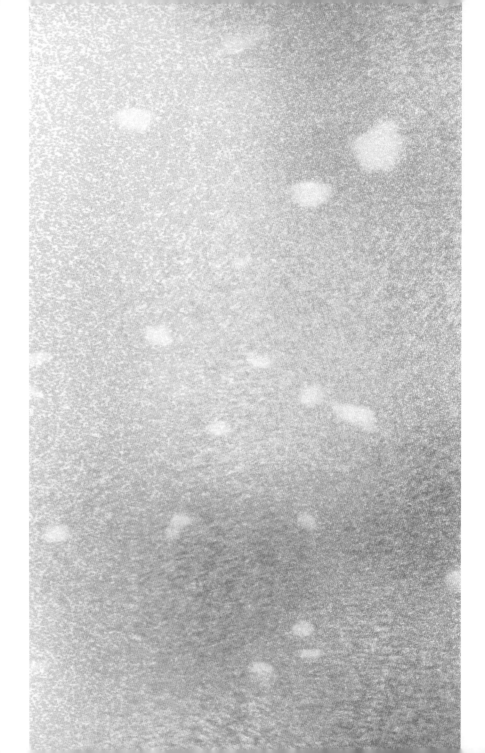

1 真鯊科 *Carcharhinidae*

真鯊目 *Carcharhiniformes*

真鯊科（白眼鮫科）魚類至少 58 種，廣泛分布在世界各熱帶及溫帶海域，棲息沿岸至近海，少數可進入淡水短暫生活。獨居或群居，肉食性，游泳能力佳，能迅速準確捕食，部分具攻擊性。本科物種體形差異大，體長由 1~7 米不等。

| 寬尾斜齒鯊
| 烏翅真鯊
| 錘頭雙髻鯊

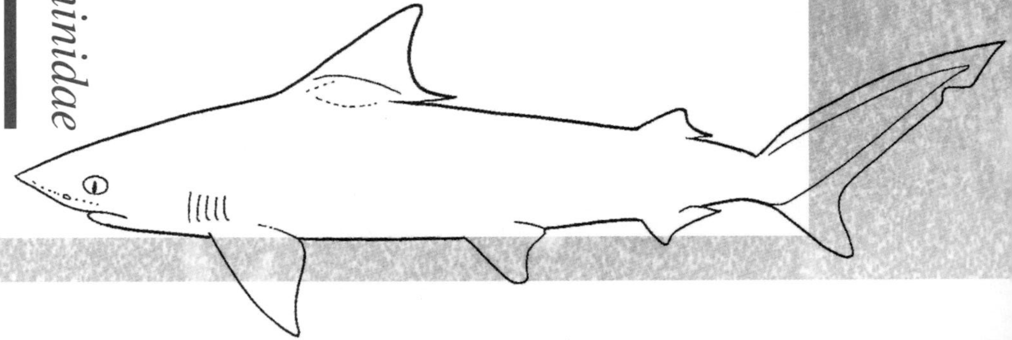

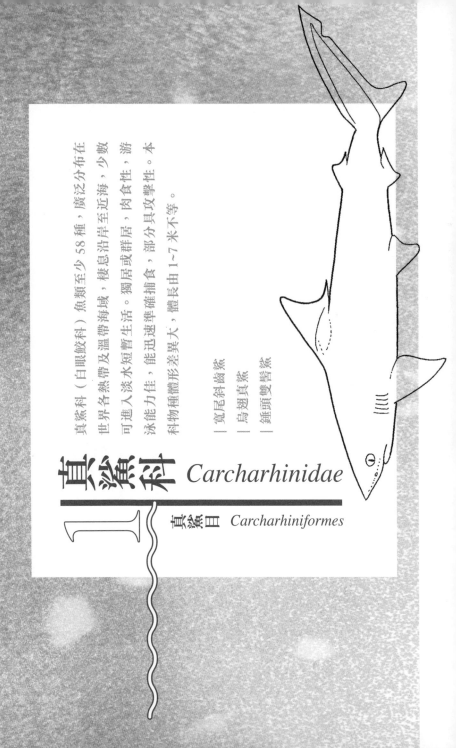

1-1 寬尾斜齒鯊
Scoliodon laticaudus (Müller & Henle, 1838)

英文俗名 | Spadenose shark

中文俗名 | 尖鯊(香港)、竹鯊(香港，源自：頭尖)、寬尾斜齒鯊(臺灣)

體長／重量 | 長達 1 米，平均約 64.5~66.7 厘米；2 公斤。

行為／食性 | 夜行；肉食。

生殖／壽命 | 胎生。性成熟 33~35 厘米，妊娠期 5~6 個月，每胎 6~18 尾，出生體長 12~15 厘米。壽命約 7 年。

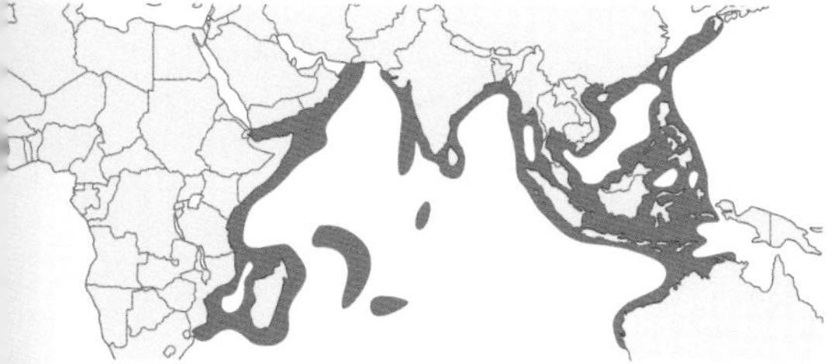

形態特徵 |

體形小，一般 1 米以下。身體延長;頭平扁;吻尖長;尾鰭基部上下方各具一凹窪。牙齒寬扁，邊緣無鋸齒，齒頭向外傾斜；上頜中央具一直正中牙，上下頜每側 13 顆牙齒。無噴水孔，鰓裂 5 個。體側上方及體背灰褐，下方及腹面白色;背、尾、胸鰭灰褐，臀鰭及腹鰭淡白色。

生活習性 |

底棲，群居於沿岸至近海 10~50 米水深之礁石區，亦游入河口域。夜行，肉食性，以小魚、蝦和墨魚等小型無脊椎動物為食。

經濟文化 |

主要以底拖網和延繩釣捕獲，市面所見大多來自外海，以近海底拖網混獲(bycatch)為主，在香港屬非主要經濟魚類。魚肉爽口，帶腥味而粗糙，可以蒜頭豆豉煮食，或作魚蛋或湯羹。

地理分布 |

印度—西太平洋：波斯灣、非洲東岸、巴基斯坦、印尼、日本、大陸和中國臺灣等地。聯合國糧農組織漁區：51、57、61、71。

寬尾斜齒鯊

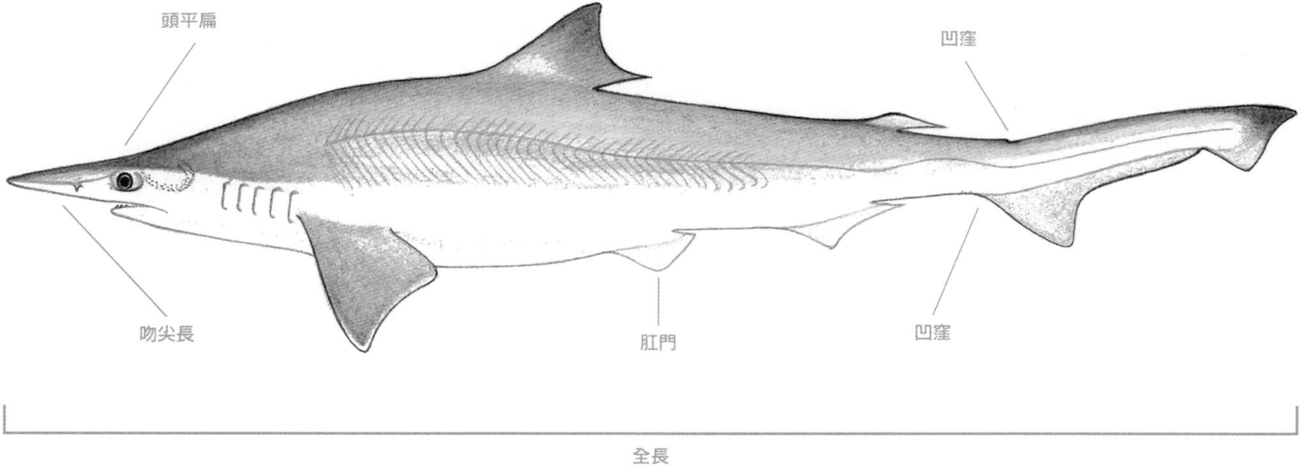

Extinct　Threatened　Lower Risk

EX　EW　CR　EN　VU　cd　**nt**　lc

《IUCN紅色名錄》物種瀕危等級
近危 Near Threatened (NT)

1-2 烏翅真鯊

Carcharhinus melanopterus (Quoy & Gaimard, 1824)

英文俗名｜Blacktip reef shark

中文俗名｜黑翼角（香港）、黑翼鯊、烏翅真鯊（臺灣）

體長／重量｜長達 2 米；14 公斤。

行為／食性｜夜行；肉食。

生殖／壽命｜胎生。性成熟 91~120 厘米，妊娠期 8~16 個月，礁區產子，每胎 2~4 尾，出生體長 30~50 厘米。壽命 10~15 年。

形態特徵｜

體形中大，達 2 米。體長紡錘形，軀幹粗大。頭部寬扁。吻寬而短。尾鰭基部上下方各具一凹窪。口閉合時上下頜緊合，牙齒不外露。上頜牙寬扁，邊緣具細鋸齒，齒頭向外傾斜；上下頜中央具一直正中牙，每側 12 顆牙齒。鰓裂 5 個，無噴水孔。體側上方及體背灰褐，下側及腹面白色；第一、二背鰭上端，胸、腹、臀鰭下端，以及尾鰭後端和下葉前部下端呈灰褐，故香港漁民通稱「黑翼角」。

生活習性｜

雙向洄游（amphidromous）底棲魚類，獨居或結小群於沿岸至近海 0~75 米泥地和沙地；河口、紅樹林、珊瑚礁、潟湖亦見蹤影。夜行，肉食性，以小型魚類、貝類和頭足類為食。性凶猛，有襲擊人類記錄。

經濟文化｜

主要以底拖網、流刺網和延繩釣捕獲。非香港主要經濟魚類，市售個體多為外海漁獲。魚肉爽口，帶腥味而粗糙，可以蒜頭豆豉煮食，或作魚蛋或湯羹。

地理分布｜

印度—太平洋，西至紅海、東非，東至夏威夷群島，北至日本，南至澳洲。聯合國糧農組織漁區： 21、31、34、37、41、51、57、61、71、77、87。

烏翅真鯊

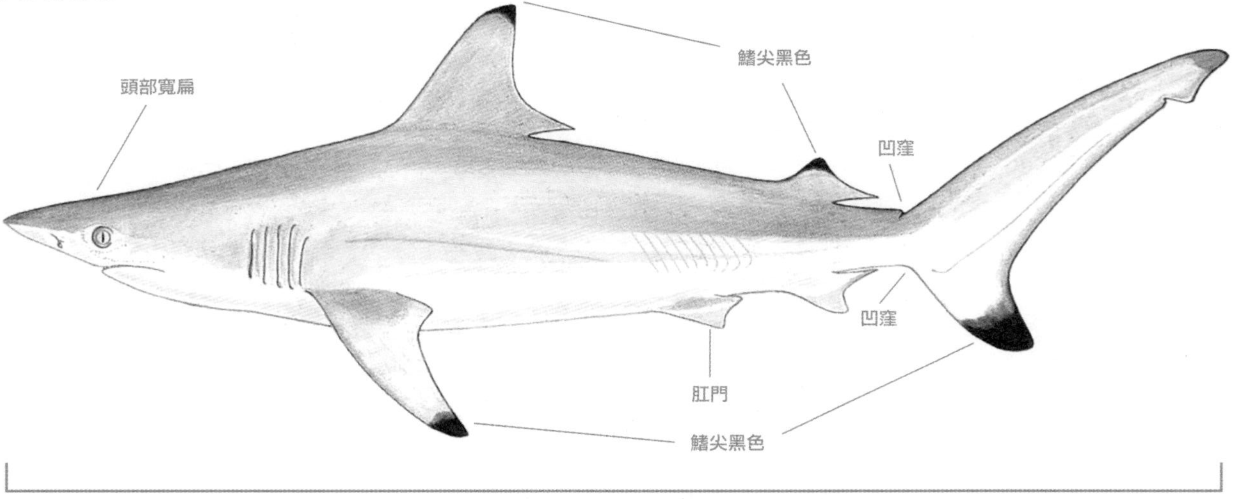

Extinct | Threatened | Lower Risk

EX EW CR EN VU cd nt lc

《IUCN紅色名錄》物種瀕危等級
易危 Vulnerable (VU)

13 錘頭雙髻鯊

Sphyrna zygaena (Linnaeus, 1758)

英文俗名 | Smooth Hammerhead Shark

中文俗名 | 丫髻鯊、錘頭鯊、斧頭鯊、太子鯊（香港）；錘頭雙髻鯊（臺灣）

體長／重量 | 長達 5 米，平均約 3.35 米；400 公斤。

行為／食性 | 肉食

生殖／壽命 | 胎生。性成熟 2.65 米，妊娠期 10~11 個月，每胎 20~50 尾，出生體長 50~61 厘米。壽命 18 年（雌）或 21 年（雄）。

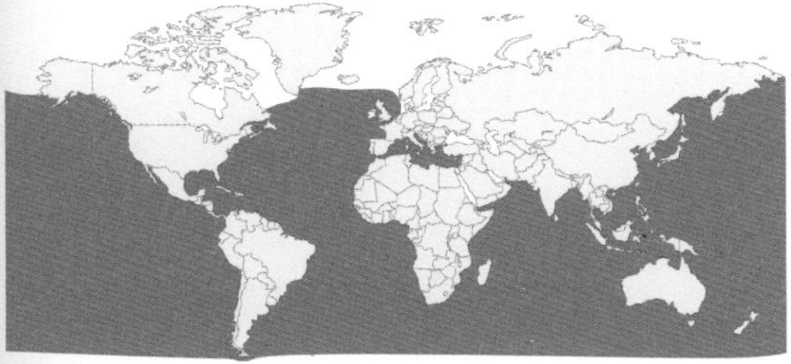

形態特徵 |

體形大，身體延長，軀幹側扁而粗大。頭前部縱扁，向兩側擴展，形成方形翼狀（俯視似錘狀）凸出。吻寬短，前緣呈波浪狀。尾基上下方各具一凹窪。上下頜牙齒同形，邊緣平滑或具細鋸齒，呈側扁三角形，齒頭傾斜。鰓裂 5 個，無噴水孔。體側上方及體背灰褐，下側及腹面白色。胸鰭、尾鰭下葉前端、尾鰭上部尖端具黑斑；背鰭上部具黑緣。

生活習性 |

大洋洄游性（oceanodromous）中層魚類，群居近岸至大洋 0~200 米的沙泥底或礁石區。肉食性，以其他軟骨及硬骨魚類、甲殼類和頭足類等為食。性凶猛，會襲擊人類。

經濟文化 |

主要以底拖網、流刺網和延繩釣捕獲。由於本種為製造魚翅的主要鯊魚之一，加上群游的習性，較易被過度捕撈，因此近年數量銳減，已被列為易危（VU）物種。2012 年估計約有 130 至 270 萬條進入香港魚翅市場作轉運。魚肉可製成魚蛋或湯羹。

地理分布 |

全球溫帶及熱帶海域，印度洋和太平洋的分布由南非、斯里蘭卡、澳洲、紐西蘭至夏威夷；大西洋的分布則由加拿大至阿根廷。聯合國糧農組織漁區：21、27、31、34、41、47、51、57、61、67、71、77、81、87。

鍾頭雙髻鯊

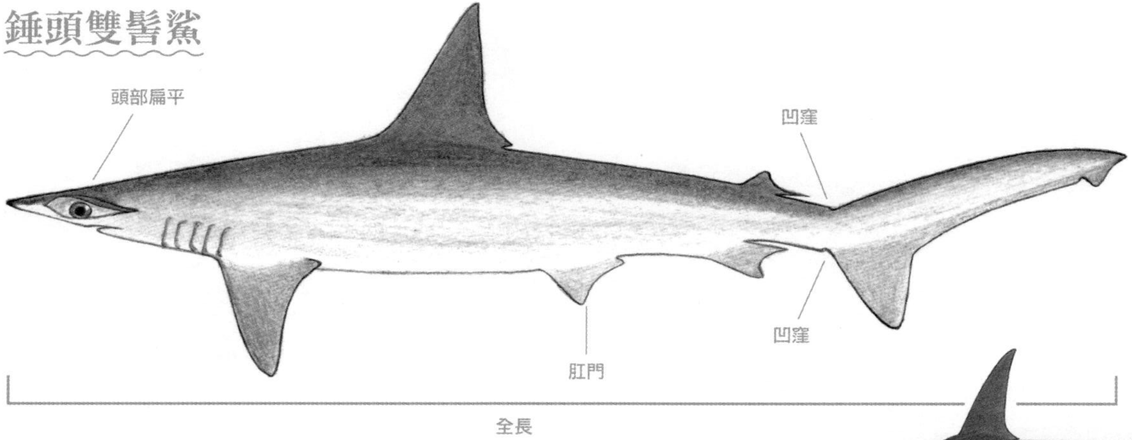

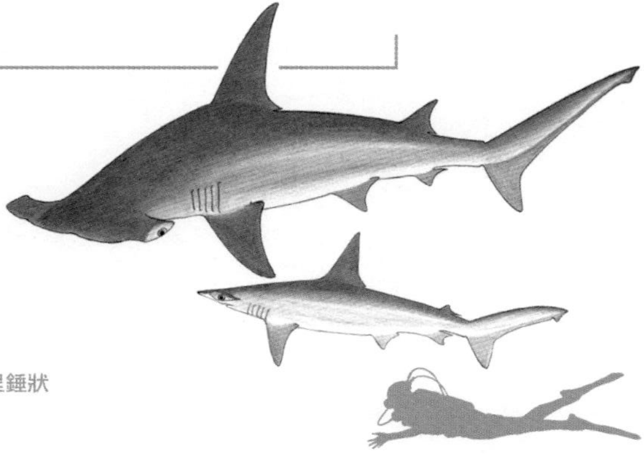

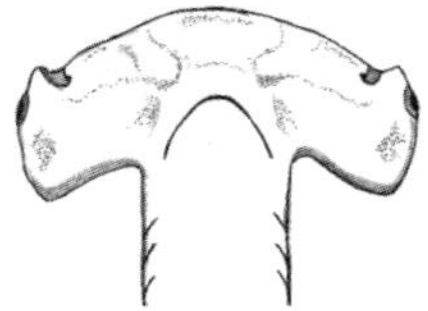

Extinct — EX
EW CR EN VU (Threatened)
cd nt lc (Lower Risk)

《IUCN紅色名錄》物種瀕危等級
易危 Vulnerable (VU)

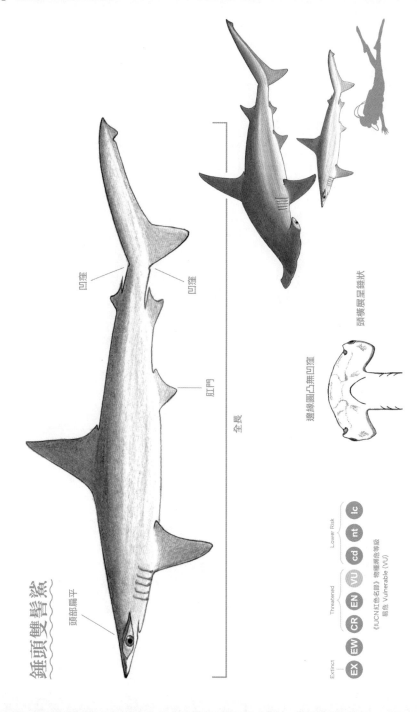

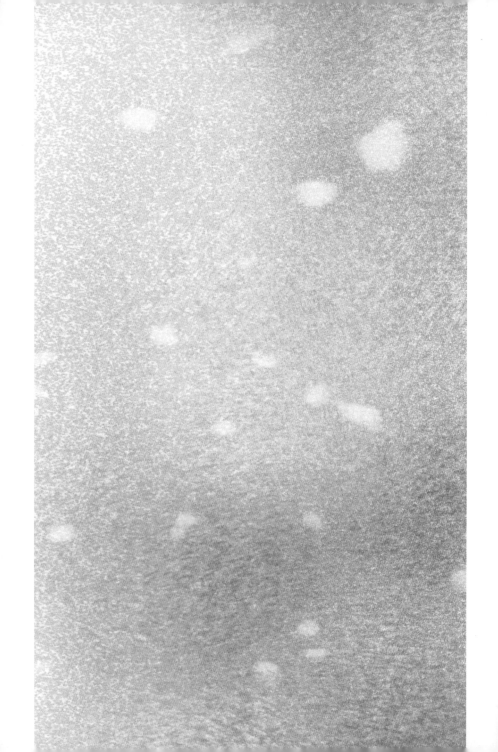

2 海鰻科 *Muraenesocidae*

鰻鱺目 *Anguilliformes*

海鰻科魚類共 15 種，廣泛分布在世界三大洋之熱帶海域。本科魚類棲息於沙泥底海域，部分物種會進入河口，大多獨居，肉食性。游泳速度快，性凶猛，上、下頜均充滿鋒利牙齒，咬合力強。

| 海鰻

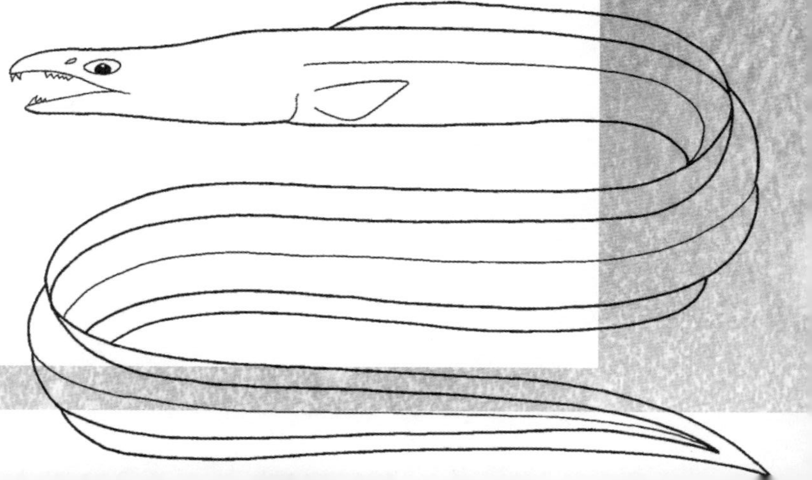

2 1 海鰻

Muraenesox cinereus (Forsskål, 1775)

英文俗名｜Conger pike eel

中文俗名｜青門鱔（香港）、灰海鰻（臺灣）

體長／重量｜長達 2.2 米，平均約 80 厘米；約 7.1 公斤。

行為／食性｜夜行；肉食。

生殖／壽命｜卵生。性成熟約 5 米，外海產卵，繁殖期 4~8 月。壽命約 15 年。

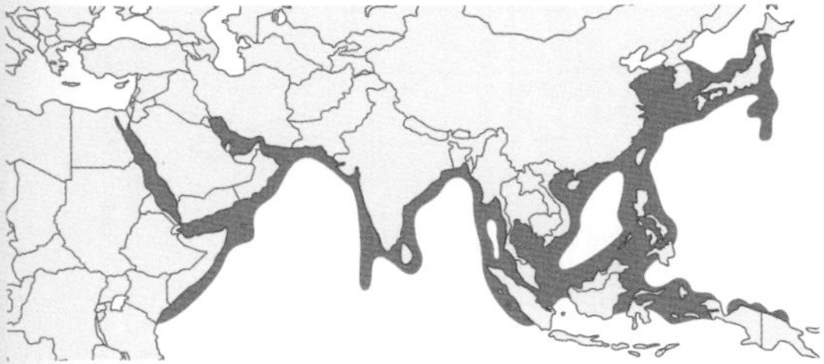

形態特徵｜

體形中型，身體延長，軀幹圓筒狀。頭細呈長錐狀，吻長。口大且平裂，口裂達眼後下方，眼長橢圓。上頜長於下頜；兩頜分別具 3 行齒，以中間一行牙齒最大，側扁且略呈三角形，內、外行牙齒較細似錐狀；下頜內行後方牙齒常呈不規則 2 行，外行前方牙齒較小，內行具 4~7 大犬齒。鰓孔寬大。身體光滑無鱗；側線孔明顯。魚鰭發達，背、臀及尾鰭相連。體側背面暗銀色，較大者微帶褐，腹面近乳白，背、臀及尾鰭邊緣黑色，胸鰭淡褐或無色。

生活習性｜

大洋洄游性底棲魚類，多獨居沿岸至近海 0~800 米的沙泥底和礁沙混合區，除河口或瀉湖，偶然游入淡水環境。肉食性，夜行。性凶猛，以小型底棲魚類和甲殼類為食。

經濟文化｜

主要以底拖網或延繩釣捕獲，香港漁民多以延繩釣捕捉門鱔，俗稱「吓門鱔」。香港主要經濟魚類，大多為本港和華南沿海漁獲。肉質佳但帶腥味，主要以蒜頭豆豉蒸和清蒸煮食，可炒球或燜煮，同時是製成魚蛋的常用魚類之一，鰾可製成花膠。

地理分布｜

印度洋—西太平洋，包括紅海、阿拉伯海、印度西岸、斯里蘭卡、印尼北部、日本、韓國，最南可至澳洲北部。聯合國糧農組織漁區： 51、57、61、71。

海鰻

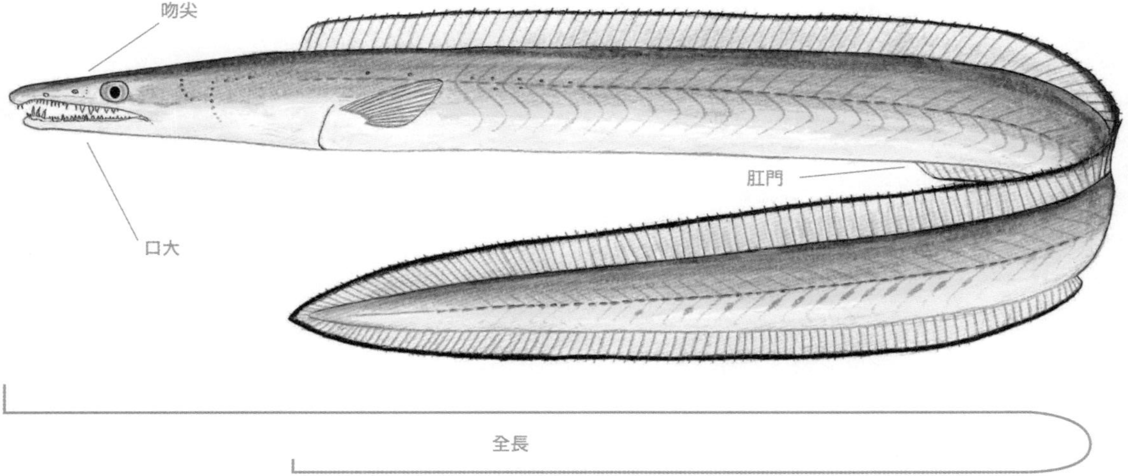

Extinct　Threatened　Lower Risk

EX　EW　CR　EN　VU　cd　nt　lc

《IUCN紅色名錄》物種瀕危等級
無危 Least Concern (LC)

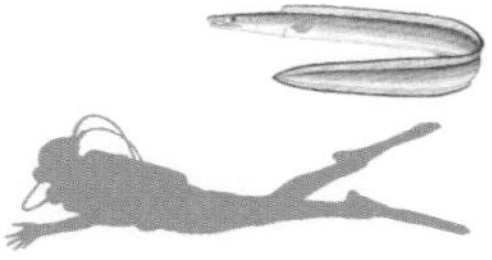

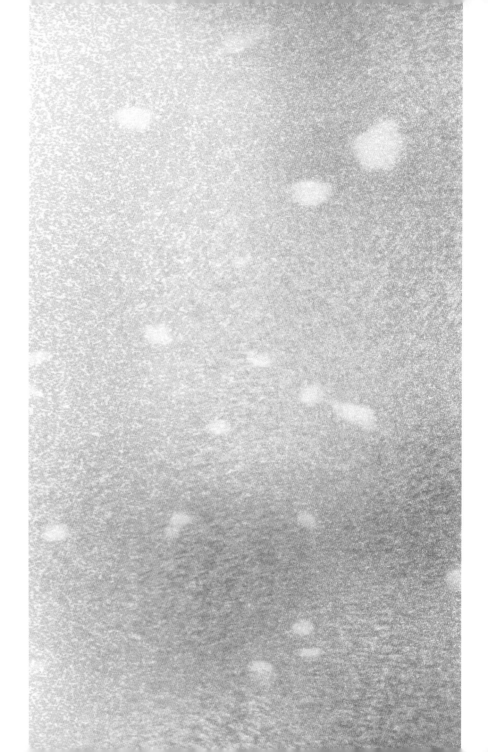

3 鋸腹鰳科 *Pristigasteridae*

鯡形目 *Clupeiformes*

鋸腹鰳科魚類共38種，廣泛分布於世界三大洋的熱帶及亞熱帶海域。本科魚類棲息於沿岸至近海區域，部分物種會進入河口，南美洲有少數為淡水物種。群居，大多浮游生物食性（planktivore），體形較大者會以小魚或甲殼類為食。

| 鰳魚

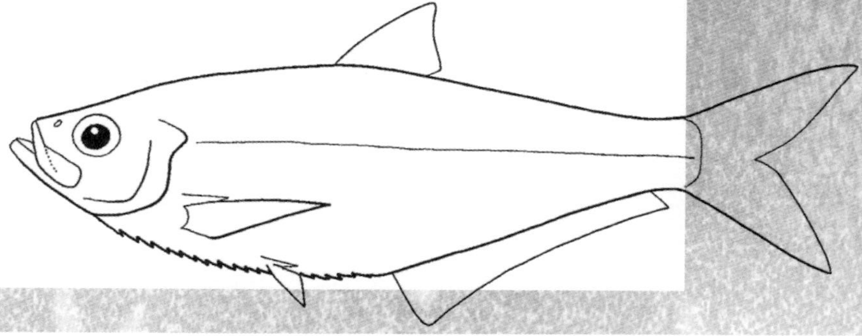

31 鰳魚

Ilisha elongata (Anonymous [Bennett], 1830)

英文俗名 | Elongate ilisha

中文俗名 | 曹白(香港)、長鰳、白力魚(臺灣)

體長/重量 | 長達 60 厘米，平均約 30 厘米；140 克。

行為/食性 | 夜行；肉食。

生殖/壽命 | 卵生。性成熟 40 厘米，河口沿海產卵，繁殖期 3~5 月。壽命約 2 年。

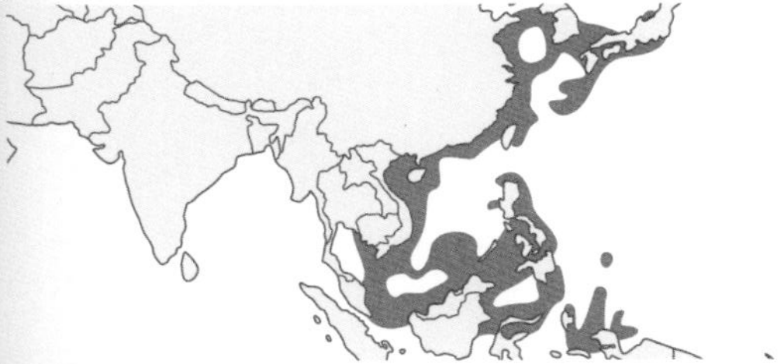

形態特徵 |

體形中等。身體長橢圓形，側扁。頭部側扁，眼睛大，吻略上翹，下頜較上頜前凸。體被中等大、易脫落的圓鱗(cycloid scales)，腹緣有鋸齒狀稜鱗(scutes)，因此得名「鋸腹鰳」。胸鰭及腹鰭基部具腋鱗，臀鰭基部長。體背灰色，體側銀白，頭背、吻端、背鰭及尾鰭呈淡黃綠，背鰭和尾鰭邊緣灰黑，其他各鰭淡色。

生活習性 |

淺海洄游魚類，群居於沿岸至近海中上層 5~20 米的沙泥及礁石區，亦游入低鹽度河口域。肉食性，夜行，日間多棲息於底層，黃昏及晚上升至中上層。幼魚以浮游動物為食，成魚則捕食小魚、甲殼類、頭足類等。

經濟文化 |

主以流刺網捕獲。香港經濟魚類，價格中下，多為本地及珠江口漁獲，珠江口漁期為初春農曆三至五月。清蒸食用，肉質嫩滑但刺(肌間骨)較多，是製成鹹魚的常用魚類之一。

地理分布 |

印度—太平洋，由印度、馬來西亞、印尼等至南中國海、日本、韓國及俄羅斯的大彼得灣。香港常見於西部水域。聯合國糧農組織漁區：61、71。

鰳魚

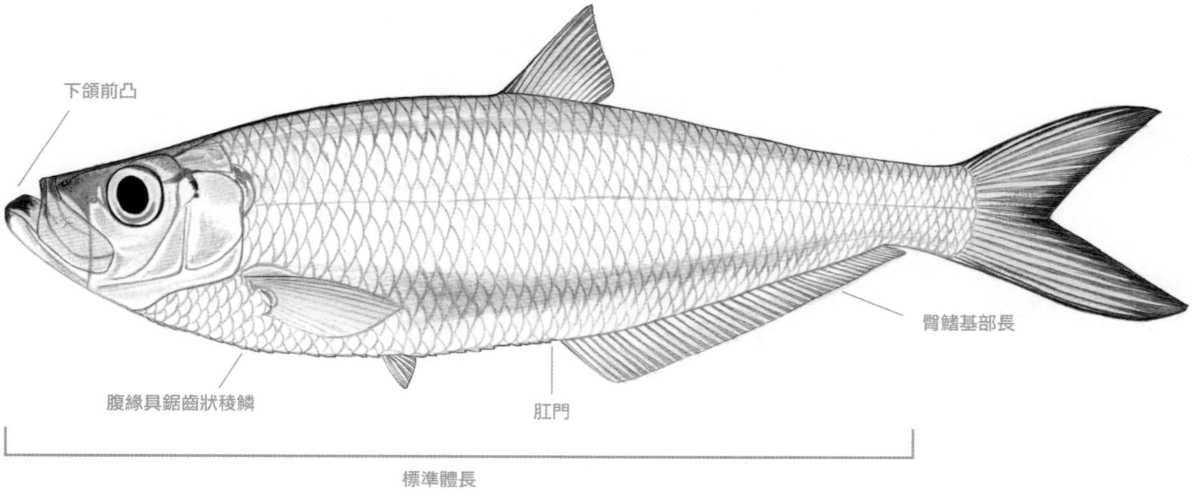

Extinct　Threatened　Lower Risk

EX　EW　CR　EN　VU　cd　nt　**lc**

《IUCN紅色名錄》物種瀕危等級
無危 Least Concern (LC)

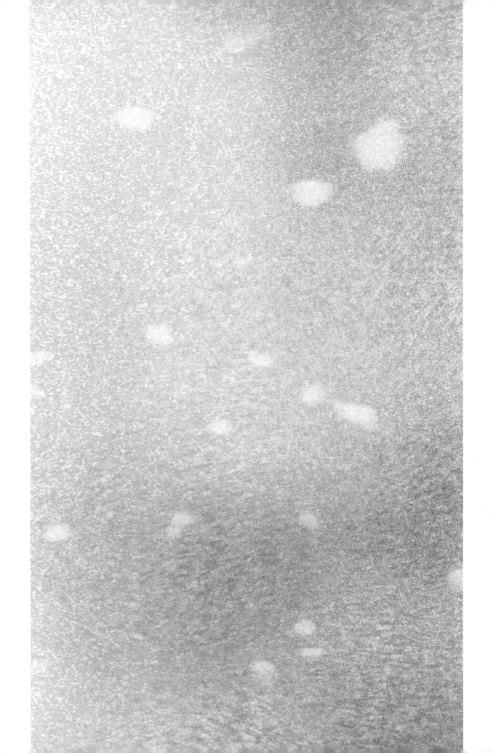

4 鯷科 *Engraulidae*

鯡形目 *Clupeiformes*

鯷科魚均是體長 50 厘米以下的小魚，大部分物種只有 15 厘米左右，以浮游生物為食，生活於淡水及海水，亦是其他海魚和海洋生物的食物。鯷科共有 146 物種。

| 刀鱭

| 七絲鱭

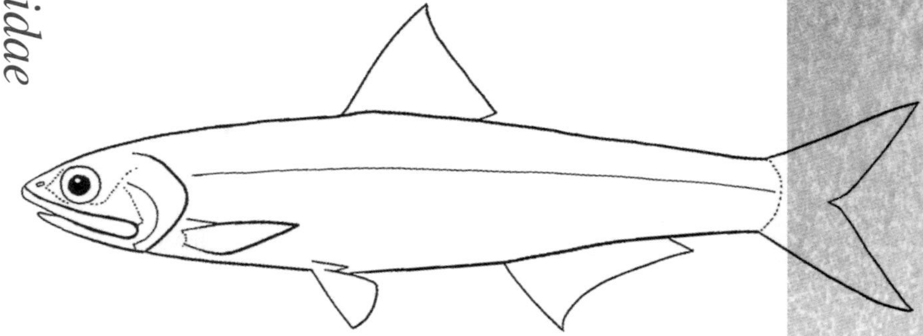

41 刀鱭

Coilia nasus (Temminck & Schlegel, 1846)

英文俗名｜Japanese grenadier anchovy

中文俗名｜鳳尾（香港）、刀鱭（臺灣）

體長／重量｜長達 41 厘米，一般 15~20 厘米；100 克。

行為／食性｜晝行；浮游生物。

生殖／壽命｜卵生。性成熟 60~120 克，繁殖期沿河口溯河蘆葦叢中產卵，一生產卵約三次，繁殖期 5~8 月。壽命 3 年以上。

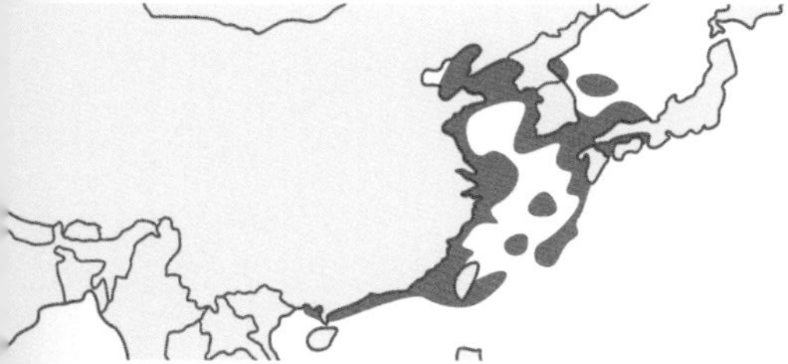

形態特徵｜

體形小，身體延長，漸向尾部收窄，尾部細長如刀故稱為刀鱭。頭短小，吻鈍圓。口大，上頜長於下頜，上頜骨向後延伸達胸鰭基部。體被圓鱗，易脫落，鱗片前緣弧圓，後緣整齊；腹部具稜鱗，胸鰭及腹鰭基部均具腋鱗。胸鰭前具有 6 條絲狀游離軟鰭條；臀鰭與尾鰭相連；腹鰭短。身體呈銀白色，背部淡黃綠色，各鰭淡色。

生活習性｜

淺海洄游魚類，群居於近海中上層 0~50 米的沙地和泥地，也游入河口和淡水。晝行，濾食性，主要以浮游生物為食。

經濟文化｜

主以底拖網或流刺網漁法捕獲。為香港經濟魚類，價格低廉，市售個體大多為本港和華南沿海漁獲。由於過度捕撈，野生刀鱭在內地曾是高價魚類。在香港屬下價魚。刀鱭離水生存時間短，多以冰鮮形式出售。肉質嫩滑，刺多（肌間骨），可清蒸，大多油炸後製成罐頭，是香港及中國內地，甚至遠銷至國外市場的著名罐頭魚。

地理分布｜

印度—西太平洋，東海、南海。因亦見於中國內地的河流和湖泊，故在中國內地有「江刀」、「湖刀」和「海刀」的區分。香港常見於新界西北地區的鹹淡水交界。聯合國糧農組織漁區：61。

刀鱭

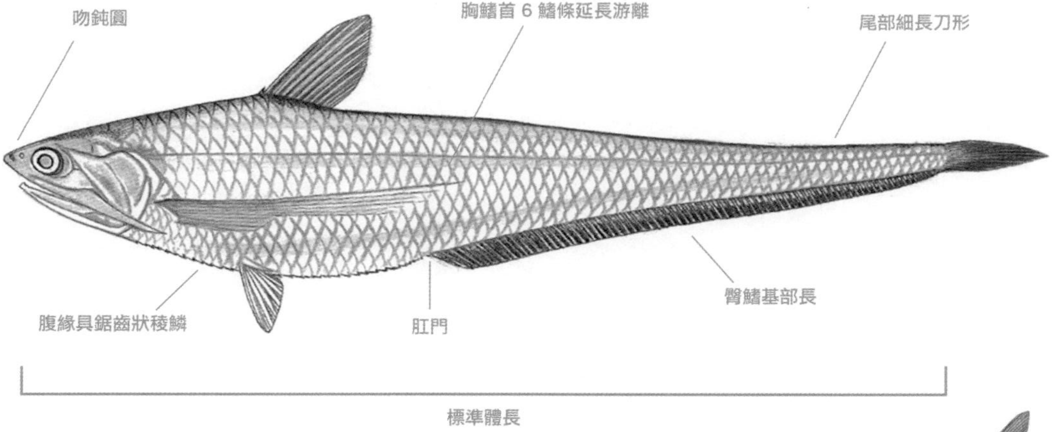

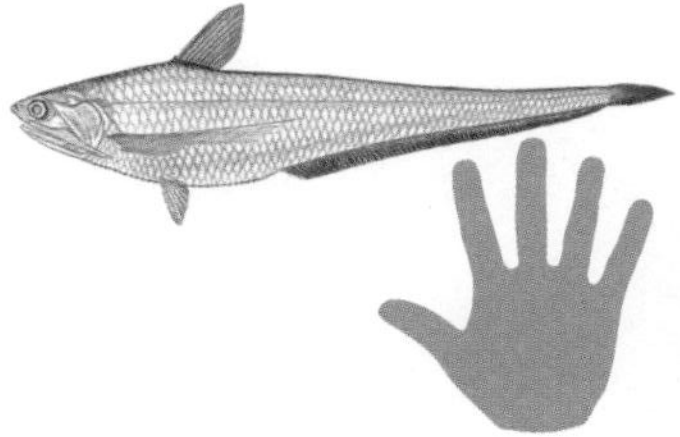

Extinct　Threatened　Lower Risk

EX　EW　CR　EN　VU　cd　nt　lc

《IUCN紅色名錄》物種瀕危等級
瀕危 Endangered (EN)

4-2 七絲鱭
Coilia grayii (Richardson, 1845)

英文俗名 | Seven filamented anchovy

中文俗名 | 鳳尾（香港）、七絲鱭（臺灣）

體長／重量 | 長達 32 厘米，一般 15~20 厘米。

行為／食性 | 晝行；浮游生物。

生殖／壽命 | 卵生。於湖泊河口產卵，繁殖期 2~3 月。

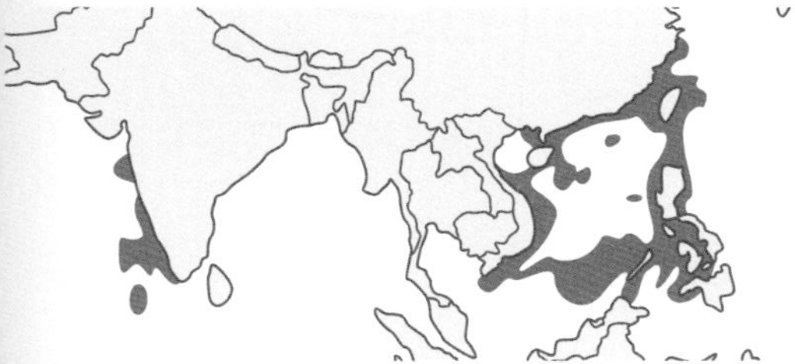

形態特徵 |
體形小，身體延長，漸向尾部收窄。頭小，吻鈍圓。口大，上頜長於下頜，上頜骨向後延伸達胸鰭基。體被易脫落圓鱗，鱗片前緣凸圓，後緣整齊；腹部具稜鱗，胸鰭及腹鰭基具腋鱗。胸鰭前具有 7 條游離軟條，向後延伸超過臀鰭起點，因此得名「七絲鱭」；臀鰭與尾鰭相連；腹鰭短。體背淡黃，頭頂金黃，體色銀白，尾鰭尖稍帶黑，背、胸、腹鰭淺色。

生活習性 |
中上層魚類，群居，生活於近海 0~50 米的沙地和泥地，亦可見於河口和淡水。晝行，浮游生物食性，主要以浮游生物或小型無脊椎動物為食。

經濟文化 |
主要以底拖網或流刺網捕獲。香港經濟魚類，價格低廉，大多為華南沿海漁獲，小部分來自香港西部水域。七絲鱭離水生存能力弱，多以冰鮮形式出售。肉質嫩滑，刺多（肌間骨），可清蒸，大多油炸後製成罐頭，是市場著名「鳳尾魚」罐頭。

地理分布 |
印度—太平洋，較集中在東海及南海，可算是中國沿岸特有魚種。香港常見於新界西北地區的鹹淡水交界，於數個水塘亦有發現的記錄。聯合國糧農組織漁區： 51、61、71。

七絲鱭

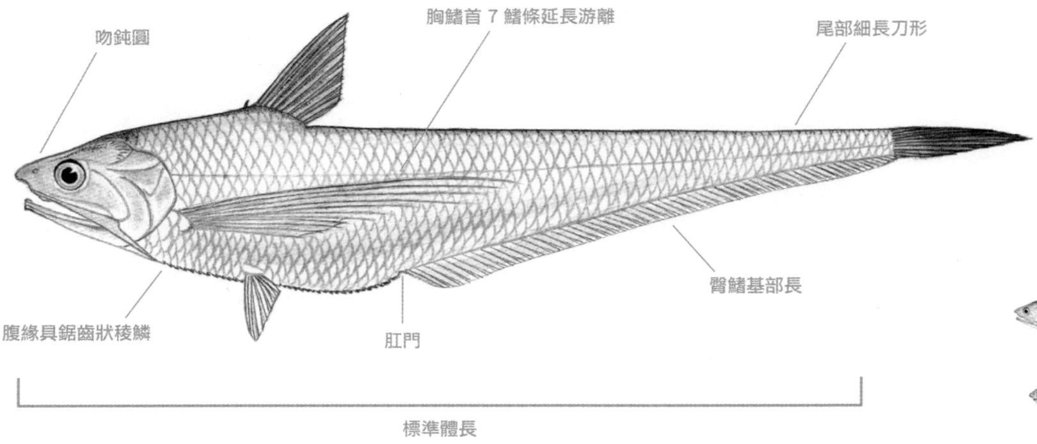

Extinct　Threatened　Lower Risk

EX　EW　CR　EN　VU　cd　nt　**lc**

《IUCN紅色名錄》物種瀕危等級
無危 Least Concern (LC)

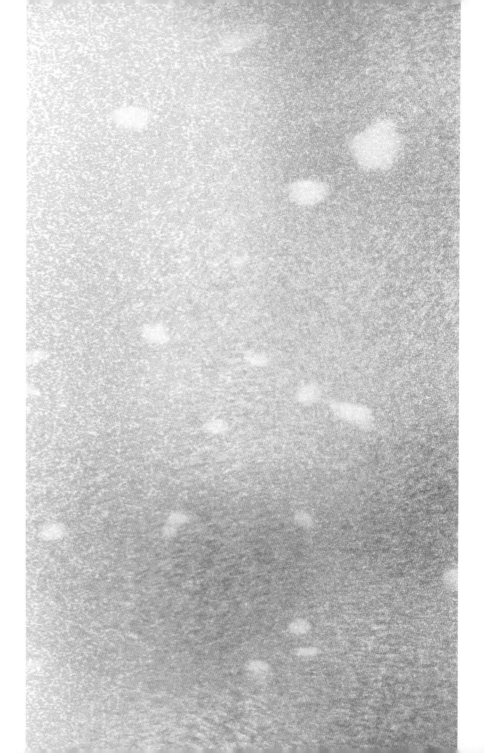

5 鯡科 *Clupeidae*

鯡形目 *Clupeiformes*

鯡科魚類共有 200 多種，大部分生活於熱帶海域，體積較鯷科魚類稍大，最長 75 厘米。大多為無齒或只有細小牙齒，主要進食浮游生物。

| 圓吻海鰶
| 花鰶
| 斑鰶

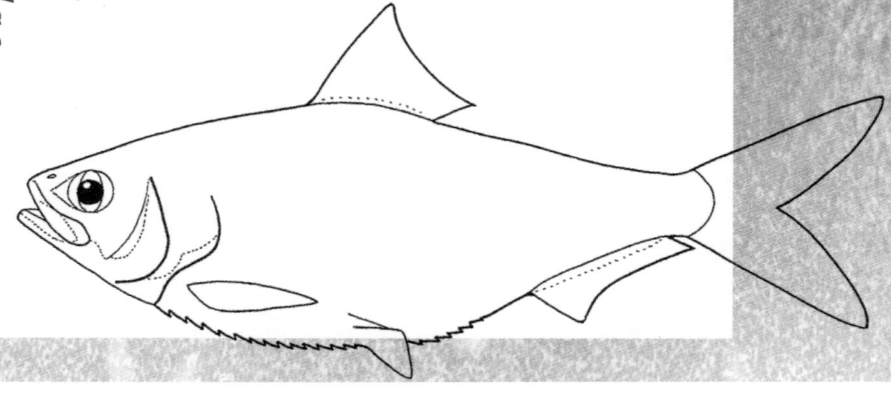

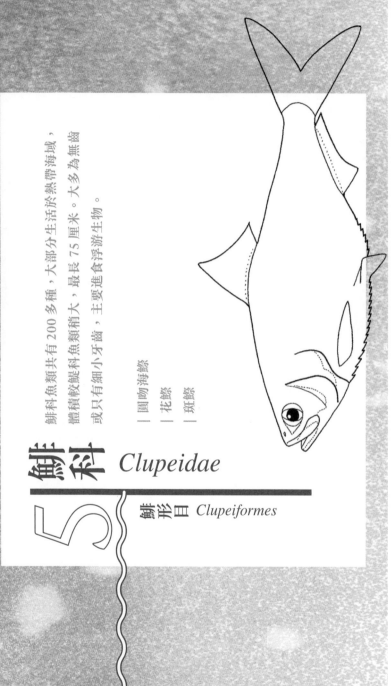

5-1 圓吻海鰶
Nematalosa nasus (Bloch, 1795)

英文俗名 | Bloch's gizzard shad

中文俗名 | 黃魚（香港）、高鼻海鰶（臺灣）

體長／重量 | 長達 25 厘米，平均約 15 厘米。

行為／食性 | 晝行；浮游生物。

生殖／壽命 | 卵生。性成熟約 16 厘米，春夏季間繁殖期在河口或潟湖產卵，平均卵量約 36 萬。

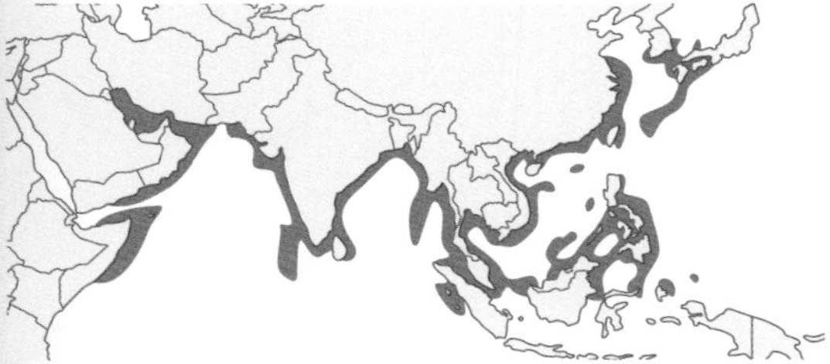

形態特徵 |

體形小，身體側扁卵形。頭較短，吻鈍。眼睛中大，脂眼瞼厚。口小，無齒，口裂達眼睛前緣下方；上頜凸出。體被橢圓形圓鱗，容易脫落，腹部具稜鱗，胸鰭及腹鰭基部具腋鱗。背鰭最後軟條延長呈絲狀，向後延伸至尾鰭基；尾鰭較大，呈分叉形。體背淡綠，腹部銀白，鰓蓋後上角的後方具一大黑斑，體側上方有許多青綠色小點，排列成 6~7 縱行。背、胸、尾鰭淡黃色，腹鰭白色。

生活習性 |

淺海洄游魚類，群居，生活沿岸至近海中上層 0~30 米的沙地和礁石區，亦見於潟湖、河口及淡水。晝行，浮游生物食性，主要以浮游生物或小型無脊椎動物為食。

經濟文化 |

主以燈光圍網、拖網或流刺網捕獲。香港經濟魚類，價格低廉，主要為本地水域漁獲。離水生存時間短，以冰鮮形式出售。肉質嫩滑，刺多（肌間骨），可清蒸，或曬成魚乾。常見供養殖海魚生物飼料之一，延繩釣常用魚餌。

地理分布 |

印度—西太平洋：亞丁灣北至波斯灣，東至達安達曼海；南中國海和菲律賓。聯合國糧農組織漁區：51、57、61、71。

圓吻海鰶

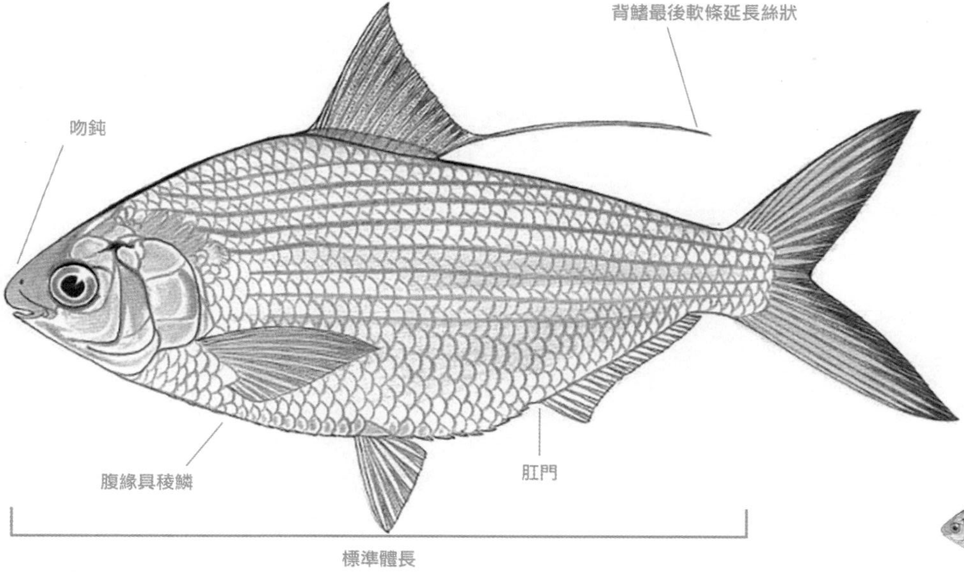

Extinct　Threatened　Lower Risk

EX　EW　CR　EN　VU　cd　nt　lc

《IUCN紅色名錄》物種瀕危等級
無危 Least Concern (LC)

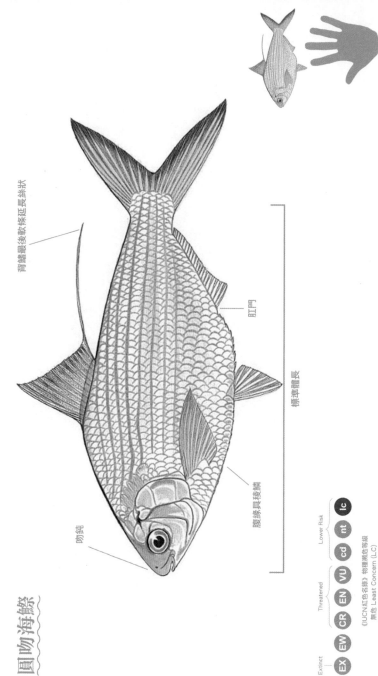

52 花鰶

Clupanodon thrissa (Linnaeus, 1758)

英文俗名｜Chinese gizzard shad

中文俗名｜黃魚（香港）、盾齒鰶（臺灣）

體長／重量｜長達 26 厘米，一般 15~20 厘米。

行為／食性｜晝行；浮游生物。

生殖／壽命｜卵生。於內灣、潟湖或河口產卵，卵量約 1~7 萬。

形態特徵｜

體形小，身側扁且呈長卵形。頭中等，吻短而不凸出。眼中等大，脂眼瞼厚。口小，無齒；上下頜等長。體被小圓鱗，較不易脫落；腹緣具稜鱗，胸鰭及腹鰭基具腋鱗。背鰭最後軟條絲狀延長，伸達臀鰭最後軟條末端上方。體背青綠，腹部銀白。鰓蓋後方體側具 4~9 個大小暗色橢圓斑。背、胸、尾鰭淡黃色，腹鰭白色。

生活習性｜

中上層淺海洄游魚類，群居沿岸至近海 0~50 米沙地礁石區，亦見於潟湖、河口淡水。晝行，濾食性，主以浮游生物或小型無脊椎動物為食。

經濟文化｜

主以燈光圍網、拖網或流刺網捕獲。為香港經濟魚類，價格低廉，市售個體主要為本地水域的漁獲。花鰶離水後生存時間短，多以冰鮮形式出售。肉質嫩滑，刺多（肌間骨），可清蒸，或曬成魚乾。為常見養殖海魚生物飼料，亦作延繩釣常用魚餌。

地理分布｜

西北太平洋和印度洋東部，包括中國、越南、泰國。聯合國糧農組織漁區： 61、71。

花鰶

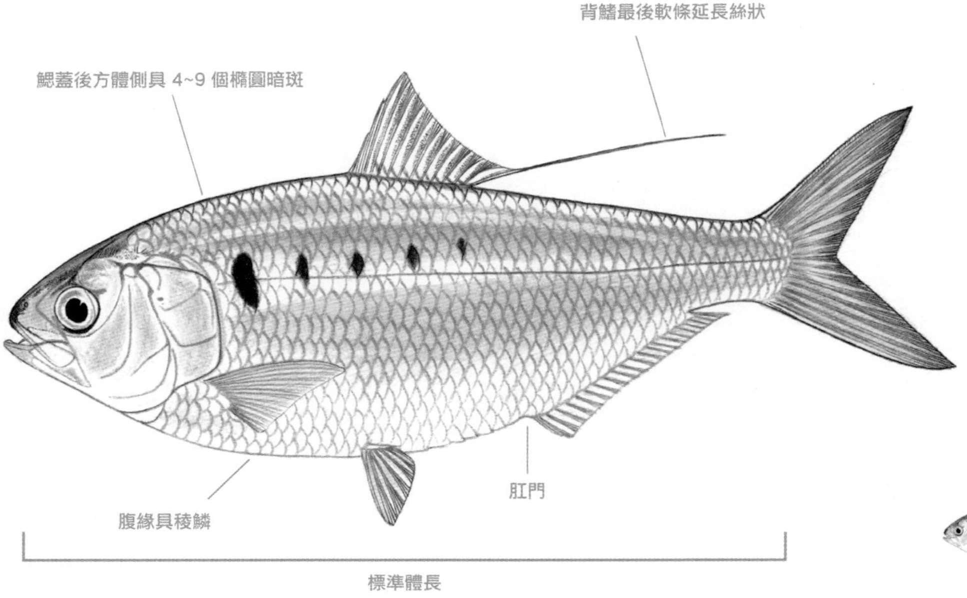

Extinct　Threatened　Lower Risk

EX　EW　CR　EN　VU　cd　nt　**lc**

《IUCN紅色名錄》物種瀕危等級
無危 Least Concern (LC)

53 斑鰶
Konosirus punctatus (Temminck & Schlegel, 1846)

英文俗名 | Dotted gizzard shad

中文俗名 | 黃魚（香港）、窩斑鰶（臺灣）

體長／重量 | 長達 32 厘米，一般 15~20 厘米。

行為／食性 | 晝行；浮游生物。

生殖／壽命 | 卵生。性成熟約 15 厘米，於內灣、潟湖或河口產卵，繁殖期 4~5 月，每期最少產卵兩次。

形態特徵 |

體形中等，身側扁且呈長卵形。頭中等，吻短鈍。眼中等大，脂眼瞼厚。口小，無齒，上頜略凸於下頜。體被小圓鱗，較不易脫落；腹緣具稜鱗，胸鰭及腹鰭基具腋鱗。背鰭最後軟條絲狀延長，伸達臀鰭最後軟條末端上方。體背綠褐，腹部銀白，鰓蓋後上方具 1 個大黑斑，體側上方有許多青綠小點，排成 8~9 縱行。背、胸、尾鰭淡黃色，腹鰭白色。

生活習性 |

淺海洄游魚類，群居沿岸至近海上層 10~50 米的礁沙混合區，亦見於潟湖、河口淡水。晝行，濾食性，主以浮游生物或小型無脊椎動物為食。

經濟文化 |

主以燈光圍網、拖網或流刺網捕獲。香港經濟魚類，價格低廉，主要為本地水域漁獲。斑鰶離水生存時間短，多以冰鮮形式出售。在韓國有活魚出售。肉質嫩滑，刺多（肌間骨），可清蒸，或曬成魚乾。為常見養殖海魚生物飼料，延繩釣常用魚餌。

地理分布 |

印度—西太平洋；黃海，東海，南中國海；日本、中國香港和中國臺灣。聯合國糧農組織漁區：61。

斑鰶

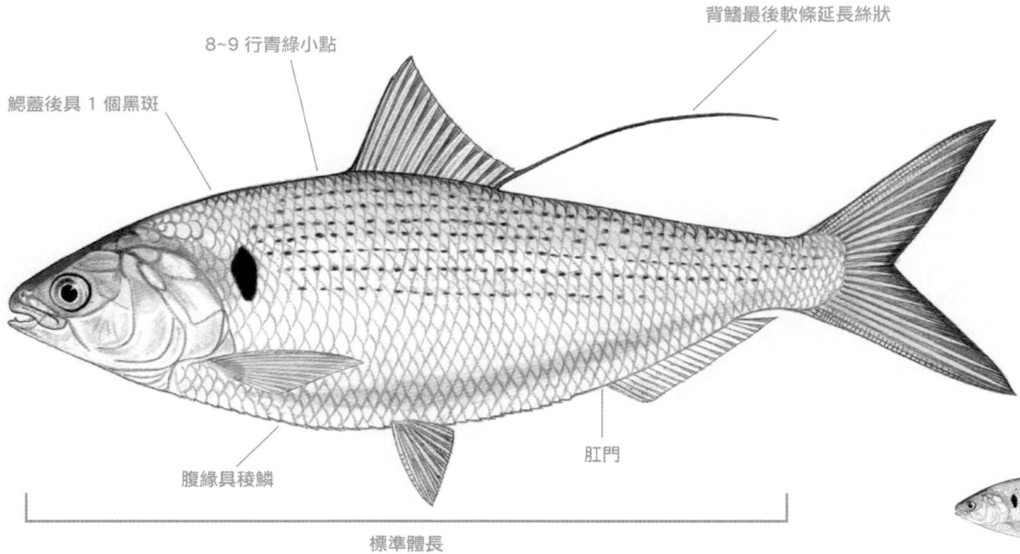

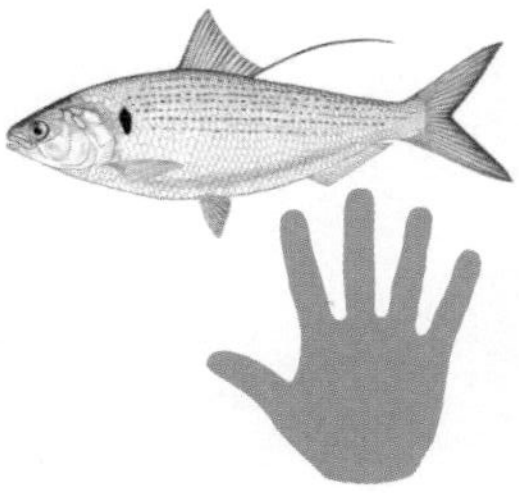

Extinct　Threatened　Lower Risk

EX　EW　CR　EN　VU　cd　nt　lc

《IUCN紅色名錄》物種瀕危等級
無危 Least Concern (LC)

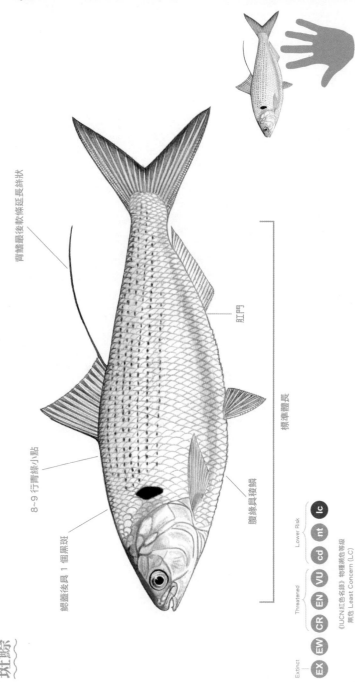

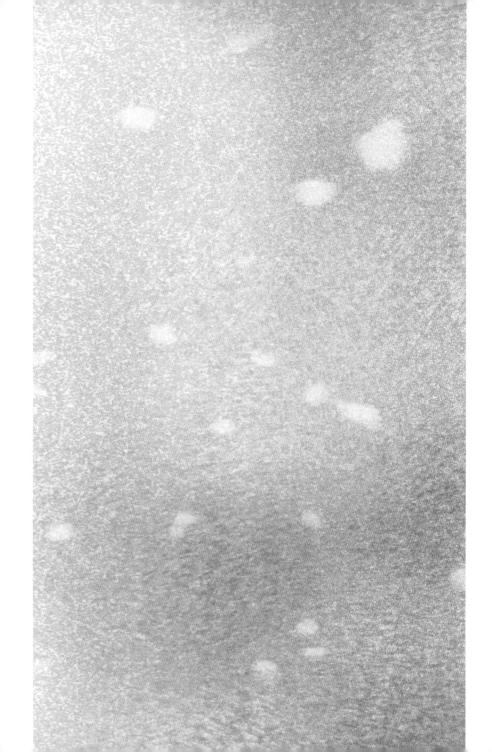

6 遮目魚科 *Chanidae*

鼠鱚目 *Gonorynchiformes*

遮目魚科十分獨特，自成一科，即本科只有一物種，名稱也叫「遮目魚」。野生成魚體形較大，環境適應力很強，可生活於海水、鹹淡水甚至淡水環境，因此遮目魚較易人工飼養。

| 遮目魚

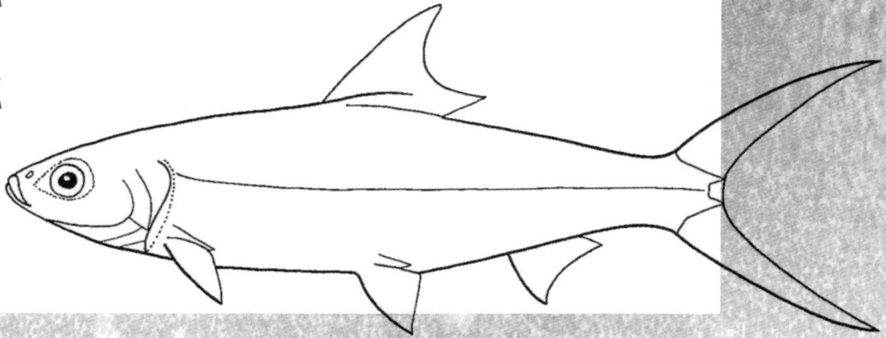

6-1 遮目魚
Chanos chanos (Fabricius, 1775)

英文俗名｜Milkfish

中文俗名｜虱目魚(香港、臺灣)、牛奶魚(香港)

體長／重量｜長達 180 厘米，一般 100 厘米；14 公斤（野生）或約 1 公斤（養殖）。

行為／食性｜晝行；雜食。

生殖／壽命｜卵生。性成熟 68~80 厘米，雄魚 5 歲以上性成熟，雌魚 6 歲。冬春間為主要繁殖期，夜間於沙底或珊瑚底海域上方清澈的淺水區產卵，雌性最多能產約 500 萬顆卵，孵化時間為 26~33 小時。壽命約 5~20 年。

形態特徵｜

體形大，身體延長，略側扁，截面呈卵圓形。頭鈍，中等大；吻圓鈍。眼睛中等大，脂眼瞼厚。口小，無齒；上下頜等長。體被小圓鱗，不易脫落之餘排列緊密；胸鰭及腹鰭基均具腋鱗；尾鰭基部有 2 片大長形鱗。尾鰭長，深叉形。體背青綠，體側下方和腹部銀白。

生活習性｜

底棲洄游魚類，群居近海沿岸淺海 0~80 米沙泥底和礁區，亦可見於潟湖、河口淡水。晝行，雜食性，主以藻類及小型無脊椎動物為食。

經濟文化｜

主以流刺網捕獲。非主要經濟魚類，價格低廉，市售主要為大陸或臺灣的養殖個體。肉質粗糙，刺多但味鮮甜，可清蒸或煮湯。臺灣稱遮目魚是重要經濟魚類，大量人工飼養，加工製成魚鬆、魚丸及魚漿，魚皮、魚腸均為桌上佳餚。

地理分布｜

印度—太平洋的熱帶及亞熱帶海域。聯合國糧農組織漁區：47、51、57、61、71、77、81、87。

遮目魚

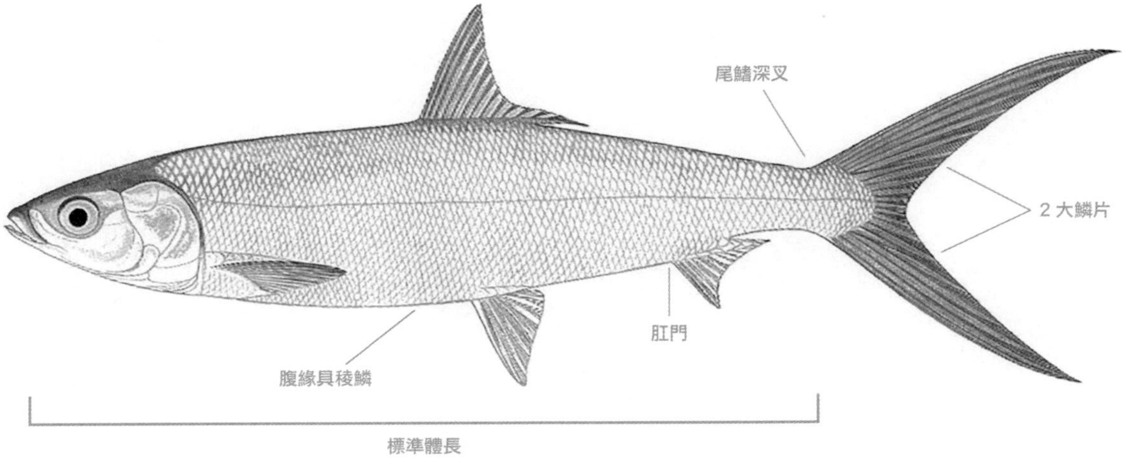

Extinct: EX, EW
Threatened: CR, EN, VU
Lower Risk: cd, nt, **lc**

《IUCN紅色名錄》物種瀕危等級
無危 Least Concern (LC)

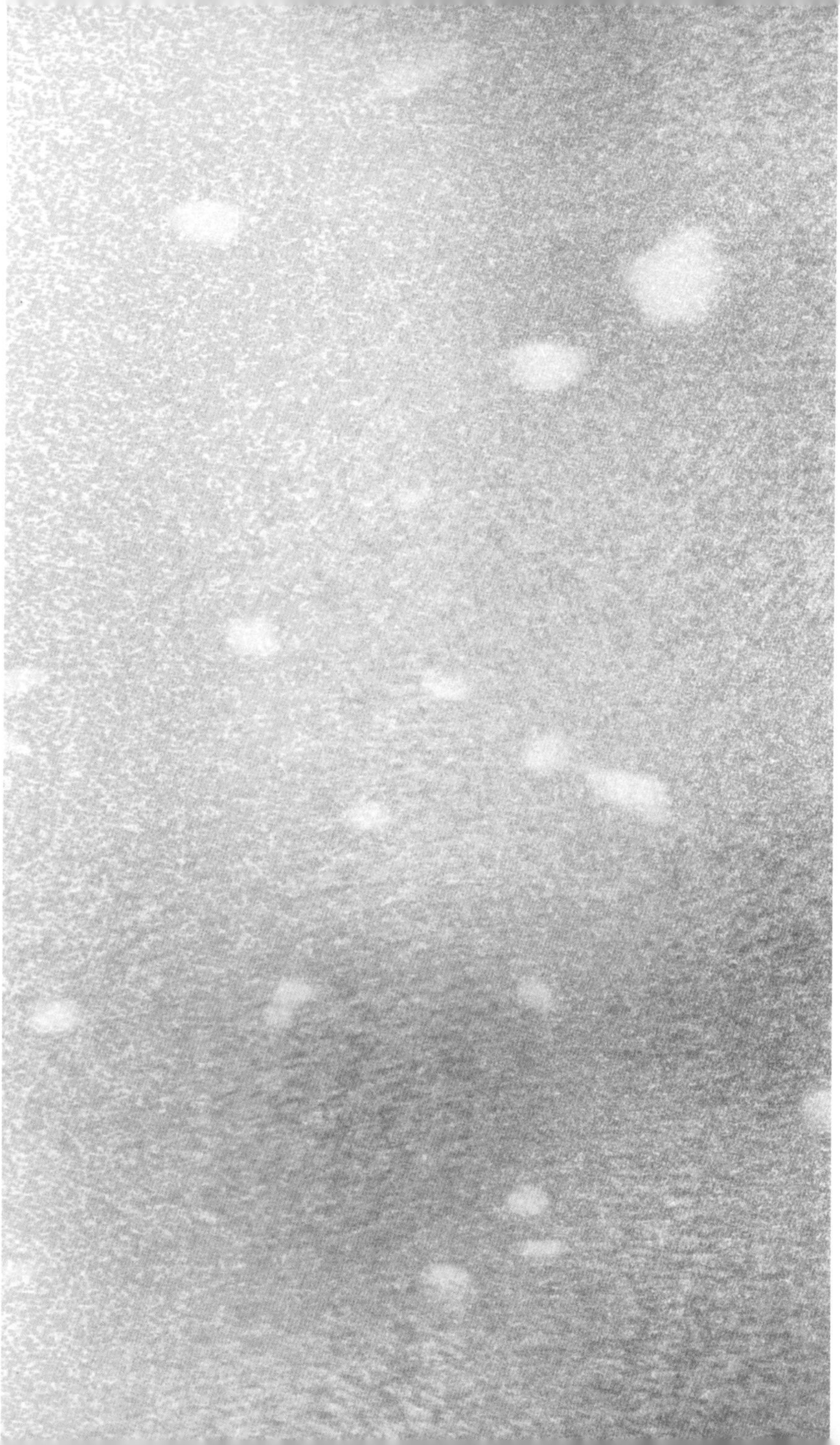

7 銀魚科 *Salangidae*

胡瓜魚目 *Osmeriformes*

銀魚科共有 20 種，均為小型魚種，大部分生長在亞洲（中國和東南亞沿岸）的淡水環境，但亦有由溯河洄游的物種。銀魚科的主要特徵是身體無鱗片，全身半透明或透明，有些物種長有鋒利牙齒。

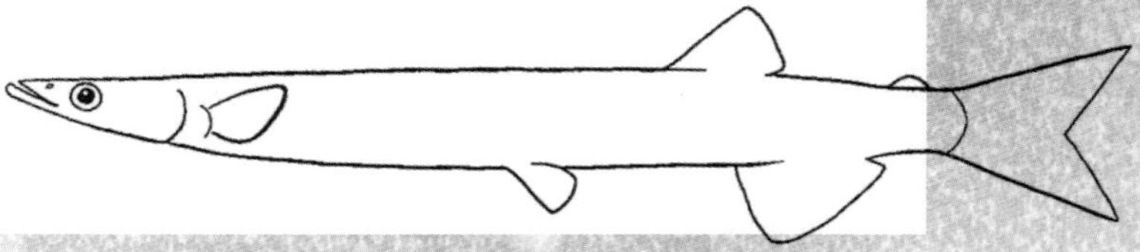

| 中國銀魚

71 中國銀魚
Salanx chinensis (Osbeck, 1765)

英文俗名 | Chinese noodlefish

中文俗名 | 白飯魚（香港）、中國銀魚（臺灣）

體長／重量 | 長達 16 厘米，平均約 13 厘米。

行為／食性 | 晝行；浮游生物。

生殖／壽命 | 卵生。性成熟約 25~33 厘米，於河口三角洲產卵，繁殖期 1~9 月。壽命 1 年（繁殖後死亡）。

形態特徵 |
體形小，身體十分延長纖細，身體前半部平扁，向後漸變得側扁，尾柄短。頭長，吻尖而平扁。口中等大，上頜有強大彎曲犬牙，下頜有細小牙齒，舌中間有一行牙齒。鰓蓋薄，鰓孔較大。身體光滑無鱗。具有脂鰭，尾鰭叉形。身體半透明，無任何花紋。

生活習性 |
底棲洄游魚類，群居於沿岸淺海沙地和泥地，亦見於河流、湖泊等純淡水生境。晝行，浮游生物食性，主以小型無脊椎動物為食。

經濟文化 |
以圍網漁法捕獲。香港主要經濟魚類，市售本地漁獲為多。因魚體細小，一般不除內臟，原條以椒鹽、清蒸、炒蛋形式烹調，或可曬成魚乾。香港俗稱所謂「白飯魚」的魚類，除了本種，亦包含數種其他魚類，例如鯷科的小公魚。

地理分布 |
中國東南和華南沿海、沿江地區。香港島南部各個內灣，如赤柱、深水灣和石澳。聯合國糧農組織漁區： 61。

中國銀魚

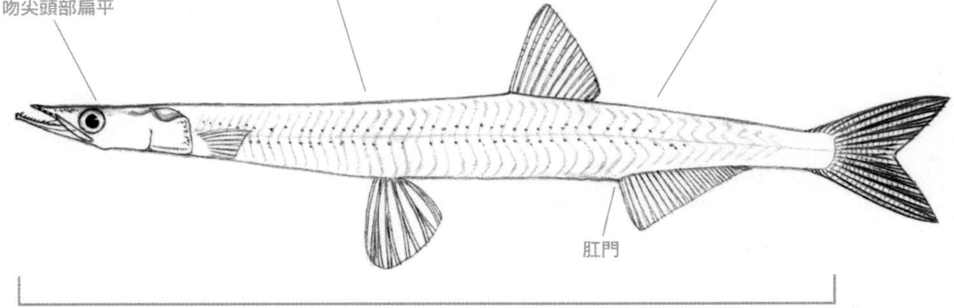

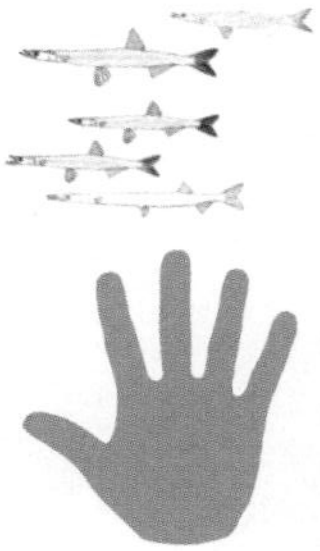

Extinct　Threatened　Lower Risk

EX EW CR EN VU cd nt lc DD

《IUCN紅色名錄》物種瀕危等級
數據缺乏 Data Deficient (DD)

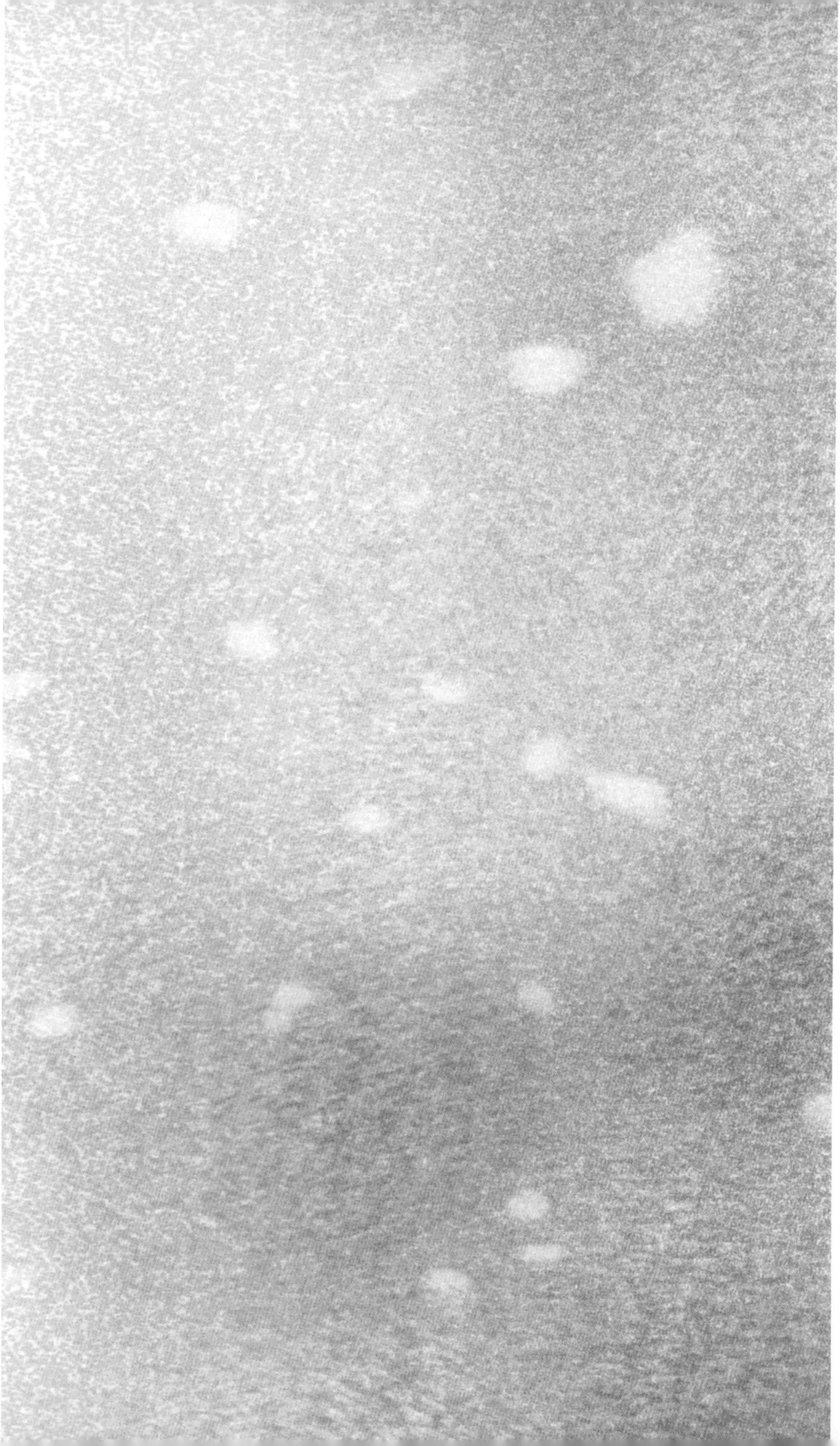

8

狗母魚科 *Synodontidae*

仙女魚目 *Aulopiformes*

狗母魚科身體呈圓柱狀，口大，滿布纖細而鋒利的牙齒。這科物種多棲息於近岸岩石環境，擅長偽裝配合環境的體色，以伏擊獵物，捕獵體積比牠們更大的魚類，防不勝防。狗母魚科是性情凶猛的肉食性魚類，共有 73 物種。

| 龍頭魚
| 多齒蛇鯔
| 花斑狗母魚
| 大頭狗母魚

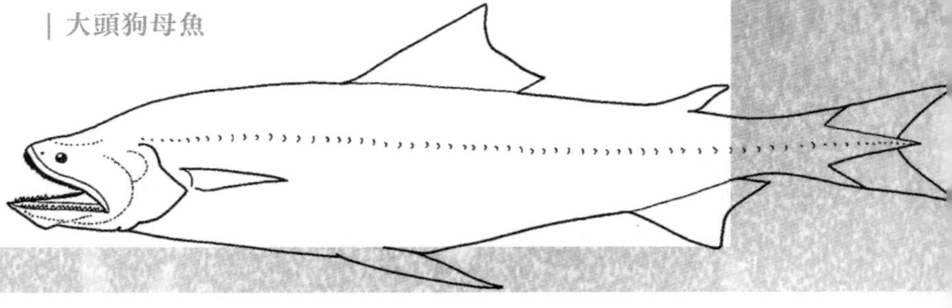

81 龍頭魚

Harpadon nehereus (Hamilton, 1822)

英文俗名 | Bombay duck

中文俗名 | 狗肚魚(香港)、印度鐮齒魚(臺灣)

體長／重量 | 長達40厘米，平均25厘米；重達150克。

行為／食性 | 晝行；肉食。

生殖／壽命 | 卵生。性成熟約13厘米，每年產卵6次，卵量多達10萬。壽命約3.5年。

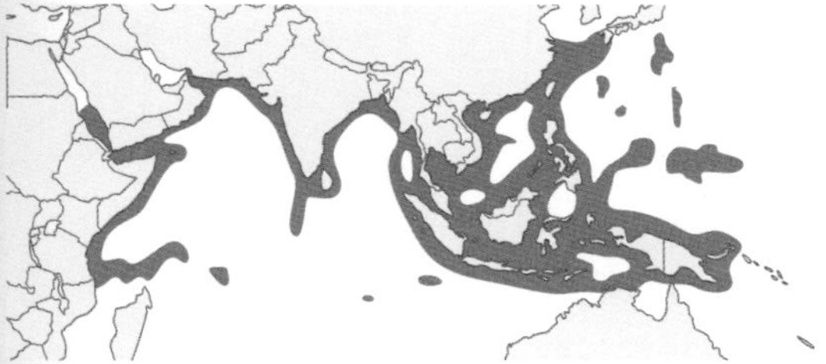

形態特徵 |

體形中等，身體延長，略側扁。頭中等，吻短鈍圓。眼睛細小。口大，兩頜和頜骨上長滿細尖牙齒；下頜略長於上頜。鰓蓋光滑，鰓孔大。身體大部分無鱗，僅後部被易脫落的細小圓鱗，體側各具一行明顯的側線鱗。胸鰭及腹鰭發達，腹鰭略長於胸鰭；具有脂鰭；尾鰭三叉形，中葉較短。身體乳白色，背、胸及腹灰黑或白色，尾鰭灰黑。

生活習性 |

底棲大洋洄游魚類，群居近海50~500米大陸棚至深海沙泥底區，亦見於河口。晝行，肉食性，捕食魚類及甲殼類，具彈性的胃囊，能吞食比自身更大生物。

經濟文化 |

主以底拖網捕獲，為香港經濟魚類，價格不高，市售個體多為南中國海漁獲。因捕捉方法關係，上水前存活個體稀少，以冰鮮形式存售。肉質細嫩，刺軟，可酥炸或椒鹽，「椒鹽狗肚魚」便是香港傳統菜式之一。龍頭魚上水後肌肉分解較快，產生大量組織胺，魚肉容易變壞，如進食鮮度低的漁獲，有時會導致腸胃不適，因此香港也流傳「絞肚魚」之俗名。

地理分布 |

印度—西太平洋，包括東非索馬里、巴布亞新幾內亞，北至日本，南至印尼。聯合國糧農組織漁區：51、57、61、71。

龍頭魚

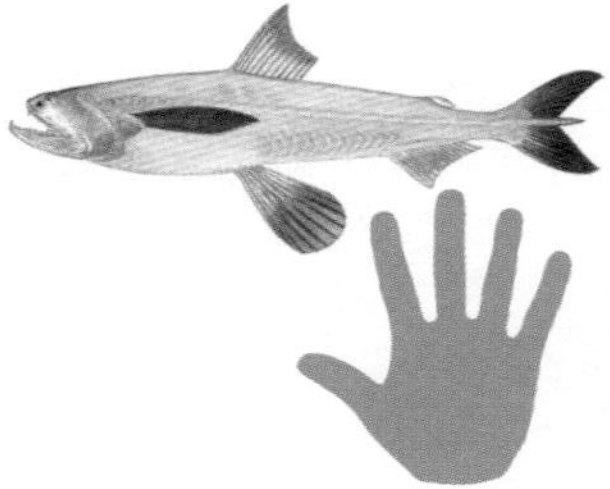

Extinct　Threatened　Lower Risk

EX　EW　CR　EN　VU　cd　nt　lc

《IUCN紅色名錄》物種瀕危等級
近危 Near Threatened (NT)

82 多齒蛇鯔

Saurida tumbil (Bloch, 1795)

英文俗名 | Greater lizardfish

中文俗名 | 狗棍（香港）、多齒蛇鯔（臺灣）

體長／重量 | 長達 60 厘米，一般 15~30 厘米。

行為／食性 | 晝行；肉食。

生殖／壽命 | 卵生。性成熟約 19~35 厘米，沿岸產卵，繁殖期 10~3 月。壽命約 5~7 年。

形態特徵 |

體形中等，身體呈圓筒形，頭長圓形，背部較平坦。吻鈍。眼睛中等大。鼻孔明顯。口十分大，兩頜具很多大小不等的犬齒。上下頜等長。鰓孔大。體被圓鱗，容易脫落，側線鱗前緣中部凸出；胸鰭及腹鰭基具有腋鱗。具有脂鰭，臀鰭位於脂鰭下方，胸鰭末端延伸至腹鰭基部上方，尾鰭淺叉形。體背棕色，體側及腹部淡色，體側無斑紋。背、胸及尾鰭邊緣呈灰褐色，腹鰭及臀鰭白色。

生活習性 |

底棲淺海洄游魚類，獨居或結小群於近海沿岸 10~700（通常 10~60）米的沙泥底區生活。晝行，肉食性，以魚類或甲殼類為食，常將身體埋於沙泥中，僅露出眼睛，待獵物游經躍出捕食。

經濟文化 |

主要以拖網捕獲。為香港經濟魚類，價格低廉，市售個體主要為南中國海漁獲，以冰鮮形式出售。肉質鬆散，刺多，魚肉容易腐爛，不易保鮮，適合製成魚蛋、魚鬆或煮湯。

地理分布 |

印度—西太平洋，包括紅海和非洲東岸（馬達加斯加、波斯灣及阿拉伯海），東至東南亞，北至日本，南至澳洲。聯合國糧農組織漁區： 51、57、61、71、81。

多齒蛇鯔

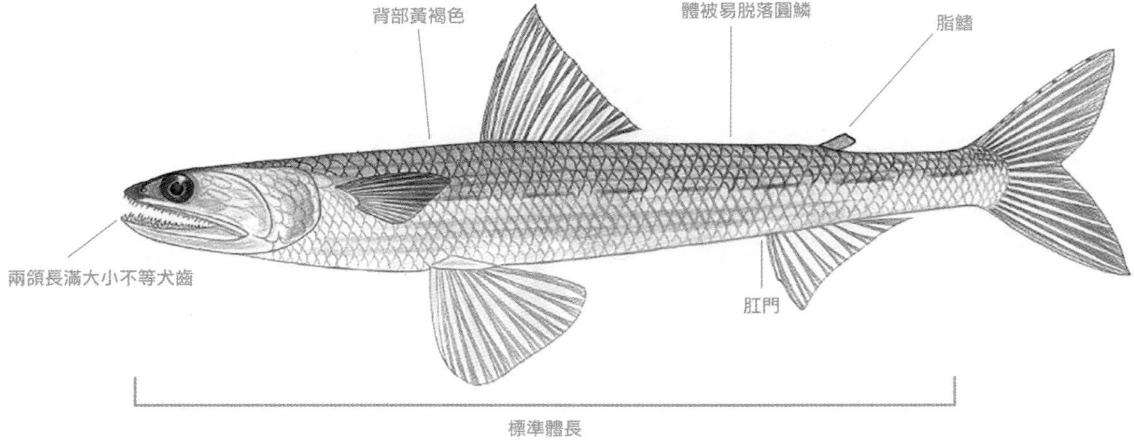

Extinct　Threatened　Lower Risk

EX EW CR EN VU cd nt lc

《IUCN紅色名錄》物種瀕危等級
無危 Least Concern (LC)

83 雜斑狗母魚

Synodus variegatus (Lacepède, 1803)

英文俗名 | Variegated lizardfish

中文俗名 | 花狗棍、花棍（香港）、花斑狗母魚（臺灣）

體長／重量 | 長達 40 厘米，平均約 30 厘米。

行為／食性 | 晝行；肉食。

生殖／壽命 | 卵生

形態特徵 |

體形中等。身體呈圓柱形，頭較短；吻鈍。眼睛中等大。鼻孔明顯。口十分大，兩頜具很多大小不等的犬齒，前方齒較長。上下頜等長。鰓孔大。體被圓鱗，容易脫落。具有脂鰭，臀鰭位於脂鰭下方，尾鰭淺叉形，上下葉等長。體色多變，幼魚或呈淡灰色，成魚偏紅褐色，有些個體體側具沙漏形或鞍狀斑紋。

生活習性 |

底棲淺海洄游魚類，經常成對生活於近海沿岸 3~121（通常 5~60）米礁區或沙泥底，亦可見於珊瑚礁及瀉湖。晝行，肉食性，以魚類及甲殼類為食，常隱藏沙中露出眼睛，待獵物游經時躍出捕食。

經濟文化 |

以底拖網或延繩釣捕獲，為香港經濟魚類，價格不高，市售個體多為南中國海漁獲。肉質鬆散，刺多，魚肉不易保鮮，適合製成魚蛋、魚鬆或煮湯。

地理分布 |

印度—太平洋區，西至紅海、東非，東至夏威夷、日本、中國臺灣地區和澳洲。聯合國糧農組織漁區： 51、57、61、71、77、81。

雜斑狗母魚

體色多變；背部偏紅褐，

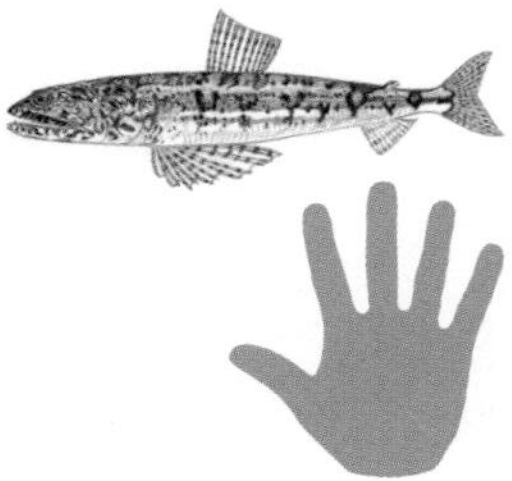

Extinct　Threatened　Lower Risk

EX　EW　CR　EN　VU　cd　nt　lc

《IUCN紅色名錄》物種瀕危等級
無危 Least Concern (LC)

84_大頭狗母魚

Trachinocephalus myops (Forster, 1801)

英文俗名 | Bluntnose lizardfish

中文俗名 | 沙狗棍（香港）、大頭花桿狗母魚（臺灣）

體長／重量 | 長達 40 厘米，平均約 25 厘米。

行為／食性 | 晝行；肉食。

生殖／壽命 | 卵生。性成熟約 19 厘米。沿岸產卵。繁殖期 4~6 月。壽命約 7 年。

形態特徵 |

體形中等，身體圓筒形，略側扁。頭大，吻短鈍。眼小，前位。口大，牙齒細小，排列緊密；下頜略長於上頜。鰓孔大。體被小圓鱗，胸鰭及腹鰭基部具有明顯腋鱗。具脂鰭，臀鰭基部比背鰭基部長，尾鰭寬叉形，上下葉等長。體側背部淡黃色，腹部白色；體側具數列青藍色縱帶，鰓蓋後上緣具黑斑，背鰭基有一黃色縱紋；臀鰭、胸鰭白色，尾鰭淡黃綠色。

生活習性 |

底棲淺海洄游魚類，獨居或結小群於近海沿岸 3~400（通常 3~90）米的沙泥底區，亦見於瀉湖及河口。晝行，肉食性，以魚類或甲殼類為食，間中埋於沙泥中露出眼睛，待獵物游經躍出捕食。

經濟文化 |

以底拖網或延繩釣捕獲。香港經濟魚類，價格不高，市售個體主要為本香港及華南沿海漁獲。肉質鬆散，刺多，魚肉不易保鮮，適合製成魚蛋、魚鬆或煮湯。

地理分布 |

全球熱帶、亞熱帶及溫帶水域（東太平洋海域除外）。聯合國糧農組織漁區： 31、34、41、47、51、57、61、71、81。

大頭狗母魚

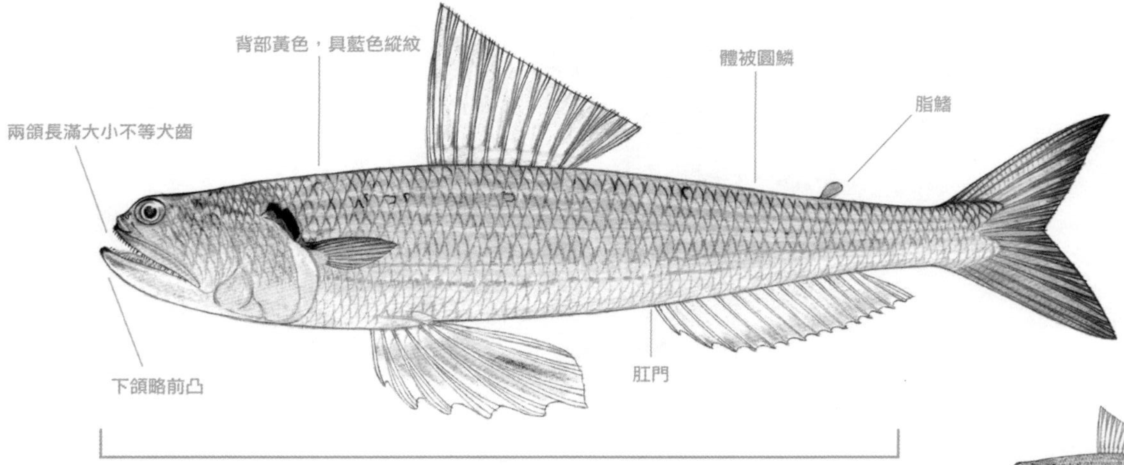

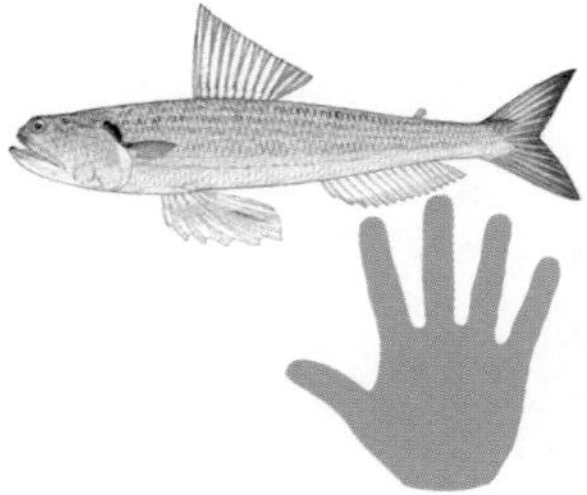

Extinct　Threatened　Lower Risk

EX　EW　CR　EN　VU　cd　nt　lc

《IUCN紅色名錄》物種瀕危等級
無危 Least Concern (LC)

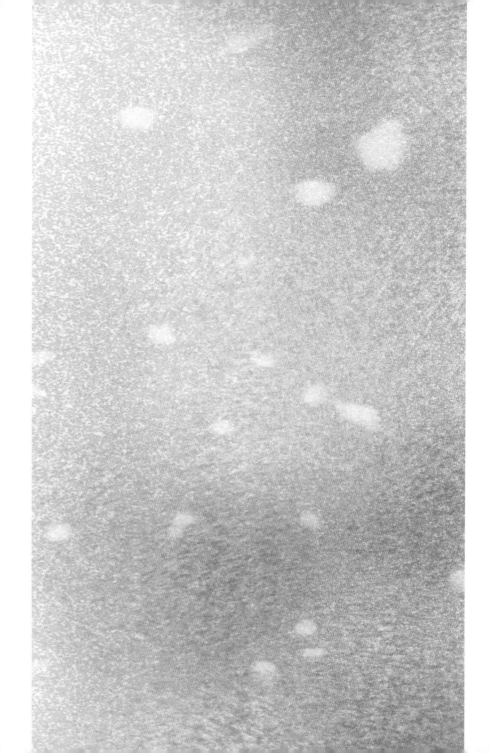

9 鯔科 *Mugilidae*

鯔形目 *Mugiliformes*

鯔科魚共有 78 種，最大的物種可長達 100 厘米；在香港體形較大的俗稱「烏頭」，體形較小的俗稱「鰡魚」。鯔科主要生長於近岸或鹹淡水海域，亦可於淡水中生活，時常大群在近岸或淺灘活動。烏魚子（即烏頭的魚卵）亦是海味上品。

| 鯔魚
| 粒唇鯔
| 布氏莫鯔

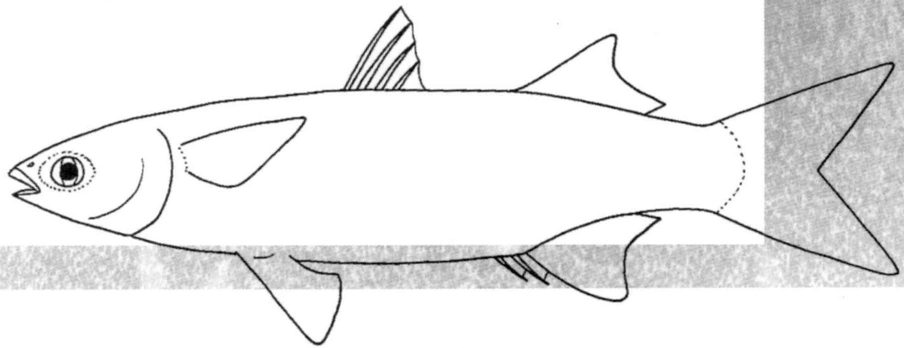

91 鯔魚

Mugil cephalus (Linnaeus, 1758)

英文俗名 | Grey mullet, Flathead mullet, Sea mullet

中文俗名 | 烏頭（香港）、鯔魚（臺灣）

體長／重量 | 長達 1 米，平均約 50 厘米；重達 12 公斤。

行為／食性 | 周日行；雜食。

生殖／壽命 | 卵生。性成熟約 30 厘米，河口產卵，繁殖期 1~2 月，每次產卵 80~260 萬粒。平均壽命 5 年，最長約 16 年。

形態特徵 |

體形大，身體延長呈紡錘形，略側扁。頭小，呈鈍錐狀，頭背扁平，頭腹至腹部邊緣鈍圓。吻短鈍。眼大，脂眼瞼豐厚發達，覆蓋眼睛。口小，口裂呈人字形，牙齒絨毛狀。上唇較下唇厚。鰓孔寬大。體被大圓鱗，胸、背及腹鰭基部具有腋鱗；無側線。背鰭兩個，臀鰭中等大，胸鰭寬短，短於頭長，尾鰭叉形，上、下葉等長。頭及體背青灰，體側下方及腹面銀白，體側上方具有約 7 條暗色線狀縱紋，背、胸、尾鰭淡灰色，尾鰭邊緣淡黑色，臀鰭及腹鰭無色。

生活習性 |

底棲雙向洄游魚類，群居沿岸中、表層 0~120 米礁區或沙泥底，亦入潟湖、河口紅樹林及淡水。周日行性，雜食浮游、底棲生物、有機碎屑及藻類。受驚、清除表附物或寄生蟲時跳水。

經濟文化 |

以流刺網、圍網、定置網等捕獲，經濟魚類，本地或內地養殖，不乏野生個體。人工養殖技術成熟，供應量穩定，以冰鮮形式販賣。肉質佳，皮下油脂多，可去鱗原條清蒸。有潮州傳統凍魚食法。臺灣以卵巢製成「烏魚子」，價格昂貴，俗稱「烏金」。

地理分布 |

全球溫帶、熱帶海域的沿岸。聯合國糧農組織漁區： 27、31、34、41、47、51、57、61、71、77、87。

鯔魚

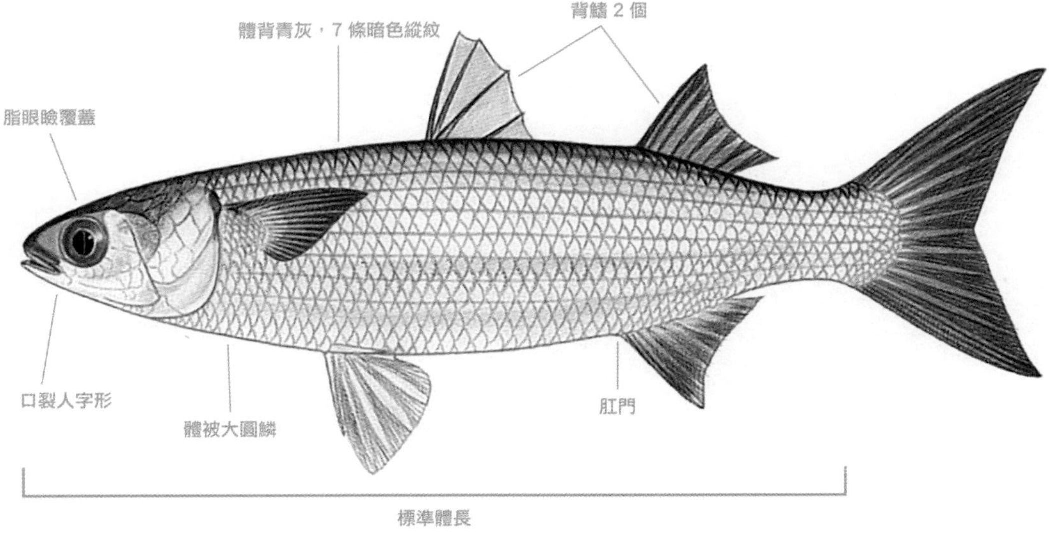

Extinct　Threatened　Lower Risk

EX　EW　CR　EN　VU　cd　nt　lc

《IUCN紅色名錄》物種瀕危等級
無危 Least Concern (LC)

9_2 粒唇鯔
Crenimugil crenilabis (Forsskål, 1775)

英文俗名 | Fringelip mullet

中文俗名 | 鱭魚(香港)、粒唇鯔(臺灣)

體長/重量 | 長達 60 厘米，平均約 26 厘米。

行為/食性 | 晝行；雜食。

生殖/壽命 | 卵生。性成熟約 30 厘米，繁殖期 6 月，晚上於淺海斜坡集結產卵。壽命 4 年以上。

形態特徵 |

體形中等，身體延長呈紡錘形，前部圓筒形，後部側扁。頭短小，吻短鈍。眼中等大，脂眼瞼發達。口小，上唇較厚，下唇較薄，口裂呈人字形，牙齒絨毛狀。鰓孔寬大。體被大圓鱗，胸鰭及腹鰭基部具有腋鱗；無側線。背鰭兩個，臀鰭中等大，胸鰭寬短，尾鰭叉形，上下葉等長。頭背及體背橄欖綠色，體側下方及腹面銀白色。胸鰭淡黃色，基部無色，上方有黑藍斑，其餘鰭灰黃色。

生活習性 |

底棲沿岸魚類，於中、表層出沒，群居於近海沿岸 0~40 米的礁區或沙泥底區，亦見於潟湖、潮池及河口。晝行，雜食性，以浮游生物、有機碎屑及藻類為食。

經濟文化 |

以流刺網、圍網、定置網等捕獲，為香港經濟魚類，市售個體為本地或珠江一帶漁獲。農曆五至六月為盛產期。肉質嫩滑，富魚味，適合清蒸或以蒜頭豆豉蒸。

地理分布 |

印度—太平洋，包括紅海、東非、南非，北至日本南部。聯合國糧農組織漁區：51、57、61、71、77。

粒唇鯔

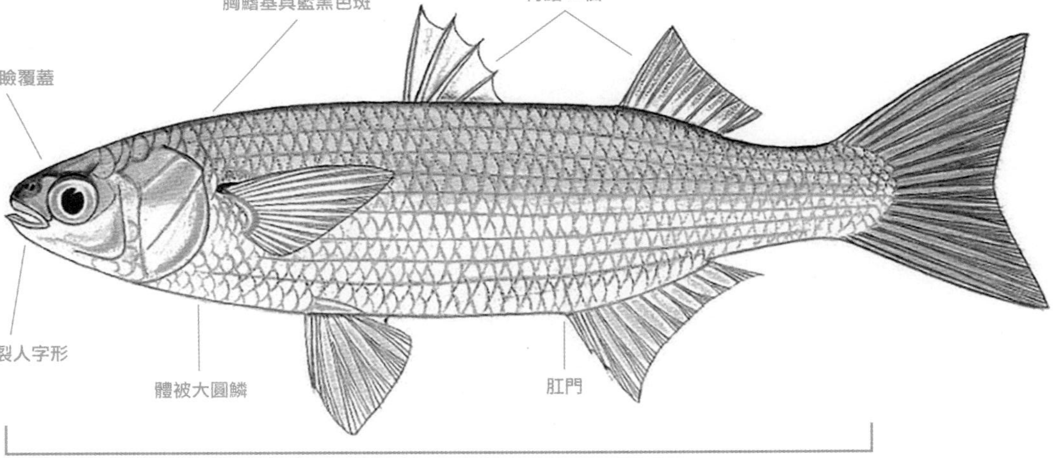

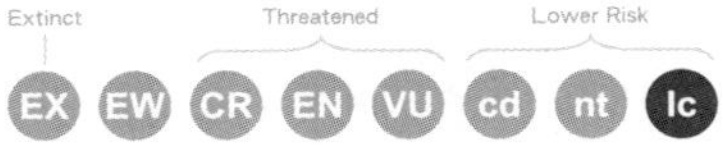

《IUCN紅色名錄》物種瀕危等級
無危 Least Concern (LC)

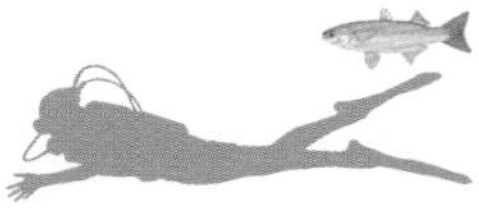

93 布氏莫鯔

Moolgarda buchanani (Bleeker, 1853)

英文俗名｜Bluetail mullet

中文俗名｜鱭魚（香港）、布氏莫鯔（臺灣）

體長／重量｜長達 1 米，平均約 35 厘米。

行為／食性｜晝行；雜食。

生殖／壽命｜卵生。於內灣或河口產不黏而分散於中上層水的散性卵。

形態特徵｜

體形大，身體延長呈紡錘形，略側扁。頭短小，略鈍錐狀；吻短鈍。眼較大，脂眼瞼發達。口小，口裂呈人字形，牙齒呈絨毛狀，唇薄；鰓孔寬大。體被大圓鱗，胸、背及腹鰭基部具有腋鱗；無側線。背鰭兩個，臀鰭中等大，尾鰭深叉形，上下葉等長。頭背及體背綠褐色，體側下方及腹面呈銀白色，胸鰭基上方有一小黑點。背、胸淡灰色，尾鰭淡藍黑色。

生活習性｜

底棲兩側洄游魚類，群居於近海沿岸 0~10 米的礁區或沙泥底區，亦見於瀉湖、河口、及淡水。晝行，雜食性，以浮游動物、底棲生物、有機碎屑及藻類為食。

經濟文化｜

以流刺網、圍網、定置網等捕獲，為經濟魚類，香港市場上不常見，市售個體來自本地或華南沿岸。肉質嫩滑，富魚味，脂肪魚油含量高，可以蒜頭豆豉蒸、清蒸或以潮州凍魚方式食用。

地理分布｜

印度—太平洋，包括南非、菲律賓、印尼部分地區、密克羅尼西亞、美拉尼西亞、馬里亞納群島和日本南部。聯合國糧農組織漁區： 51、57、61、71、81。

布氏莫鯔

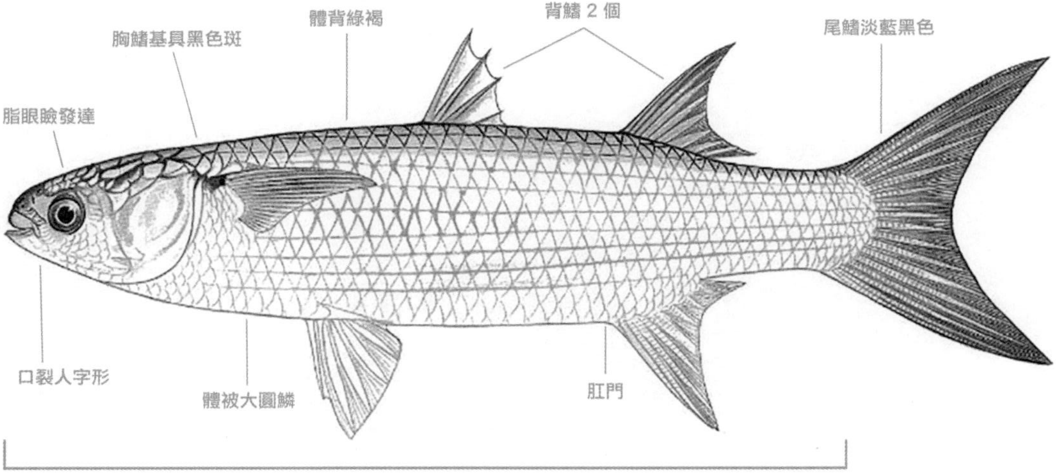

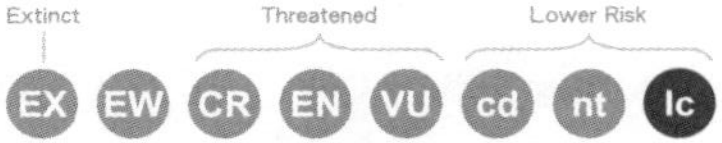

《IUCN紅色名錄》物種瀕危等級
無危 Least Concern (LC)

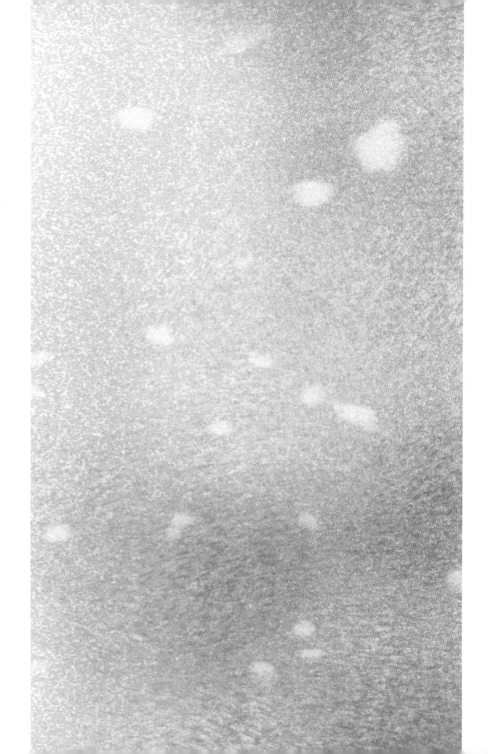

10 豹魴鮄科 *Dactylopteridae*

豹魴鮄目 *Dactylopteriformes*

豹魴鮄科只有 7 個物種，最明顯特徵是其特大的胸鰭，伸展時如同一雙翅膀在水底飛翔；另一特徵是頭骨堅硬，有如頭盔。豹魴鮄科物種中，體形最大可長達 50 厘米，大多為底棲魚類，生活於沙泥質海域。

| 東方豹魴鮄

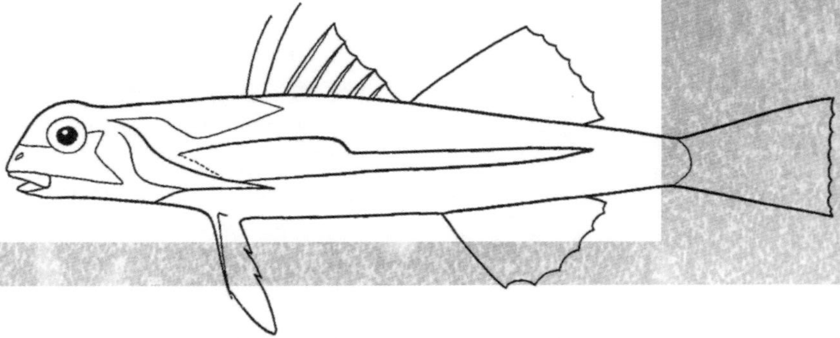

10-1 東方豹魴鮄

Dactyloptena orientalis (Cuvier, 1829)

英文俗名 | Oriental flying gurnard

中文俗名 | 角鬚紋（香港）、飛角魚（香港）、東方飛角魚（臺灣）

體長／重量 | 長達 40 厘米，平均約 20 厘米。

行為／食性 | 晝行；肉食。

生殖／壽命 | 卵生

形態特徵 |

體形中等，身體長形，略縱扁，頭寬短，全身被有骨板，吻稍短鈍。眼中等大。口下位，上下頜具絨毛狀細牙齒，顎骨無齒。體被中等大的稜鱗，腹側後方具一列 3~4 凸起脊狀鱗，尾柄後部兩側各具有稜狀鱗。枕骨及枕骨後方的上方具兩根游離背棘，第一棘延長，胸鰭基部幾乎與魚體水平並列，首 5~6 鰭條短，其餘鰭條延長達尾鰭。體色多變，體背及體側上方褐紅色，下方淡色，頭及背部具橘色或黑色的小斑；胸鰭黃綠色，邊緣有藍斑，其餘布滿暗金斑，中央近身體具一大黑斑。

生活習性 |

底棲淺海洄游魚類，獨居，生活於近海沿岸 1~100 米的礁區或沙泥底。晝行，肉食性，主以甲殼類及小魚為食。日間在海床活動，攝食行動緩慢，身上斑點顏色與沙泥底環境相似，成隱蔽色。受驚時會伸延胸鰭，增大視覺體形禦敵。

經濟文化 |

以拖網捕獲，非經濟魚類，市場上不常見，價格低廉，多為本地拖網混獲。肉質結實粗糙，身上稜鱗不易去除，故多以剝皮方式處理。可煮湯，在日本是刺身魚類之一。由於形態獨特，也見於水族觀賞市場。

地理分布 |

印度—太平洋，東起紅海、東非，西至夏威夷，北至日本南部，南至澳洲和新西蘭。聯合國糧農組織漁區：51、57、61、67、77。

東方豹魴鮄

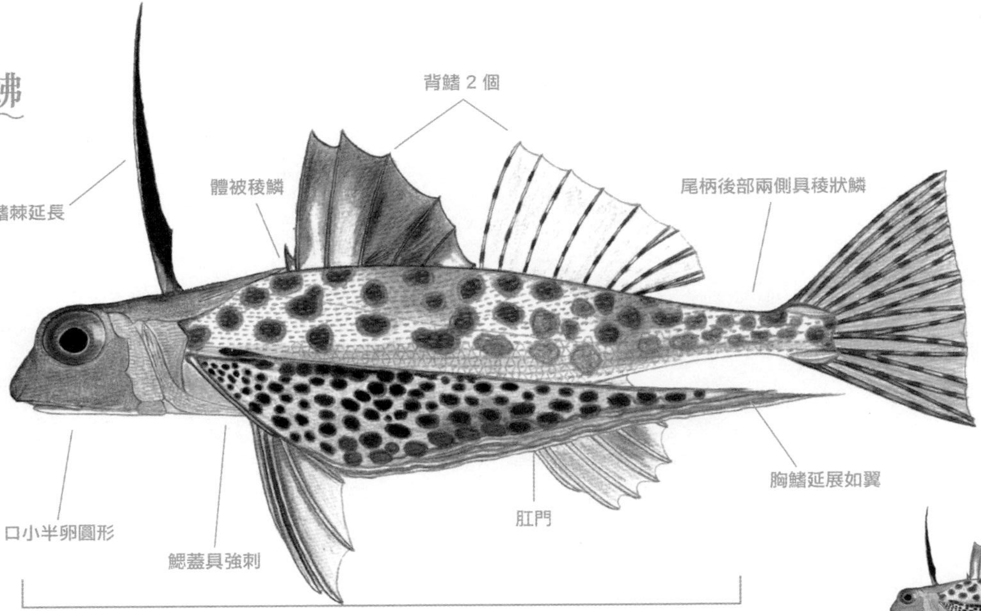

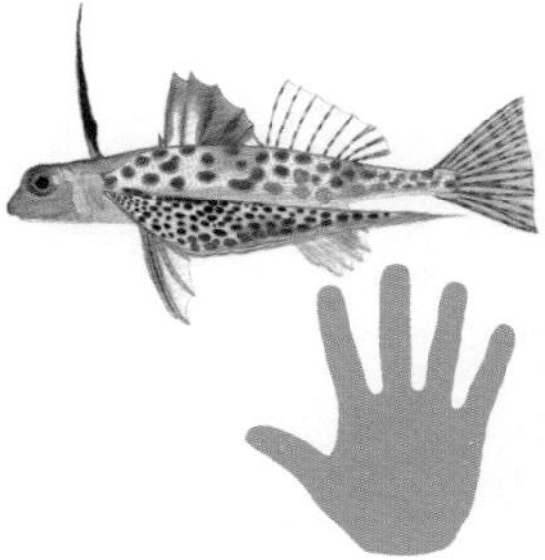

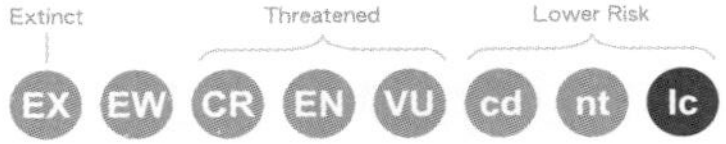

《IUCN紅色名錄》物種瀕危等級
無危 Least Concern (LC)

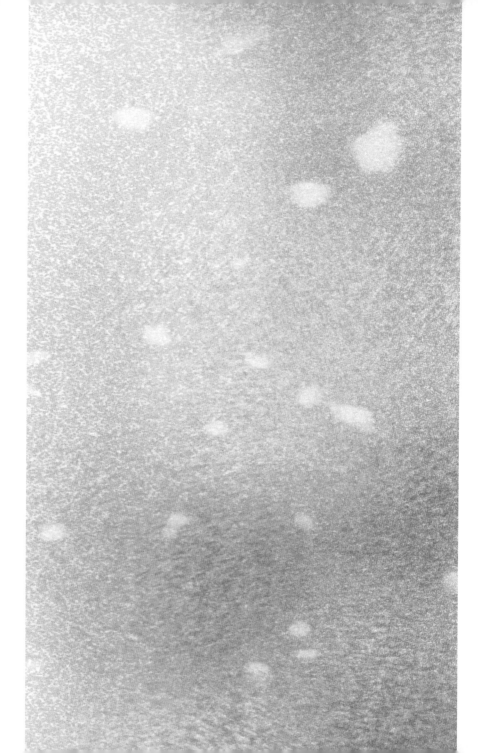

11 鯒科 *Platycephalidae*

鮋形目 *Scorpaeniformes*

鯒科現有約 80 餘個物種，主要分布在印度洋—太平洋。最明顯特徵是身體延長及平扁，頭部非常平扁但布有小棘。鯒科物種為底棲魚類，生活於沙泥質海域。肉食性，擅長隱藏自身於沙中伏擊小魚。

| 鯒
| 正鱷鯒

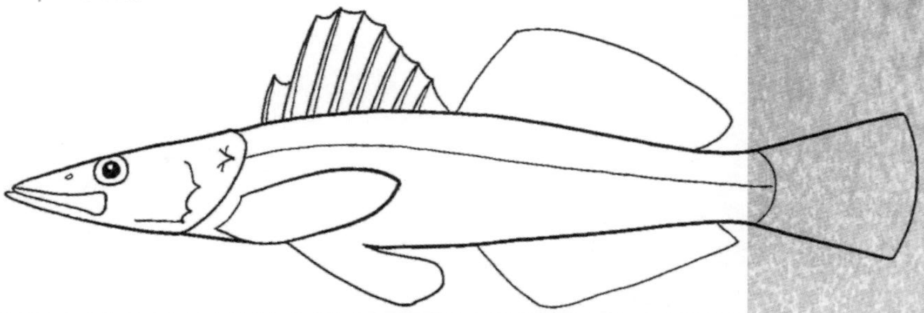

11_1 鯒
Platycephalus indicus (Linnaeus, 1758)

英文俗名 | Bartail flathead, Indian flathead

中文俗名 | 牛鰍（香港）、印度牛尾魚（臺灣）

體長／重量 | 長達 1 米，平均約 60 厘米；重達 3.5 公斤。

行為／食性 | 晝行；肉食。

生殖／壽命 | 卵生

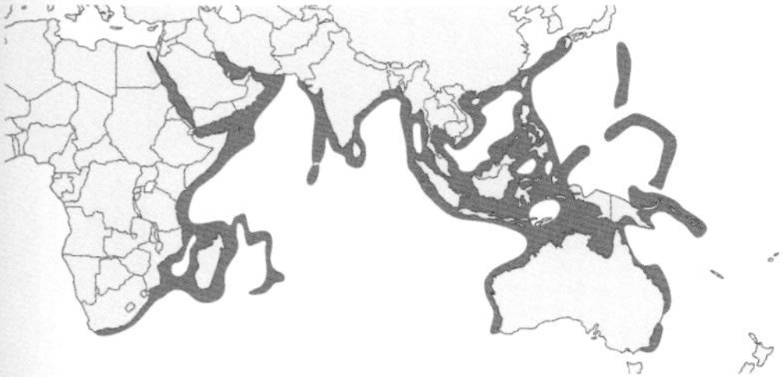

形態特徵 |

體形大，身體延長，縱扁，向後逐漸尖細。頭中等大而極為縱扁。鰓蓋兩側具有尖棘。吻略長。眼睛小。口十分大，上下頜均具有小齒。體被小櫛鱗，不易脫落。身體整體呈棕色，背鰭、胸鰭及腹鰭均有些棕色小斑點；尾鰭具有 3~4 條黑色橫帶，僅中間橫帶呈黃色。

生活習性 |

底棲沿岸魚類，棲息於 1~200 米的沙泥區，亦能見於河口，稚魚甚至可在河川下游生活。晝行，肉食，以底棲魚類或無脊椎動物為食。善於改變體色，隱身於海床的沙泥中，待機躍起捕食。

經濟文化 |

以拖網（尤其是蝦拖）捕獲，為香港經濟魚類。肉質粗糙但味鮮，多以煮湯方式烹調。鯒在日本已發展出人工養殖。

地理分布 |

印度—西太平洋，包括紅海、東非至菲律賓，北至日本、韓國，南至澳洲北部。聯合國糧農組織漁區： 51、57、61、71。

鯒

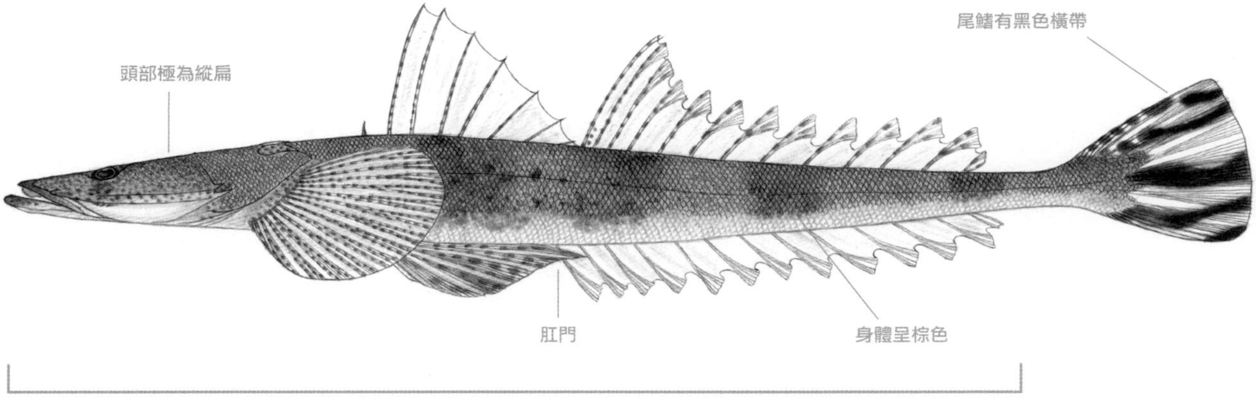

Extinct　Threatened　Lower Risk

EX　EW　CR　EN　VU　cd　nt　lc　DD

《IUCN紅色名錄》物種瀕危等級
數據缺乏 Data Deficient (DD)

11 2 正鱷鯒

Cociella crocodilus (Cuvier, 1829)

英文俗名 | Crocodile flathead

中文俗名 | 石鰍（香港）、鱷魚鰍（香港）、眼眶牛尾魚（臺灣）

體長／重量 | 長達 50 厘米，平均約 40 厘米。

行為／食性 | 晝行；肉食。

生殖／壽命 | 卵生

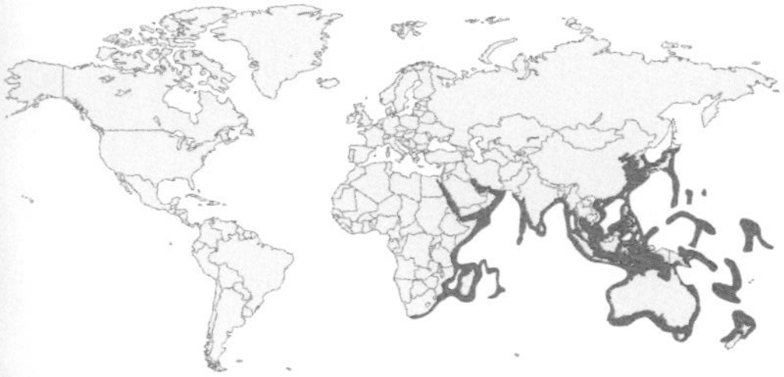

形態特徵 |

體形中等，身體延長，縱扁，向後逐漸尖細。頭中等大而極為縱扁，頭上布有許多小棘。口十分大，口裂向後延伸至眼睛前緣。眼中等大，上方之虹膜呈分叉形。身體整體呈棕色，體上具有 4~5 個深棕色帶紋；兩背鰭及尾鰭具有數列不規則斑點；胸鰭及腹鰭具黑色斑點；臀鰭呈白色或透明，沒有任何斑紋。

生活習性 |

底棲沿岸魚類，獨居於 1~300 米的沙泥區或礁石區，有時進入河口。晝行，肉食性，以底棲魚類、甲殼類或無脊椎動物為食。善於改變體色，隱身於海床的沙泥中，待機躍起捕食。

經濟文化 |

以拖網（尤其是蝦拖）捕獲，為香港經濟魚類。市售個體為香港水域和華南沿海一帶漁獲。肉質粗糙，味道鮮甜，適宜煮湯。頭背部布滿小刺，處理時要小心，免被刺傷。

地理分布 |

印度—西太平洋，西至紅海、東非，東至所羅門群島，南中國海、日本南部，南至澳洲。聯合國糧農組織漁區： 51、57、61、71、81。

正鱷鯒

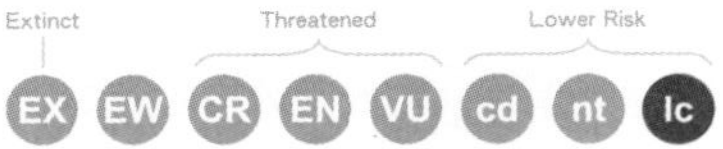

《IUCN紅色名錄》物種瀕危等級
無危 Least Concern (LC)

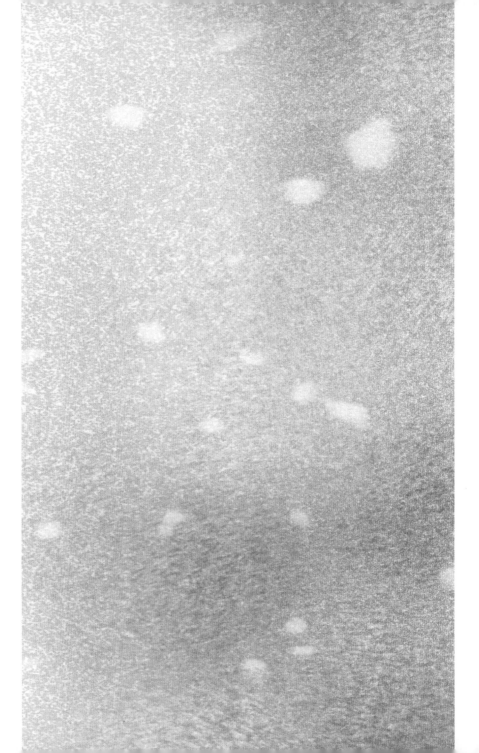

12 平鮋科 *Sebastidae*

鮋形目 *Scorpaeniformes*

平鮋科現有約 133 個物種，主要分布於溫帶和熱帶海域，也有物種棲息在深海。最明顯特徵特徵是頭大，上方有棘刺；不少物種鰭棘具毒腺。平鮋科物種為底棲魚類，生活於礁區海域。肉食性，擅長隱藏自身於礁石間伏擊小魚。

| 褐平鮋
| 鬚擬鮋
| 大手擬鮋
| 毒鮋
| 翱翔蓑鮋

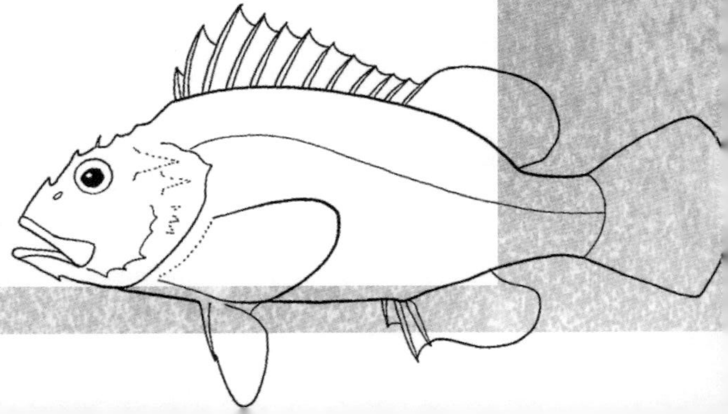

12[1] 褐平鮋
Sebastiscus marmoratus (Cuvier, 1829)

英文俗名｜Common rockfish

中文俗名｜石狗公（香港、臺灣）

體長／重量｜長達 36.2 厘米；重達 2.8 公斤。

行為／食性｜周日行；肉食。

生殖／壽命｜卵胎生，成熟的雄魚有交接器，2 歲性成熟，繁殖期 11~1 月。

形態特徵｜

體形中小，身體略側扁，呈長橢圓形。頭大，布有尖棘。眼大。體被櫛鱗，不易脫落。背鰭始於鰓蓋前上方，一直延伸至尾柄上方，鰭棘與鰭條有鰭膜相連；臀鰭始於背鰭軟條部下方；胸鰭十分寬大，最長之鰭條延伸能超過肛門；尾鰭圓形。身體及各鰭呈鮮紅色，身上有數個深褐色或淡白色斑塊。

生活習性｜

底棲近岸魚類，單獨出沒於 0~40 米的岩礁、礫石、珊瑚礁海域。周日行，肉食性，以小型魚類及甲殼類為食。擅長隱藏自身於礁石間，靜待獵物游經然後快速張嘴吞食。

經濟文化｜

以延繩釣或底拖網捕獲，為香港經濟魚類，全年皆有供應。本地漁民以延繩釣方式捕捉石狗公的作業俗稱「搵石九」。閒釣熱門魚種。肉質結實而味鮮，可清蒸、炒球或煮湯。在日本刺身是常見食用方式。

地理分布｜

西太平洋，北至日本，南至中國臺灣、南中國海和菲律賓。聯合國糧農組織漁區：61、71、81。

褐平鮋

Extinct　Threatened　Lower Risk

EX EW CR EN VU cd nt lc

《IUCN紅色名錄》物種瀕危等級
未予評估 Not Evaluated

12-2 鬚擬鮋

Scorpaenopsis cirrosa (Thunberg, 1793)

英文俗名 | Weedy stingfish, Hairy stingfish

中文俗名 | 石崇（香港）、石蟲（香港）、石松（香港）、鬚擬鮋（臺灣）

體長／重量 | 長達 33.1 厘米

行為／食性 | 晝行；肉食。

生殖／壽命 | 卵胎生

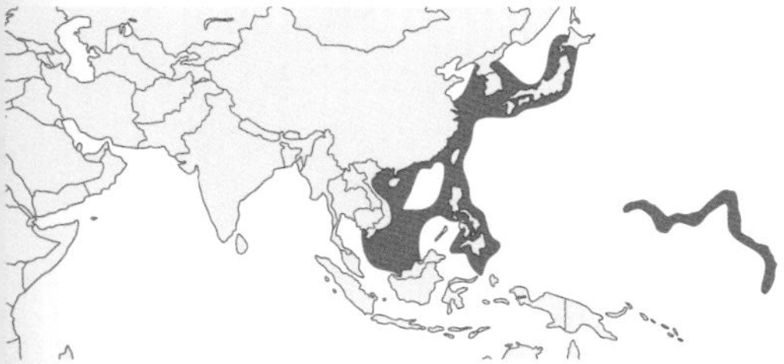

形態特徵 |

體形中小，身體延長略側扁。頭大，布有尖棘。眼大。上、下頜骨均具大小不一的羽狀皮瓣，體側及各鰭基部亦具有明顯皮瓣。體被中等大的櫛鱗。背鰭始於鰓蓋前上方，一直延伸至尾柄上方，鰭棘與鰭條有鰭膜相連；臀鰭始於背鰭軟條部下方；各鰭之鰭棘具有毒腺。鰓蓋上有 1 個白斑塊；尾鰭褐色，具深色條紋；身體整體呈褐色，具有很多不規則深黑褐色條紋。

生活習性 |

近岸底棲魚類，於底層出沒，群居或獨居於 0~90 米的淺海珊瑚礁或岩礁海域。晝行，肉食性，以小魚及甲殼動物為食。擅長隱藏自身於礁石間，靜待獵物游經然後快速張嘴吞食。

經濟文化 |

以一支釣或延繩釣捕獲，為香港經濟魚類。魚味鮮甜，普遍煮湯烹調；同時是名貴食療食材，有助傷口癒合，在香港價錢遠較褐平鮋高。

地理分布 |

印度—太平洋的亞熱帶海區，較集中於南中國海北部。聯合國糧農組織漁區：61、71。

鬚擬鮋

Extinct | Threatened | Lower Risk

EX EW CR EN VU cd nt lc

《IUCN紅色名錄》物種瀕危等級
未予評估 Not Evaluated

12^{3} 大手擬鮋

Scorpaenopsis macrochir (Ogilby, 1910)

英文俗名｜Flasher scorpionfish

中文俗名｜石獅（香港）、大手擬鮋（臺灣）

體長／重量｜長達 13.6 厘米，平均約 10.4 厘米。

行為／食性｜晝行；肉食。

生殖／壽命｜卵胎生

形態特徵｜

體形中小，略側扁。前背部微隆起但較毒擬鮋（*Scorpaenopsis diabolus*）為高。頭大，布有尖棘刺。眼小。吻部短。口中等大，上位（向上）。胸鰭十分寬大，多用於靜止時支撐身體，內側具黑色邊緣。各鰭之鰭棘具有毒腺。體色多變，不易辨別，身體整體呈褐色，兩側中央各具 1 條白色橫帶紋。

生活習性｜

近岸底棲魚類，於底層出沒，單獨或成對棲息於沿岸 1~80 米的礁石區或珊瑚礁海域，偶然會進入河口水域。晝行，肉食性，以小魚或小型甲殼類為食。因其體色多變，能隨棲息環境改變，不易辨別；善於擬態，隱藏自身於礁石間，靜待獵物游經然後快速張嘴吞食。

經濟文化｜

以拖網捕獲，為香港經濟魚類，市售個體多來自香港水域和華南沿海的漁獲。肉質一般，魚味鮮甜，可清蒸或煮湯。

地理分布｜

太平洋，西至澳洲西北部、菲律賓、琉球群島、湯加，東至密克羅尼西亞的馬里亞納群島和加羅林群島。聯合國糧農組織漁區： 51、57、61、71、77。

大手擬鮋

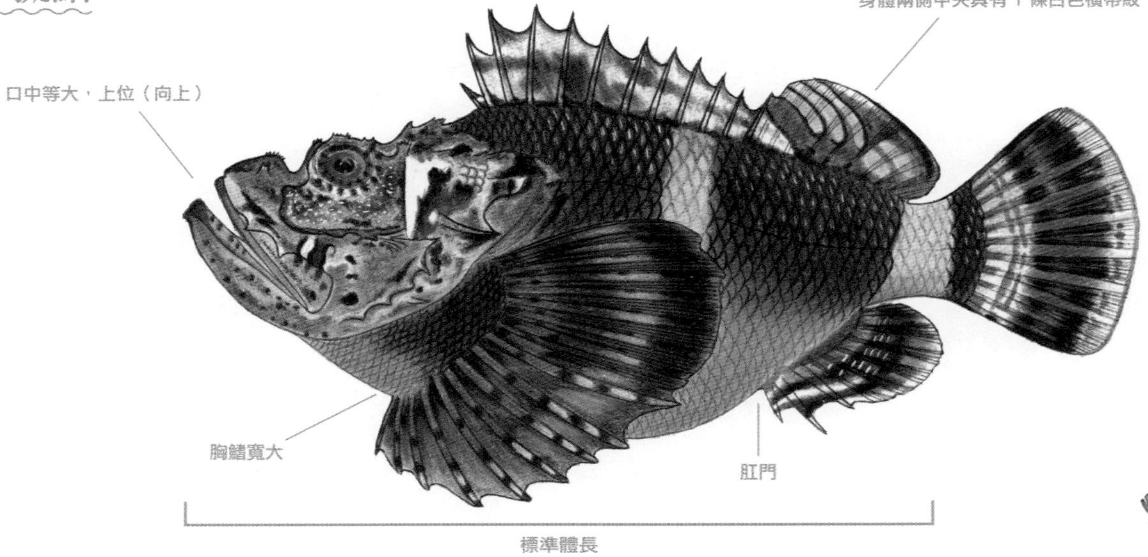

Extinct　Threatened　Lower Risk

EX　EW　CR　EN　VU　cd　nt　lc

《IUCN紅色名錄》物種瀕危等級
無危 Least Concern (LC)

12[4] 毒鮋

Synanceia horrida (Linnaeus, 1766)

英文俗名｜Estuarine stonefish

中文俗名｜石頭魚（香港）、毒鮋（臺灣）

體長／重量｜長達 60 厘米

行為／食性｜晝行；肉食。

生殖／壽命｜卵胎生

形態特徵｜

體形中等，頭大，眼小。口大，上位（向上），具細齒。魚體及魚鰭散布小肉瘤與皮瓣，體無鱗而皮厚；背鰭棘 XIII~XIV； 軟條 6 根； 臀鰭棘 III， 軟條 5 根，各鰭之鰭棘具有毒腺。體色多變，通常為棕灰色至紅棕色，尾鰭上有細紋。善於擬態，隱藏自身於礁石間，靜待獵物游經然後快速張嘴吞食。與玫瑰毒鮋（*Synanceia verrucosa*）相比，本種眼睛位置較高。

生活習性｜

底棲沿岸魚類，單獨出沒於 0~40 米的礁區、珊瑚礁及潟湖，有時也進入河口。晝行性，肉食性，以小魚或小型甲殼類為食。能以胸鰭將沙泥堆積在身體兩側，以便藏身；亦經常藏身於珊瑚礁、岩石空隙、海藻叢中。

經濟文化｜

以拖網捕獲，為香港經濟魚類，市售個體多來自華南沿岸。處理時須先把鰭棘去除，以免遭刺傷中毒；外皮厚，可分泌苦味汁液，須用熱水燙熟後剝皮。肉質嫩滑，富有魚味，一般剁碎製成魚湯或清蒸。鰭棘具劇毒，潛水有機會誤踩，曾有潛水員因誤踩身亡。

地理分布｜

印度—西太平洋，包括印度、中國、菲律賓、巴布亞新畿內亞和澳洲。聯合國糧農組織漁區： 51、57、61、71。

毒鮋

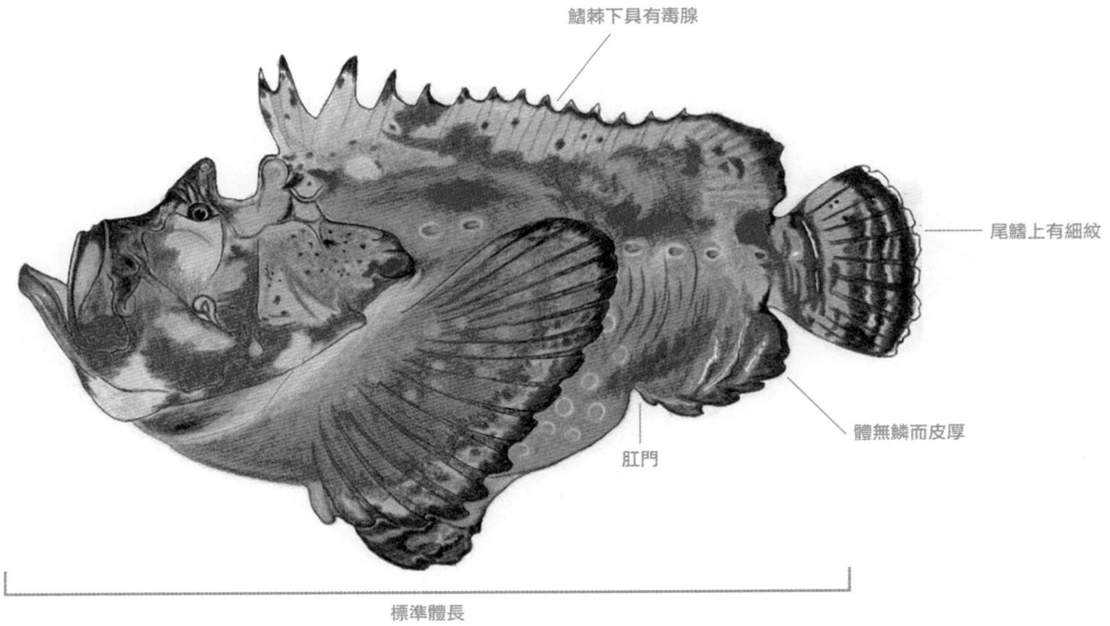

Extinct　Threatened　Lower Risk

EX　EW　CR　EN　VU　cd　nt　lc

《IUCN紅色名錄》物種瀕危等級
無危 Least Concern (LC)

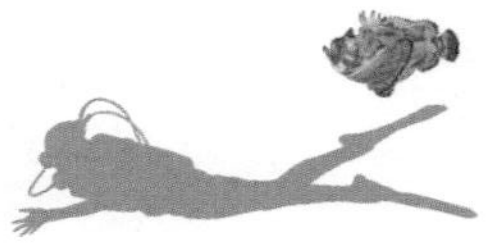

125 翱翔蓑鮋
Pterois volitans (Linnaeus, 1758)

英文俗名 | Red lionfish

中文俗名 | 獅子魚（香港）、魔鬼簑鮋（臺灣）

體長／重量 | 長達 45.7 厘米；重達 1.4 公斤。

行為／食性 | 晝行；肉食。

生殖／壽命 | 卵胎生；壽命 10 年以上。

形態特徵 |
體形中等，身體延長。口大，具有小齒。眼上間具有尖長的黑色皮瓣，前鰓蓋骨邊緣亦具有 3 根羽狀皮鬚。體被小圓鱗。背鰭鰭棘長，棘具毒腺；胸鰭十分寬大，鰭條延長。體色紅色，具有褐色至黑色垂直帶紋，與白色至淺紅色窄間紋相間。背鰭、胸鰭及腹鰭皆為紅色，具褐色斑紋排列成橫列，鰭條散布黑褐色斑點。

生活習性 |
底棲沿岸魚類，通常獨行或小群出沒 1~55 米的礁區、沙泥底、珊瑚礁或潟湖。晝行，肉食性，以小魚及甲殼類為食。善於藏身於礁石間，在幾乎靜止狀態下伏擊獵物。

經濟文化 |
以一支釣刺網、拖網與延繩釣捕獲，為香港經濟魚類，市售個體多來自華南沿海。肉質結實爽口，一般以清蒸食用。鰭棘具毒性，刺中後產生劇痛，處理時須注意。已有人工繁殖，常見於水族市場，有一定商業價值。

地理分布 |
太平洋，包括印度洋東部、澳洲西部、日本南部、韓國南部和新西蘭北部。聯合國糧農組織漁區：57、61、71、77、87。

翱翔蓑鮋

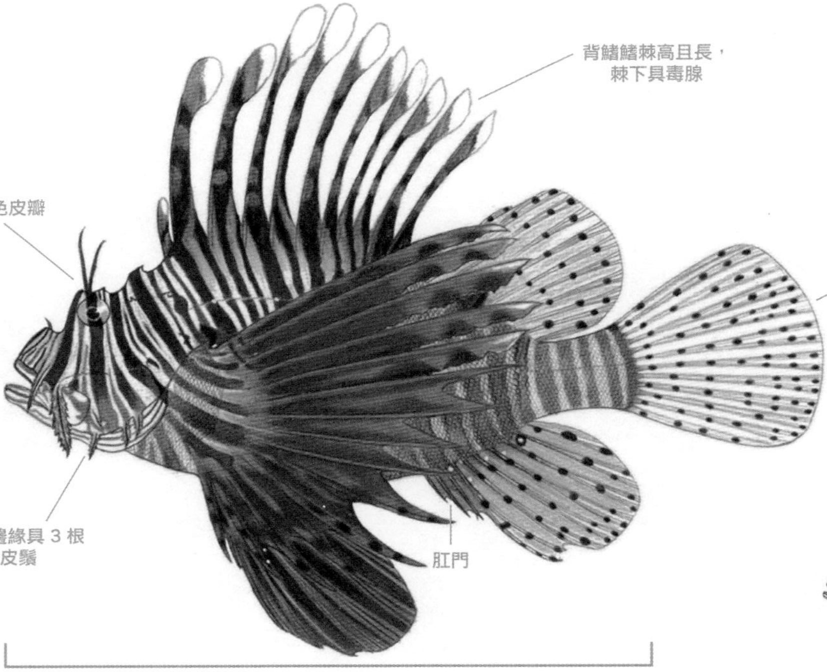
眼上間具有尖長黑色皮瓣
鰭條散布黑褐色斑點
前鰓蓋骨邊緣具 3 根
羽狀皮鬚
標準體長

Extinct　Threatened　Lower Risk

EX　EW　CR　EN　VU　cd　nt　**lc**

《IUCN紅色名錄》物種瀕危等級
無危 Least Concern (LC)

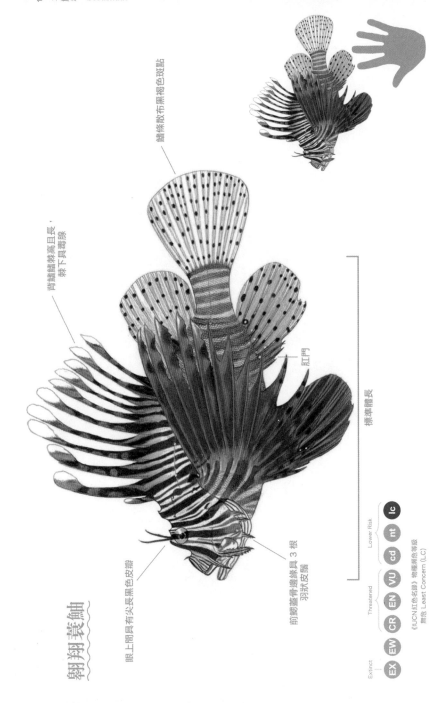

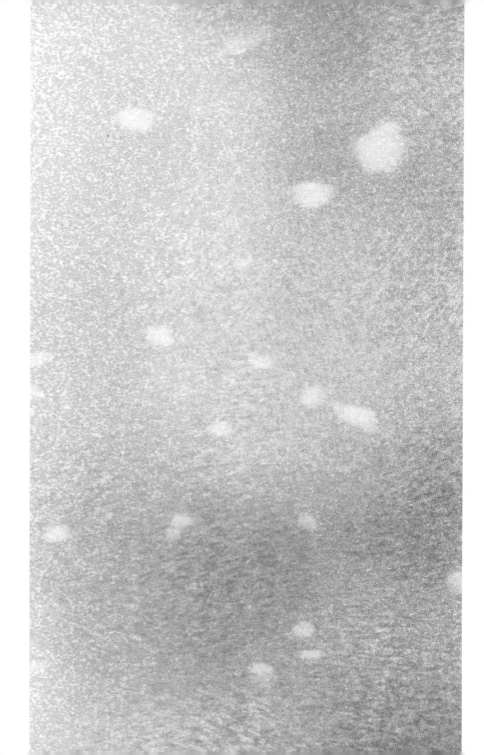

13 尖吻鱸科 *Latidae*

鱸形目 *Perciformes*

尖吻鱸科現有 13 個物種，分布於印度—太平洋的河流、鹹淡水環境，主要產於非洲，中國的僅產於東南沿岸和南中國海。本科魚類屬肉食性，大多體形龐大，部分體長可長至 2 米，重達 60 公斤。

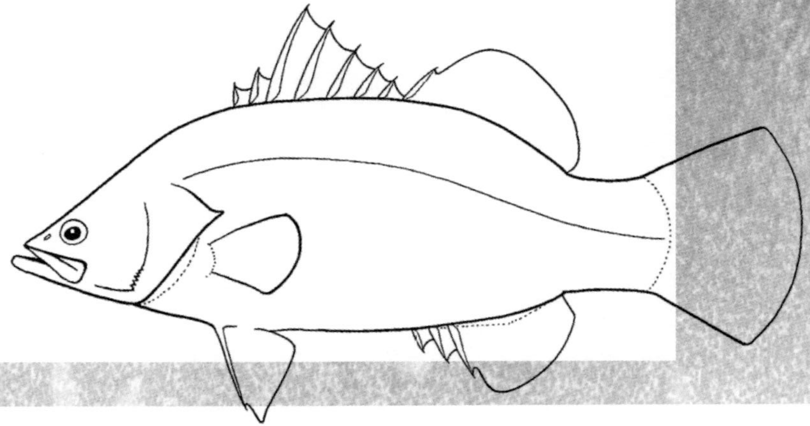

| 尖吻鱸

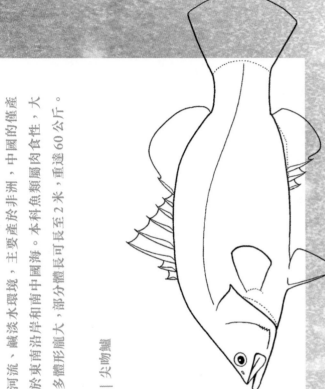

13-1 尖吻鱸

Lates calcarifer (Bloch, 1790)

英文俗名｜Barramundi

中文俗名｜盲鰽（香港）、鱟鰽（香港）、尖吻鱸（臺灣）

體長／重量｜長達 2 米；重達 1.4 公斤。

行為／食性｜晝行；肉食。

生殖／壽命｜卵生。5~8 月河口集結繁殖，農曆初一和十五是產卵高峰期，產卵量 230 萬粒，孵化時間為 14~17 小時。雄魚性成熟需 3~4 年，雌魚 6~8 年。壽命 10 年以上。

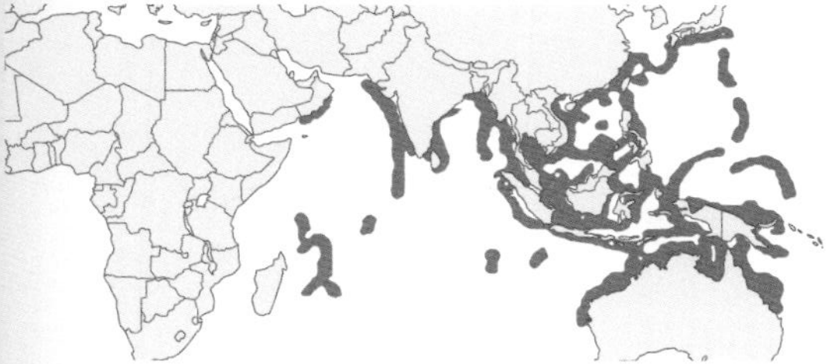

形態特徵｜

體形大，身體延長而側扁。吻尖。頭背側、眼睛上方各具有一條明顯凹槽。眼略小。口大，下頜略比上頜凸出；前鰓蓋骨下緣具有 3~4 根短棘。體被中大櫛鱗。背鰭單一但具明顯深缺刻，具有硬棘 VII~IX，軟條 11 根；胸鰭短；尾鰭圓形。成魚體呈銀白色，體背側灰褐至藍灰色，各鰭灰黑或淡色；幼魚褐色至灰褐色，頭部具 3 條白紋，體側散布白色斑紋，眼褐色至金黃色，隨成長而略具淡紅色虹彩。

生活習性｜

溯河洄游魚類，出沒於 0~40 米的鹹淡水交界、岩礁或泥沙交匯處，亦可上溯淡水河川。晝行，肉食性，以小魚和甲殼類為食。

經濟文化｜

以流刺網捕獲，為香港經濟魚類，市售個體多來自東南亞養殖魚，野生產量遠遠不及養殖。魚味較淡，一般以清蒸、蒜頭豆豉、紅燒、煮湯食用，可加配料烹調，提升鮮味。同時為假餌釣的目標魚種。

地理分布｜

印度—西太平洋，包括波斯灣、中國、日本南部，南至澳洲北部。聯合國糧農組織漁區：51、57、61、71。

尖吻鱸

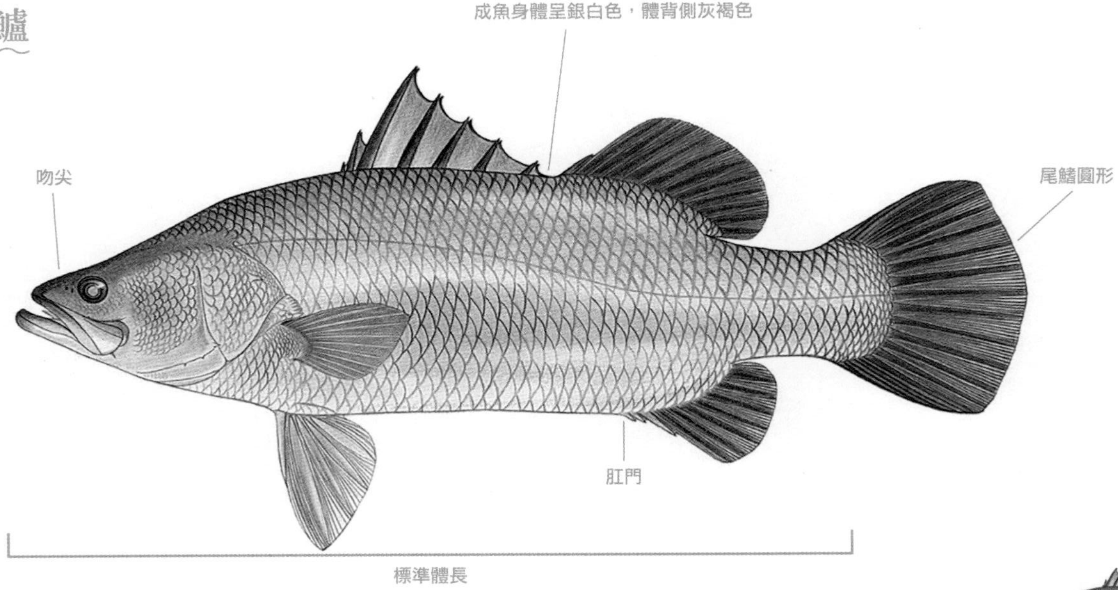

Extinct — Threatened — Lower Risk

EX EW CR EN VU cd nt **lc**

《IUCN紅色名錄》物種瀕危等級
無危 Least Concern (LC)

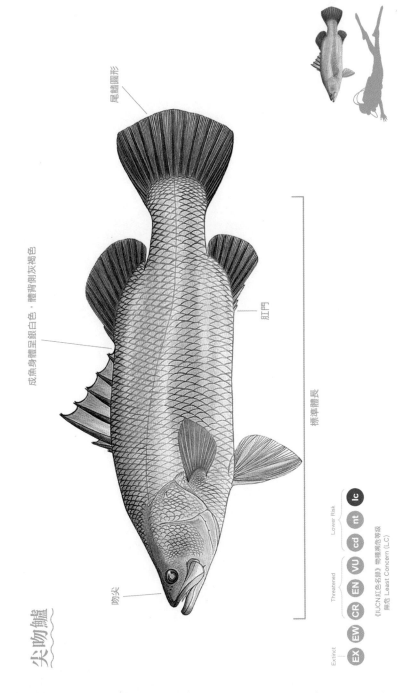

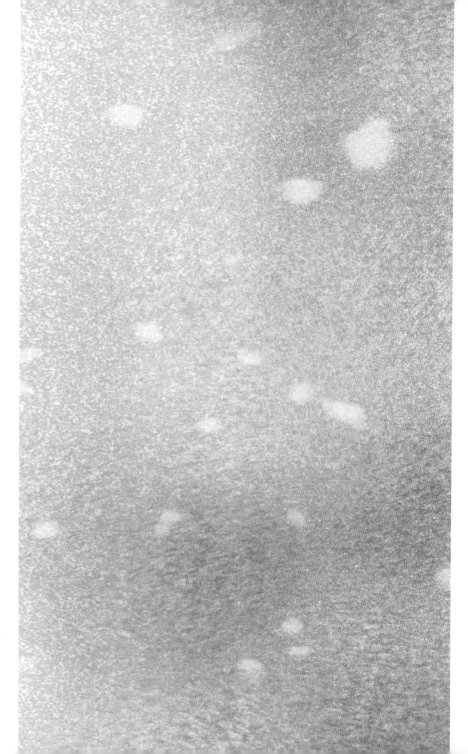

14 花鱸科 *Lateolabracidae*

鱸形目 *Perciformes*

花鱸科現有 2 個物種，統稱「亞洲海鱸」，分布於西太平洋的中國、日本和韓國水域，主要棲於沿岸或鹹淡水環境。本科魚類屬肉食性，科內體形最大者可長達 1 米，重達 8.7 公斤。

| 日本花鱸

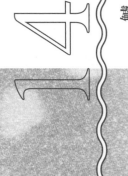

14-1 日本花鱸
Lateolabrax japonicus (Cuvier, 1828)

英文俗名 | Japanese seaperch, Japanese sea bass, Chinese seaperch

中文俗名 | 鱸魚（香港）、花鱸（香港）、百花鱸（香港）、七星鱸（臺灣）

體長／重量 | 長達 1 米；重達 8.7 公斤。

行為／食性 | 晝行；肉食。

生殖／壽命 | 卵生。繁殖期 11~2 月，產卵量為 18~25 萬粒，孵化需時 5~6 日。

形態特徵 |

體形大，背部稍隆起，體延長而側扁。口大，上位，上下頷均具有絨毛狀牙齒。前鰓蓋骨後緣有小鋸齒，下沿末端具一根長棘。體被小櫛鱗。背鰭 1 個，硬棘部與鰭條部中間具明顯深缺刻，背鰭及臀鰭鰭棘堅硬且尖銳；尾鰭淺叉形。魚身銀色，背部為灰綠色，腹部為白色，背部疏落地散布著黑色圓形斑點，各鰭淡黃色或白色。

生活習性 |

中表層沿岸魚類，主要於表層至中層出沒，群居於 5~30 米的近岸岩礁或河口，常出沒於鹹淡水交界，幼魚上溯河川生活。晝行，肉食性，以魚及蝦為食。雌雄同體，幼魚為雄性，約兩歲性成熟轉雌性。

經濟文化 |

以手釣、刺網和延繩釣等捕獲，為香港經濟魚類，市售個體多來自內地養殖，野生者則產於本港水域。人工養殖發展成熟，全年皆有鱸魚供應。魚味較淡，宜加配料烹調，以提升鮮味。豉汁蒸鱸魚、白汁燴鱸魚都是本地常見菜式。同時為假餌釣的目標魚種。

地理分布 |

西太平洋，東亞特有魚種，分布較為狹窄，主要在日本至南中國海。聯合國糧農組織漁區：61。

日本花鱸

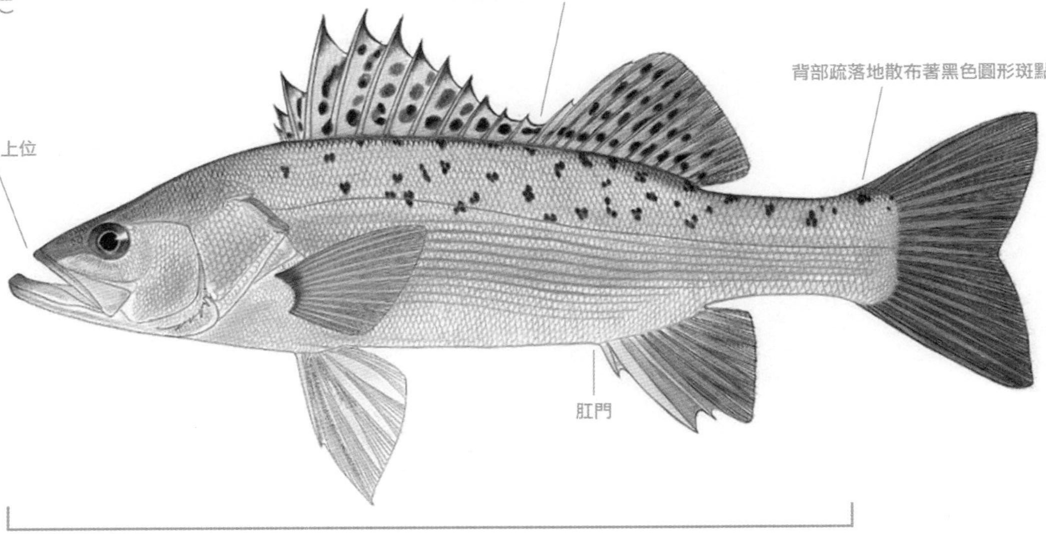

Extinct　Threatened　Lower Risk

EX　EW　CR　EN　VU　cd　nt　**lc**

《IUCN紅色名錄》物種瀕危等級
無危 Least Concern (LC)

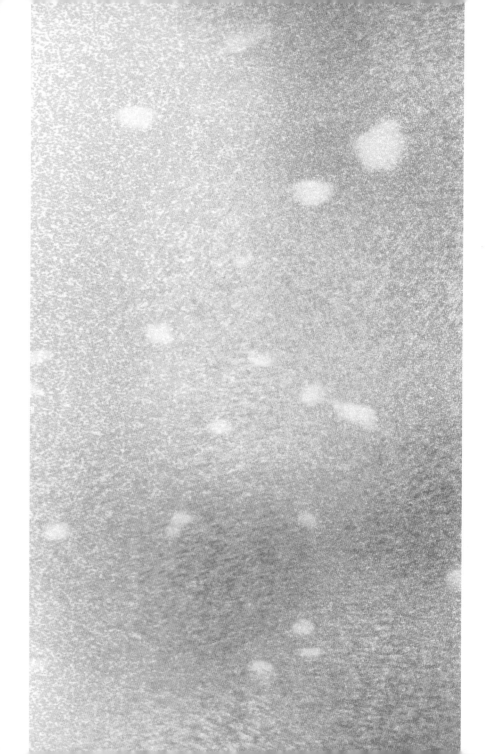

15 石斑魚科 *Epinephelidae*

鱸形目 *Perciformes*

石斑魚科現有約 170 個物種，一般人所認知的石斑科魚類均屬此科，分布於熱帶和溫帶海洋。最明顯特徵為尾鰭為圓形或月形，沒有分叉。不少物種體色鮮艷，適合作觀賞魚類，體形及肉質同時適合作食用魚類，在很多國家均屬經濟性食用魚類。石斑魚科為變性魚類，可從雌魚轉為雄性。

- 青石斑魚
- 褐帶石斑魚
- 豹紋鰓棘鱸
- 黑鞍鰓棘鱸

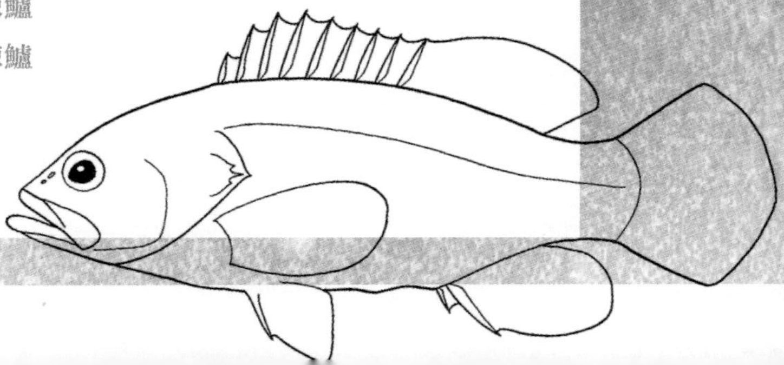

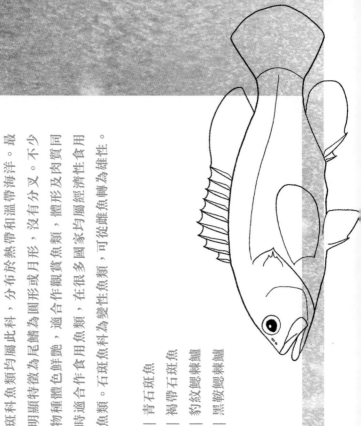

15-1 青石斑魚
Epinephelus awoara (Temminck & Schlegel, 1842)

英文俗名 | Yellow grouper

中文俗名 | 黃斑（香港）、黃釘（香港）、青石斑魚（臺灣）

體長／重量 | 長達 60 厘米，平均約 30 厘米。

行為／食性 | 晝行；肉食。

生殖／壽命 | 卵生。繁殖期 6~7 月，通常於傍晚 6~8 時產卵，適合產卵的水溫為 23.2~23.4℃，分批多次產卵，孵化需時約 27 小時。

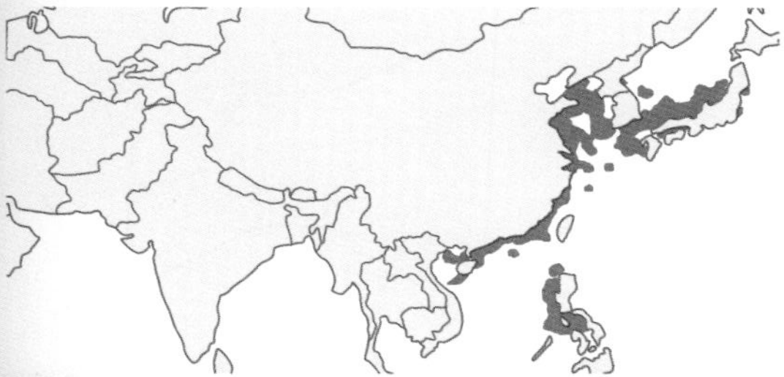

形態特徵 |

體形中等，身體呈橢圓形。頭大。眼睛較小。口大，有小尖齒及絨毛狀齒。前鰓蓋骨下緣末端具小棘，下緣光滑；鰓蓋骨後緣具 3 根扁棘。身體被小櫛鱗；背鰭一個，棘部與軟條部相連，無缺刻；胸鰭圓形；尾鰭圓形。身體整體呈淡褐色，體側有 4 條暗色橫斑，連帶尾柄處亦有 1 條橫斑，身體兩側各具 5 條橫斑。頭部及體側散布著小黃點，背鰭、臀鰭和尾鰭邊緣為黃色。

生活習性 |

底棲魚類，群居或獨居在 0~65 米的岩礁、沙泥地或珊瑚礁海域。晝行，肉食，以小魚及甲殼類為食。雌雄同性。

經濟文化 |

以支釣或延繩釣捕獲，為香港經濟魚類。常見於香港水域，本地漁民主要在汕頭外海以手釣捕獲，作業俗稱「吠黃釘」。在香港石斑魚類中只屬中下價石斑。日本和中國臺灣地區已發展出人工養殖技術。肉味較淡，可清蒸或煮粥食用。

地理分布 |

西太平洋，韓國、日本、越南、中國；香港常見於東部水域。聯合國糧農組織漁區：61、71。

青石斑魚

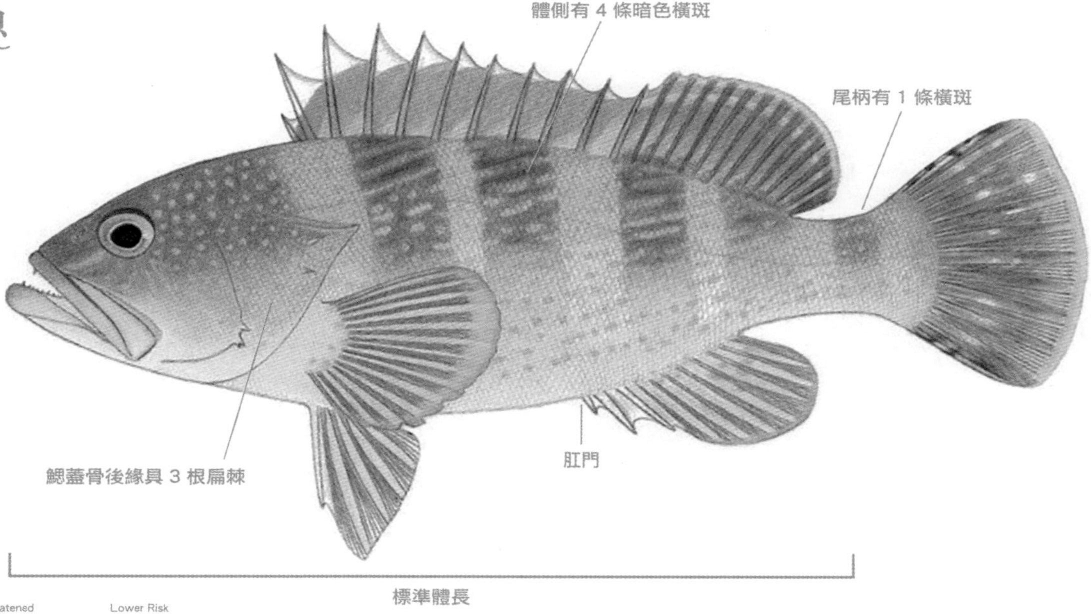

Extinct | Threatened | Lower Risk

EX EW CR EN VU cd nt lc DD

《IUCN紅色名錄》物種瀕危等級
數據缺乏 Data Deficient (DD)

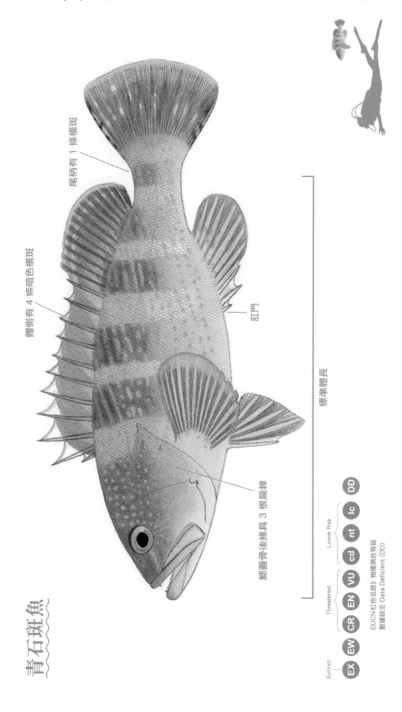

15-2 褐帶石斑魚

Epinephelus bruneus (Bloch, 1793)

英文俗名 | Longtooth grouper

中文俗名 | 泥斑（香港）、油斑（香港）、雙牙（香港）、褐帶石斑魚（臺灣）

體長／重量 | 長達 1.3 米；重達 33 公斤。

行為／食性 | 晝行；肉食。

生殖／壽命 | 卵生

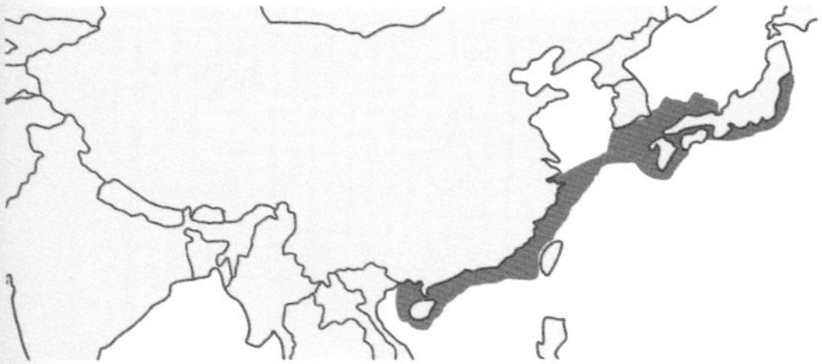

形態特徵 |

體形大，身體呈橢圓形。頭大。眼睛較小。口大，上下頜均具有小尖齒及大犬齒。前鰓蓋骨下緣末端具小棘，下緣光滑；鰓蓋骨後緣具 3 根扁棘。身體被小櫛鱗；背鰭 1 個，棘部與軟條部相連，無缺刻。體色呈如泥般的灰褐色，身體兩側各具數條橫斜帶；幼魚則為淡黃褐色，體側有 6 條不規則暗色橫帶。

生活習性 |

底棲魚類，獨居在 20~150 米的礁石或泥質海域，幼魚會在較淺水域出沒。晝行，肉食，以小魚及甲殼類為食，大多於早晨或傍晚獵食。

經濟文化 |

以支釣或延繩釣捕獲，為香港經濟魚類。昔日香港常見石斑之一，俗名「泥斑」是一個混稱，泛指泥地出沒石斑，以「泥斑」作俗名的石斑不限於褐帶石斑魚。屬價格較高的石斑魚。肉質細嫩，富有魚味，宜清蒸，大魚可起肉炒球。

地理分布 |

西北太平洋，包括韓國、日本、中國東海、南海和中國臺灣沿岸。聯合國糧農組織漁區：61、71。

褐帶石斑魚

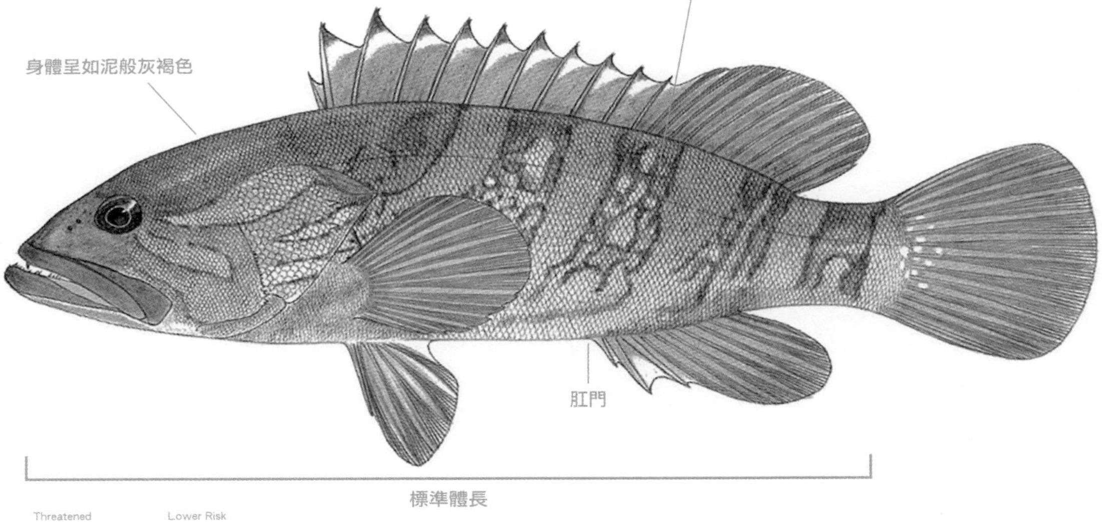

Extinct　Threatened　Lower Risk

EX　EW　CR　EN　VU　cd　nt　lc

《IUCN紅色名錄》物種瀕危等級
易危 Vulnerable (VU)

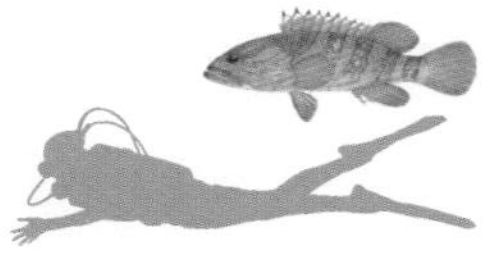

15³ 豹紋鰓棘鱸

Plectropomus leopardus (Lacepède, 1802)

英文俗名 | Leopard coral grouper, Leopard coral trout

中文俗名 | 東星斑（香港）、七星斑（臺灣）

體長／重量 | 長達1.2米，平均約35厘米；重達33公斤。

行為／食性 | 晝行；肉食。

生殖／壽命 | 卵生，聚集於礁區產卵，魚卵漂浮表層孵化。約4歲時性成熟，部分個體開始變性。最長壽命約26年。

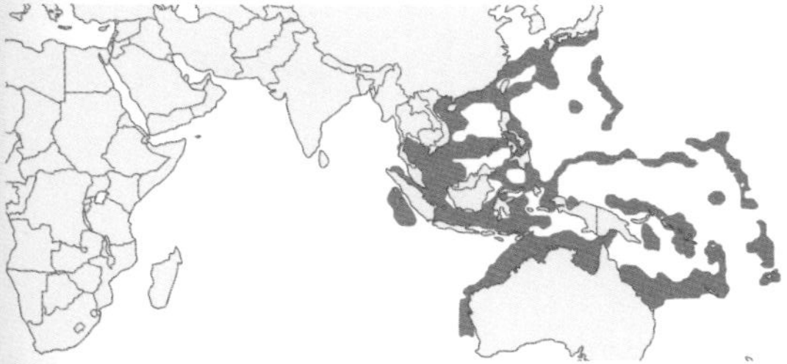

形態特徵 |

體形大，體延長，身形壯碩。頭中等大。口大，具有中小犬齒。前鰓蓋骨邊緣弧形，下緣具弱鋸齒；鰓蓋骨具3根扁平棘。身體被小櫛鱗；背鰭1個，棘部與軟條部相連，無缺刻，鰭棘部明顯短於軟條部；胸鰭圓形；尾鰭內凹形。體色大多鮮紅，亦具體綠褐色個體，身上有許多小藍點。

生活習性 |

底棲魚類，獨居在3~100米的珊瑚礁或礁區海域，亦見於潟湖，幼魚多棲息在珊瑚碎屑堆。晝行，肉食性，主要以魚類為食，偶爾捕食甲殼類。

經濟文化 |

以支釣或延繩釣捕獲，為香港經濟魚類。香港水域也有分布，數量甚少，市面貨源主要從東南亞進口。1970年代香港漁船開發東沙群島，以手釣方式捕獲，此時才於香港市場大量供應，因此出現了「東星」之俗名，即來自東沙的星斑。肉質細嫩，清蒸、炒球或紅燒皆宜。

地理分布 |

熱帶至亞熱帶海域，西太平洋區，北自日本南部、南迄澳洲，東至斐濟。聯合國糧農組織漁區：57、61、71。

豹紋鰓棘鱸

Extinct: EX EW | Threatened: CR EN VU | Lower Risk: cd nt **lc**

《IUCN紅色名錄》物種瀕危等級
無危 Least Concern (LC)

154 黑鞍鰓棘鱸

Plectropomus laevis (Lacepède, 1801)

英文俗名 | Blacksaddled coral grouper

中文俗名 | 豹斑（香港）、皇帝星（香港）、橫斑刺鰓鮨（臺灣）

體長／重量 | 長達 1.25 米，平均約 30 厘米；重達 24.2 公斤。

行為／食性 | 晝行；肉食。

生殖／壽命 | 卵生。繁殖期會洄游聚集於 1~2 個礁區產卵；為浮性卵。

形態特徵 |

體形大，體延長，身形壯碩。頭中等大。口大，具中小犬齒。前鰓蓋骨邊緣弧形，下緣具弱鋸齒；鰓蓋骨具 3 根扁平棘。身體被小櫛鱗；背鰭 1 個，棘部與軟條部相連，無缺刻，鰭棘部明顯短於軟條部；胸鰭圓形；尾鰭內凹形。身上有 5 條黑色橫帶，各魚鰭呈黃色。老成魚具深紅體色，身上布滿小藍點。長大後體上 5 條黑色橫帶會變成白色或消失，各魚鰭會由黃色變成黑色。

生活習性 |

底棲魚類，出沒於中底層，獨居在 4~100 米的珊瑚礁或礁區海域。晝行，通常獨行。肉食性，性情凶猛，主要以魚類為食，偶爾捕食甲殼類。幼魚有擬態習性，泳姿模仿有毒的雞泡魚類（橫帶扁背魨），以欺騙獵食者。

經濟文化 |

以支釣或延繩釣捕獲，為香港經濟魚類。香港沒有分布，市面貨源主要從東南亞進口，主要以手釣捕獲，還有其他漁法如魚槍、魚籠誘獲等。肉質嫩滑而富魚味，適宜清蒸，大魚則可起肉炒球。不過大型者可能含有雪卡毒素，應避免食用。

地理分布 |

印度—太平洋，西起非洲東部，東至法屬玻里尼西亞，北至日本南部，南至澳洲。聯合國糧農組織漁區： 51、57、61、71。

黑鞍鰓棘鱸

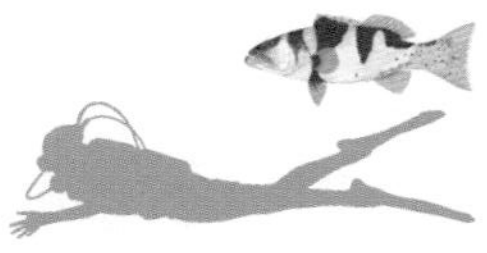

Extinct　Threatened　Lower Risk

EX　EW　CR　EN　VU　cd　nt　lc

《IUCN紅色名錄》物種瀕危等級
無危 Least Concern (LC)

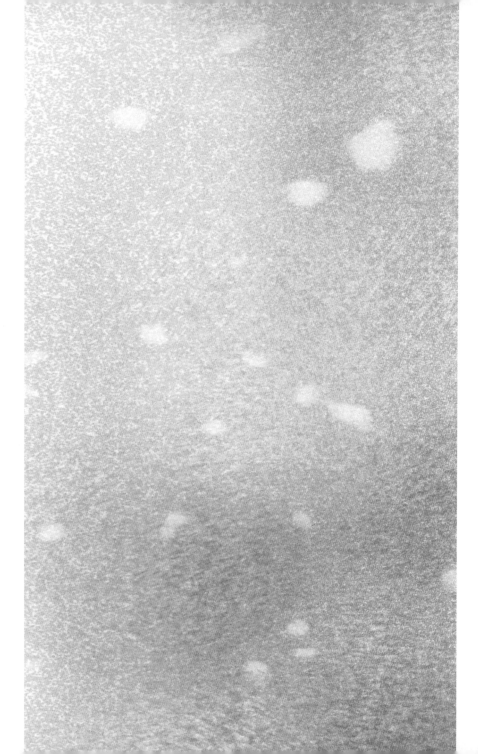

16 大眼鯛科 *Priacanthidae*

鱸形目 *Perciformes*

大眼鯛科現有約 21 個物種，屬夜行性魚類，分布於熱帶和溫帶海洋。最明顯特徵為擁有一對大眼睛和大口，體色深紅，僅部分物種具明顯斑紋，覆蓋著堅硬的櫛鱗；腹鰭長而寬大，部分物種上方覆蓋斑點。

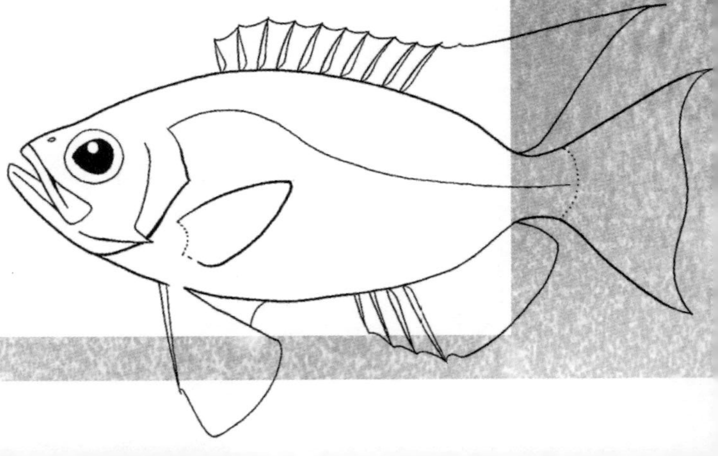

| 長尾大眼鯛

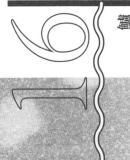

16-1 長尾大眼鯛

Priacanthus tayenus (Richardson, 1846)

英文俗名 | Purple-spotted bigeye

中文俗名 | 長尾木棉（香港）、紅目鰱（臺灣）

體長／重量 | 長達 35 厘米，平均約 25 厘米。

行為／食性 | 夜行；肉食。

生殖／壽命 | 卵生

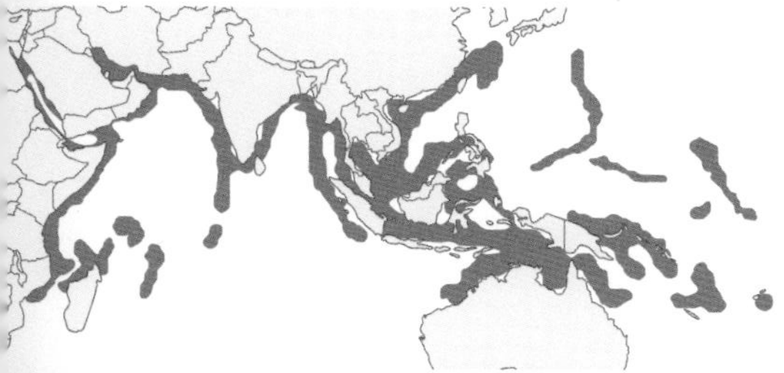

形態特徵 |

體形中小，體略高而側扁。眼睛大。吻短。口大，口裂近乎呈垂直且下頜凸出。頭部及身體被有小櫛鱗，粗糙且不易脫落。背鰭單一，不具深缺刻，背鰭軟條部末端尖形或呈絲狀延長；臀鰭軟條部末端圓形；胸鰭小；腹鰭十分寬大；尾鰭上下兩葉末端延長成絲狀。背部為深紅色，腹部銀色，腹鰭上方覆蓋黑、紅色斑點。

生活習性 |

底棲魚類，群居在近海至深海 20~200 米的沙泥區、礁區或珊瑚區海域。夜行，肉食性，以小魚、小蝦和小型頭足類為食。其深紅體色跟晚上出沒之習性有關，因紅色在深海環境被吸收，變成帶保護的黑色。日間多躲在礁石洞穴或陰暗地方，晚上游至中上層覓食。

經濟文化 |

以一支釣、延繩釣或拖網捕獲，為香港經濟魚類。市售個體主要來自南中國海，全年皆有供應，在本地屬中價魚。皮厚、肉質較粗，魚味鮮美，除清蒸和煮湯，凍魚方式烹調（潮州打冷）亦常見。

地理分布 |

印度—西太平洋，西起波斯灣，東至菲律賓，北至中國臺灣，南至澳洲昆士蘭州。聯合國糧農組織漁區： 51、57、61、71。

長尾大眼鯛

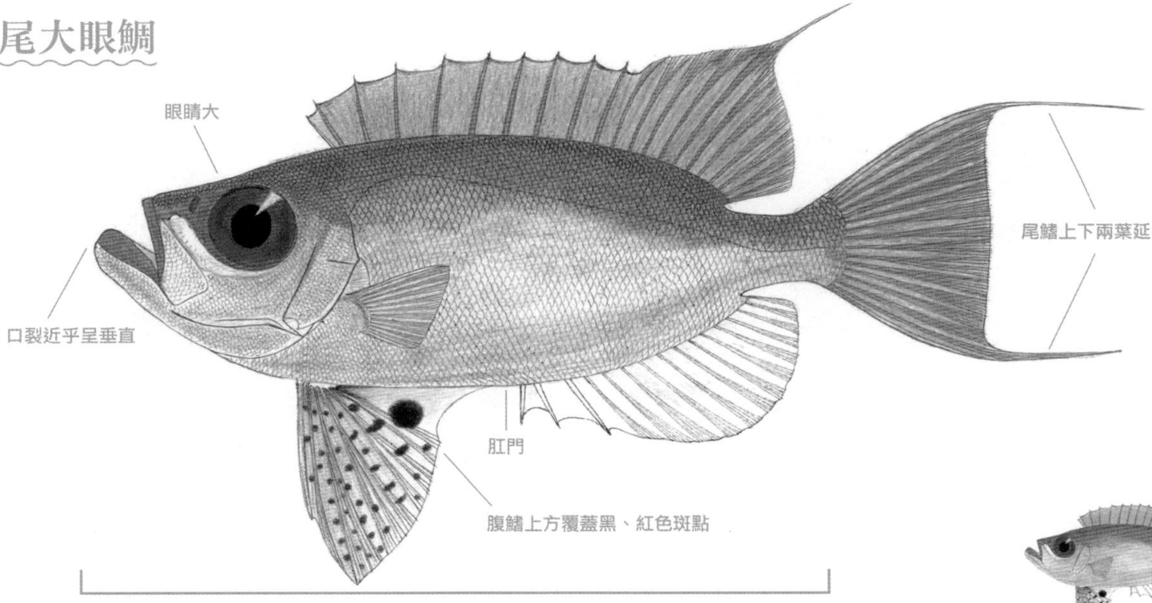

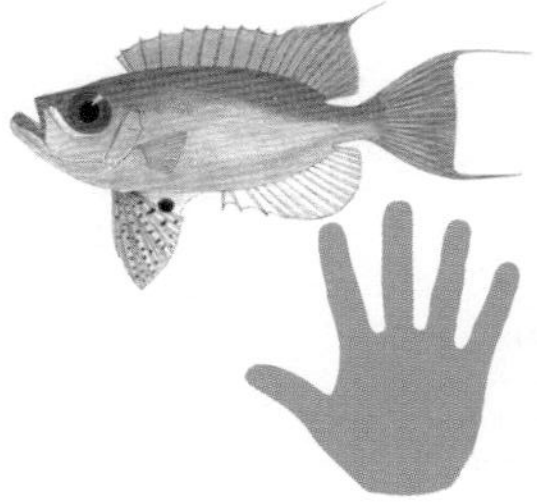

Extinct | Threatened | Lower Risk

EX EW CR EN VU cd nt **lc**

《IUCN紅色名錄》物種瀕危等級
無危 Least Concern (LC)

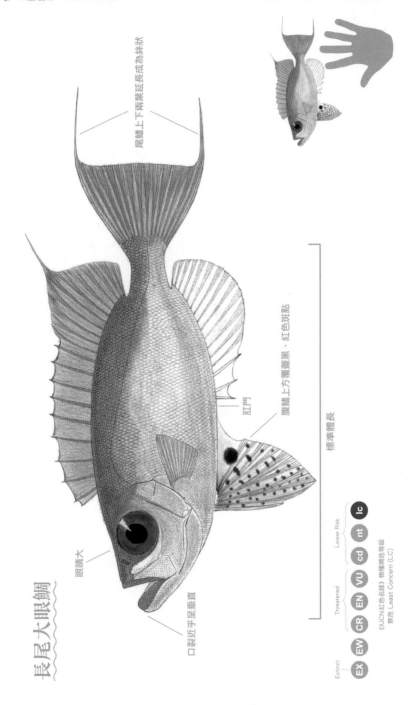

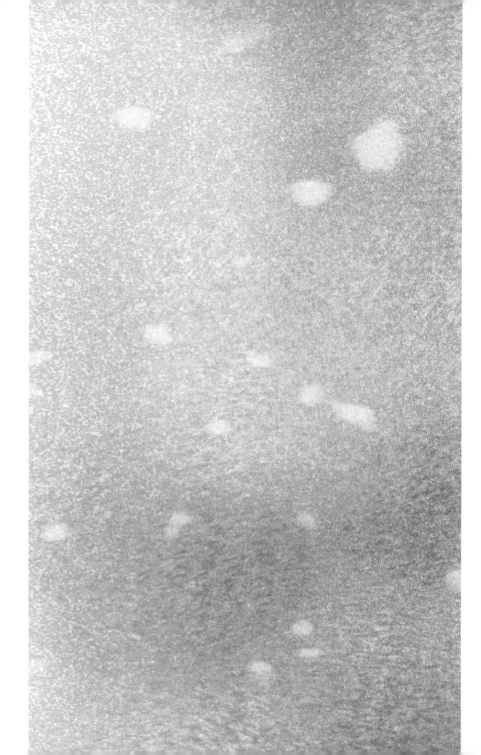

17 天竺鯛科 *Apogonidae*

鉤頭魚目 *Kurtiformes*

天竺鯛科現有約 358 個物種，屬體形較小的一群魚類，最大僅約 20 厘米。主要棲息於熱帶和亞熱帶海區，部分物種生活於河川。屬口孵魚類，多以雄魚以口腔育卵，僅少數種類由雌魚進行口孵。夜行性魚類，多在夜間攝食，白晝則棲息於洞穴或珊瑚礁間。雜食性，少數會以較大型無脊椎或小魚為食外，其餘多以小型底棲無脊椎或浮游性動物為食。

| 斑柄鸚天竺鯛
| 斑鰭銀口天竺鯛
| 擬雙帶天竺鯛
| 截尾銀口天竺鯛

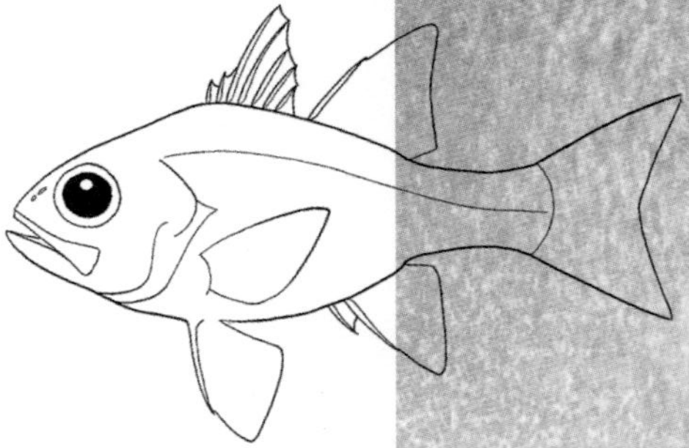

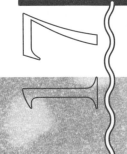

17[1] 斑柄鸚天竺鯛

Ostorhinchus fleurieu (Lacepède, 1802)

英文俗名 | Golden cardinalfish

中文俗名 | 金疏籮（香港）、天竺鯛（臺灣）

體長／重量 | 長達 14.2 厘米；重達 28 克。

行為／食性 | 夜行；雜食。

生殖／壽命 | 卵生。配對繁殖，屬口孵魚類，由雄魚負責在口中孵化魚卵。

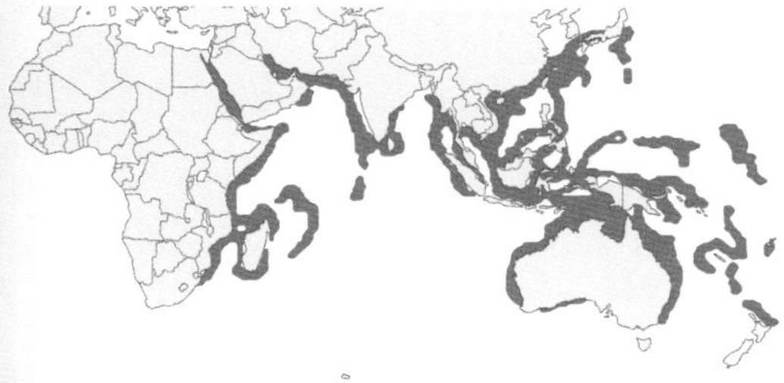

形態特徵 |

體形小，身體呈長圓形而側扁。頭大。吻短。眼睛大。口大，上下頜均具小齒。背鰭兩個，約等高。體色整體為金黃色，有一條短暗縱帶貫穿眼部，暗縱帶外緣呈藍色，活體時尤其明顯；尾柄具 1 塊大黑斑。

生活習性 |

中底層魚類，群居棲息在沿岸 0~30 米的岩礁或珊瑚礁海域，亦能見於河口。夜行，雜食性，以多毛類及小型底棲無脊椎動物為食，部分種類會捕捉小魚或甲殼類。成魚多成群結隊出沒，求偶及產卵時配對同游。

經濟文化 |

以拖網捕獲，以蝦艇和單拖為主，為香港經濟魚類。價格不高，通常當作下雜魚處理，例如賣給魚排作養殖飼料；亦適宜作水族觀賞魚。魚味鮮甜，通常以煮湯方式烹調。

地理分布 |

印度—西太平洋，包括紅海、波斯灣、阿曼灣和東非海岸、塞舌爾群島、印度、斯里蘭卡、馬來西亞和香港地區，南至澳洲，東至斐濟。聯合國糧農組織漁區：51、57、61、71。

斑柄鸚天竺鯛

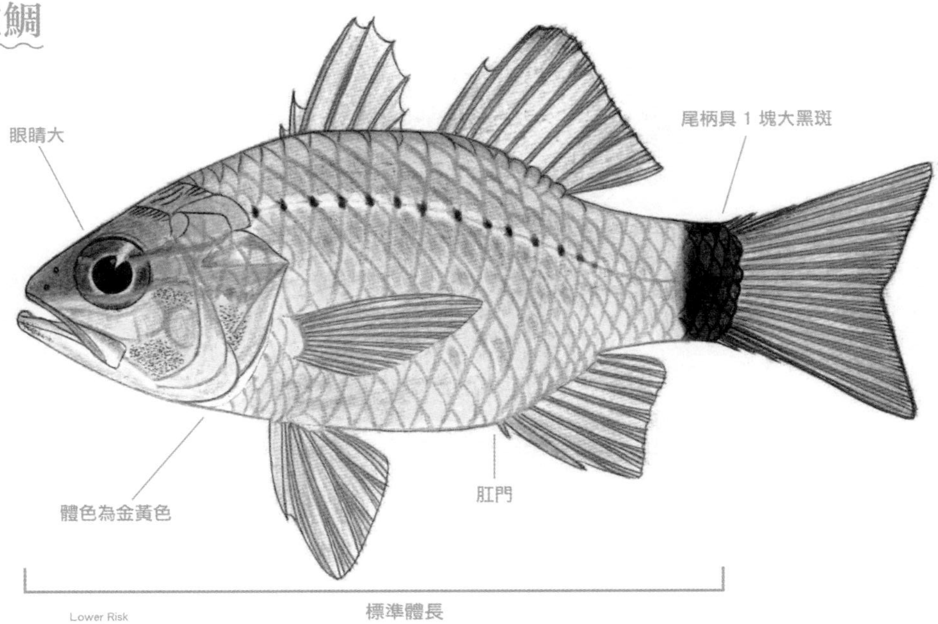

Extinct — EX
Threatened — EW CR EN VU
Lower Risk — cd nt **lc**

《IUCN紅色名錄》物種瀕危等級
無危 Least Concern (LC)

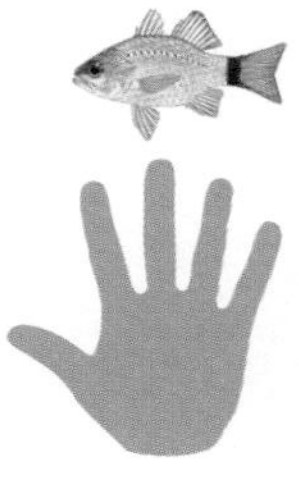

172 斑鰭銀口天竺鯛
Jaydia carinatus (Cuvier, 1828)

英文俗名 | Ocellate cardinalfish

中文俗名 | 疏籮（香港）、天竺鯛（臺灣）

體長／重量 | 長達 15 厘米，平均約 10 厘米。

行為／食性 | 夜行；雜食。

生殖／壽命 | 卵生。配對繁殖，屬口孵魚類，魚卵在口中孵化。

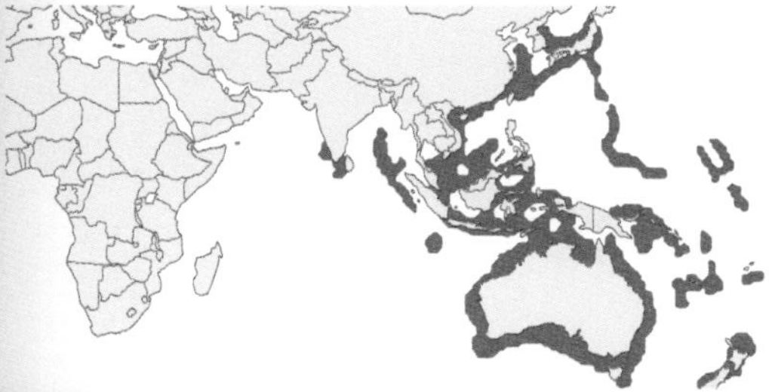

形態特徵 |

體形小，身體呈長圓形而側扁。頭大。眼大。吻短。口大，下頜略較上頜凸出，均具有絨毛狀齒，無犬齒。體被大圓鱗，鱗片薄而極容易脫落。背鰭 2 個；尾鰭呈圓形。身體整體銀白色，第一背鰭呈黑色，第二背鰭末端有 1 個圍白邊的黑斑，各鰭色透明略帶黃。

生活習性 |

底層魚類，群居棲息在沿岸 10~50 米的沙泥底區或礁區海域，棲息深度可達 146 米。夜行，雜食性，以多毛類及小型底棲無脊椎動物為食。

經濟文化 |

拖網捕獲，以蝦艇和單拖為主，為香港經濟魚類，市售個體大多來自華南沿海。價格不高，通常當作下雜魚處理，例如賣給魚排作養殖飼料。魚味鮮甜，通常以煮湯方式烹調。

地理分布 |

西太平洋，北起日本至南中國海、南至澳洲北部。聯合國糧農組織漁區： 51、61、71、81。

斑鰭銀口天竺鯛

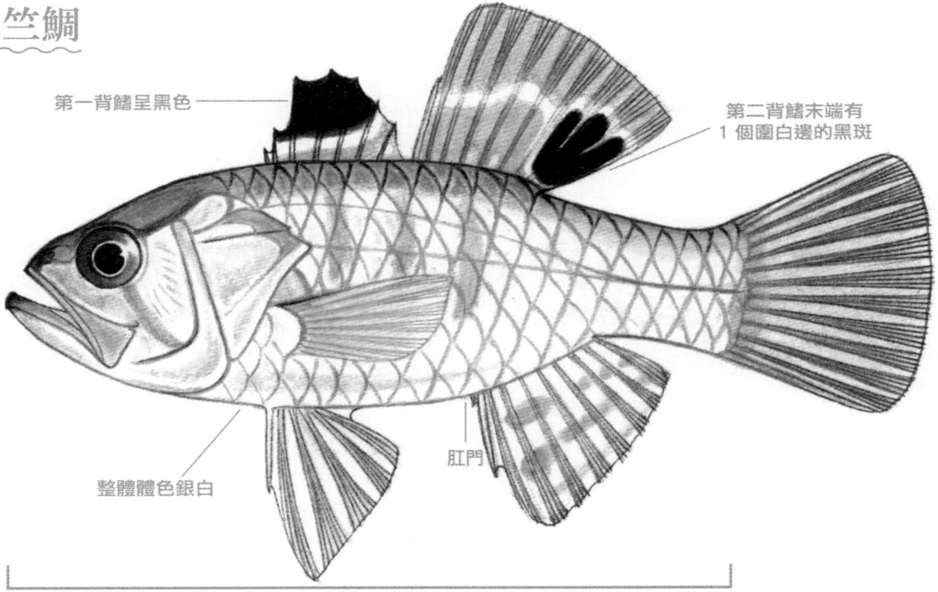

Extinct Threatened Lower Risk

EX EW CR EN VU cd nt **lc**

《IUCN紅色名錄》物種瀕危等級
無危 Least Concern (LC)

173 擬雙帶天竺鯛
Apogonichthyoides sialis (Jordan & Thompson, 1914)

英文俗名 | Twinbar cardinalfish

中文俗名 | 大炮疏籮（香港）、天竺鯛（臺灣）

體長／重量 | 長達 14 厘米，平均約 10 厘米。

行為／食性 | 夜行；雜食。

生殖／壽命 | 卵生。屬口孵魚類，魚卵在口中孵化。

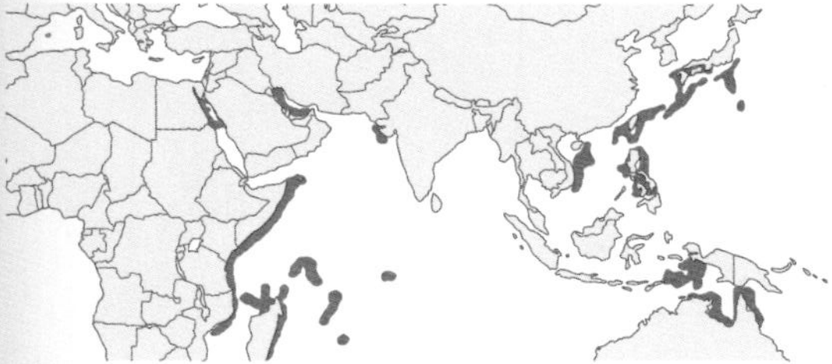

形態特徵 |

體形小，身體呈長圓形而側扁。頭大。口大，上下頜均具小齒。吻短。尾鰭內凹。體被大圓鱗，鱗片薄而極容易脫落。身體兩側於第一背鰭及第二背鰭前部的下方各具 1 條暗帶，成魚較明顯；兩側尾柄中央各具有 1 個小黑圓點。

生活習性 |

底層魚類，群居棲息在沿岸 8~15 米的礁石區、珊瑚礁或沙泥底區海域。夜行，雜食性，以多毛類及小型底棲無脊椎動物為食。

經濟文化 |

流刺網或拖網捕獲，為香港經濟魚類，市售個體大多來自香港水域或華南沿海。價格不高，通常當作下雜魚處理，例如賣給魚排作養殖飼料。魚味鮮甜，小刺較多，適宜煮湯或製成鹹鮮。

地理分布 |

西太平洋，汶萊、中國、菲律賓和日本駿河灣。聯合國糧農組織漁區：51、61、71。

擬雙帶天竺鯛

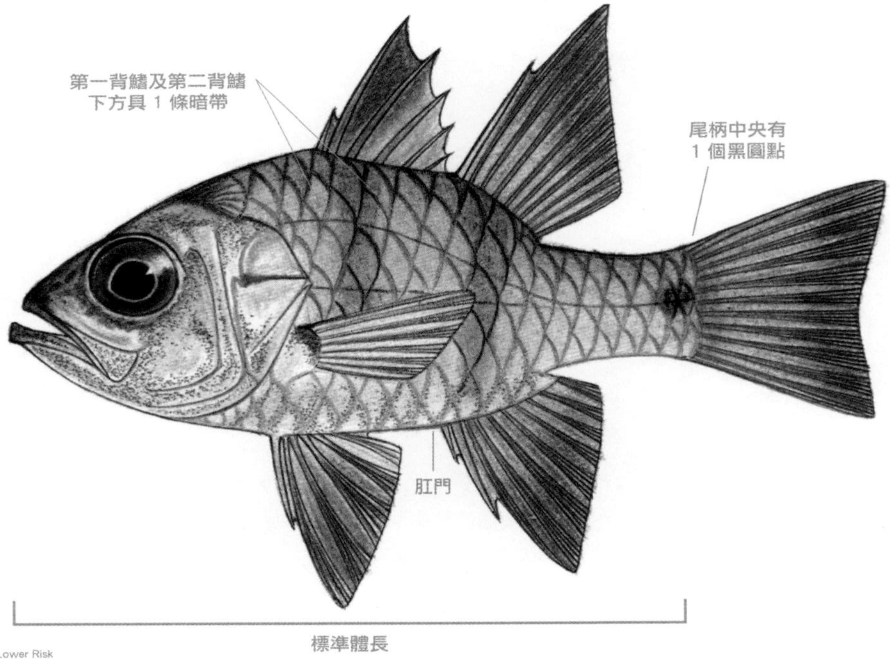

Extinct | Threatened | Lower Risk

EX EW CR EN VU cd nt lc

《IUCN紅色名錄》物種瀕危等級
未予評估 Not Evaluated

174 截尾銀口天竺鯛
Jaydia truncata (Bleeker, 1854)

英文俗名 | Flagfin cardinalfish

中文俗名 | 疏籮（香港）、天竺鯛（臺灣）

體長／重量 | 長達 16 厘米，平均約 10 厘米。

行為／食性 | 夜行；雜食。

生殖／壽命 | 卵生。屬口孵魚類，魚卵在口中孵化。

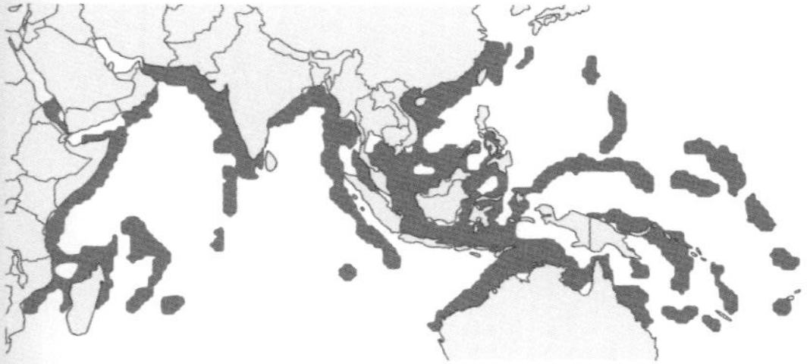

形態特徵 |

體形小，身體呈長圓形而側扁。頭大。眼大。吻短。口大，下頜略較上頜凸出，均具有絨毛狀齒，無犬齒。體被大圓鱗，鱗片薄而極容易脫落。背鰭 2 個。身體呈銀灰色，身體兩側各具有不明顯之垂直橫帶；第一背鰭上半部黑色，第二背鰭和臀鰭各有 1 條黑帶紋平衡於鰭緣。

生活習性 |

底層魚類，群居棲息在沿岸 18~106 米的沙泥底區海域。夜行，雜食性，以多毛類及小型底棲無脊椎動物為食。胸腔和腹部有發光器官，身上螢光素從浮游生物中獲取。

經濟文化 |

拖網捕獲，尤其是蝦拖為主，為香港經濟魚類，市售個體大多來自華南沿海的漁獲，價格不高，通常當作下雜魚處理，例如賣給魚排作養殖飼料。其肉質鬆散，富有魚味，可煮湯或曬成小魚乾。

地理分布 |

印度—西太平洋，西至東非，東至南馬紹爾群島等，北至中國臺灣地區、日本，南至印尼阿拉發拉海及澳洲北部。聯合國糧農組織漁區：51、57、61、71。

截尾銀口天竺鯛

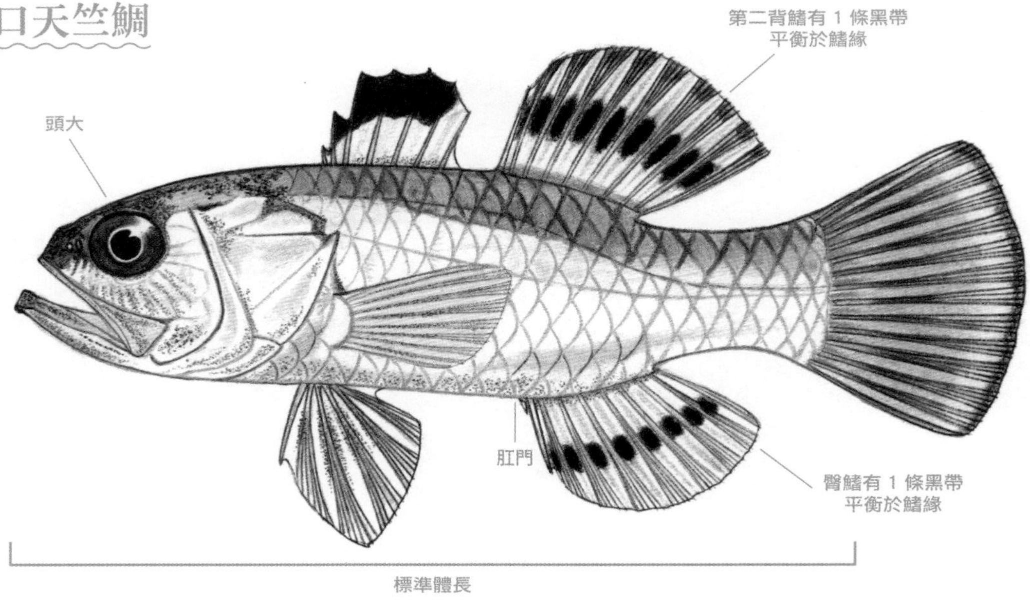

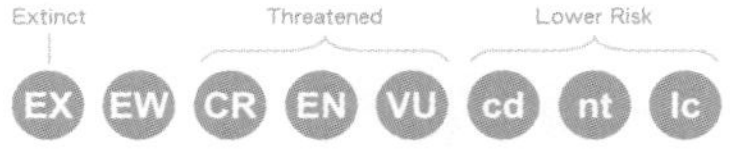

《IUCN紅色名錄》物種瀕危等級
未予評估 Not Evaluated

18 方頭魚科 *Latilidae*

真鱸形系 *Eupercaria*

方頭魚科現有 29 個物種，屬於棲息在近海沿岸的中型海洋魚類，在香港大多被稱為馬頭魚。主要棲息於亞熱帶及熱帶海域的沙泥底之海域。肉食性，主要以小魚、底棲生物等為食。產卵期一般在初夏至秋季。

| 白方頭魚
| 銀方頭魚

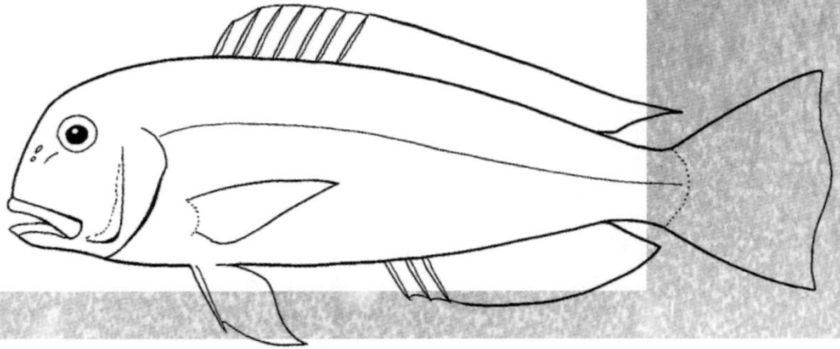

18-1 白方頭魚
Branchiostegus albus Dooley, 1978

英文俗名 | Horsehead, White horsehead

中文俗名 | 白馬頭（香港）、白馬頭魚（臺灣）

體長／重量 | 可達 45 厘米

行為／食性 | 晝行；肉食。

生殖／壽命 | 卵生

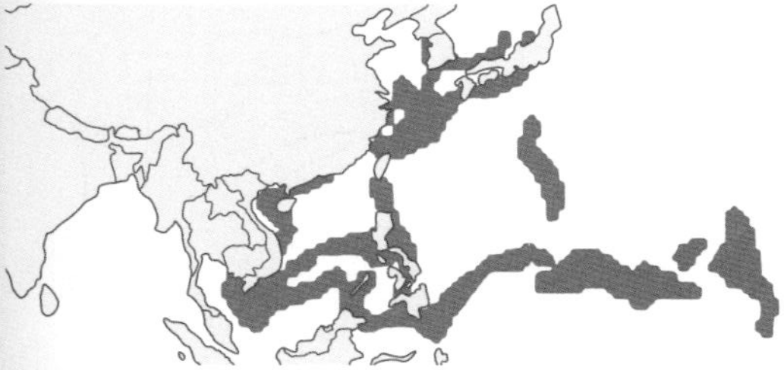

形態特徵 |

體形中等，身體延長且側扁，頭背如方形。吻短。口中等大，前位，具細小圓錐狀齒。前鰓蓋骨後緣有細小鋸齒，下緣光滑。背鰭 1 個，起始於胸鰭基部上方，一直延伸至尾柄前上方。體色以銀白色為主，略帶淡粉紅色，身上具不明顯的淡紅色和黃色垂直條紋，腹側白色。各鰭淡色，無明顯花紋。

生活習性 |

底層魚類，獨居或結小群棲息在沿岸 30~100 米的泥質或沙泥質海域。晝行，肉食性，以小魚、小蝦等為食。會挖穴居住。

經濟文化 |

延繩釣、拖網或流刺網捕獲，為香港經濟魚類。市售個體主要來自南中國海北部大陸架，香港漁民主要以流刺網捕獲，作業俗稱「攞馬頭」。肉質極細緻，不易保鮮，又因清蒸時泥味較重，較宜以鹹鮮和煎封方法食用。

地理分布 |

西北太平洋，由日本至南中國海，包括越南海域。聯合國糧農組織漁區： 61、71。

白方頭魚

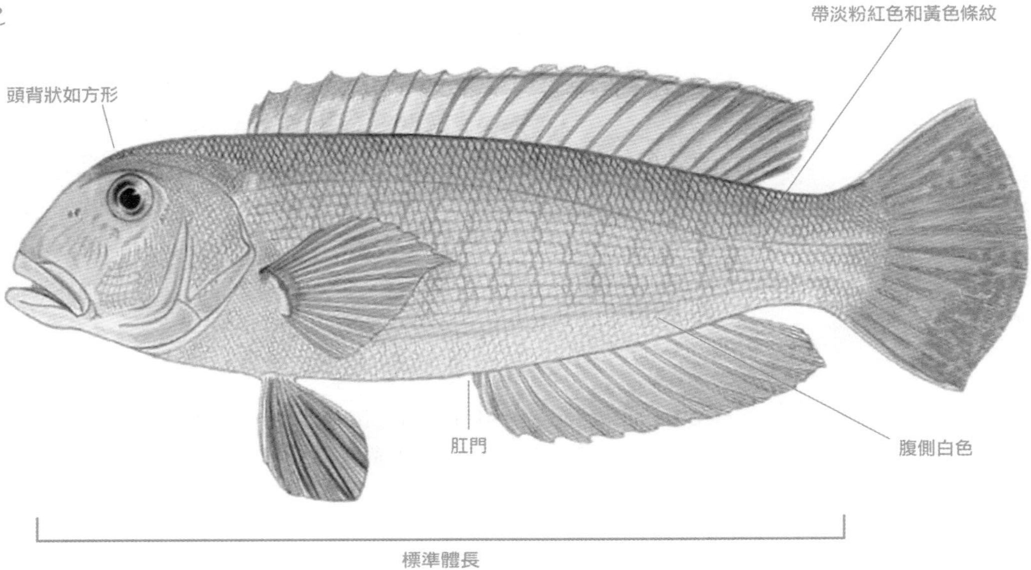

Extinct　Threatened　Lower Risk

EX　EW　CR　EN　VU　cd　nt　**lc**

《IUCN紅色名錄》物種瀕危等級
無危 Least Concern (LC)

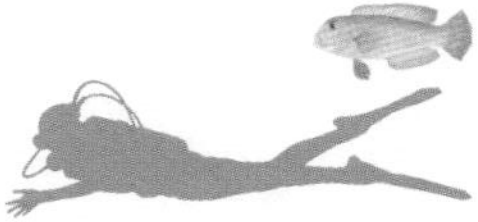

18² 銀方頭魚

Branchiostegus argentatus (Cuvier, 1830)

英文俗名 | Horsehead, Silver horsehead

中文俗名 | 青筋（香港）、銀馬頭魚（臺灣）

體長／重量 | 長達 27.3 厘米

行為／食性 | 晝行；肉食。

生殖／壽命 | 卵生

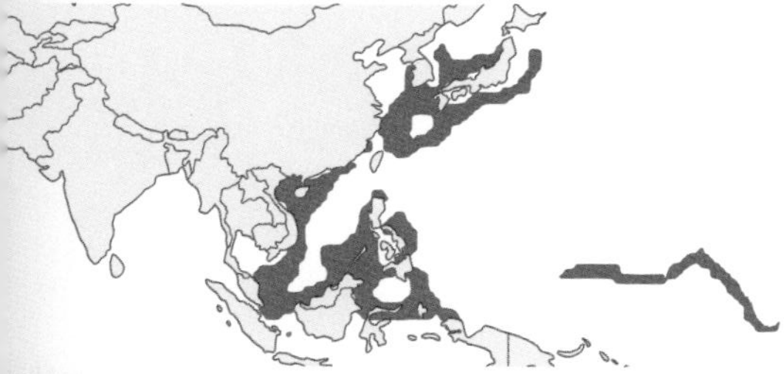

形態特徵 |

體形中小，身體延長且側扁，頭背如方形。吻短。口中等大，前位，具細小圓錐狀齒。前鰓蓋骨後緣有細小鋸齒，下緣光滑。背鰭 1 個，起始於胸鰭基部上方，一直延伸至尾柄前上方。體背呈青紅色；眼下方有 2 條白色垂直線；軟背鰭具有 12 ~13 個黑色斑點。尾鰭淡色，上葉鰭緣呈紅色，另具 4~5 條黃色水平帶紋。

生活習性 |

底層魚類，群居棲息在沿岸 50~65 米的泥質或沙泥質海域。晝行，肉食性，以小魚、小蝦等為食。會挖穴居住。

經濟文化 |

延繩釣、拖網或流刺網捕獲，為香港經濟魚類。市售個體主要來自南中國海北部大陸架。價格不高。肉質極細緻，不易保鮮，一般以清蒸和煎封食用。

地理分布 |

西北太平洋，由日本至南中國海（包括越南沿海）。聯合國糧農組織漁區： 61、71。

銀方頭魚

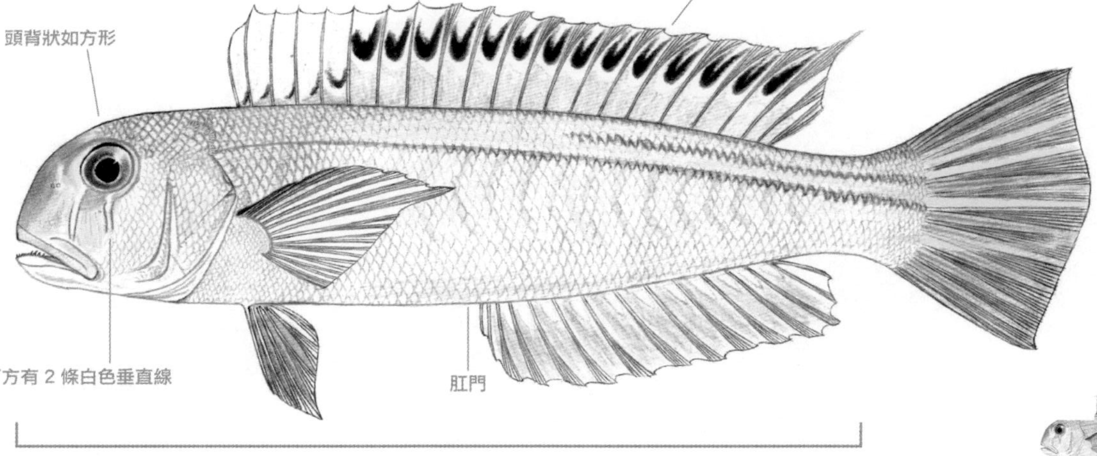

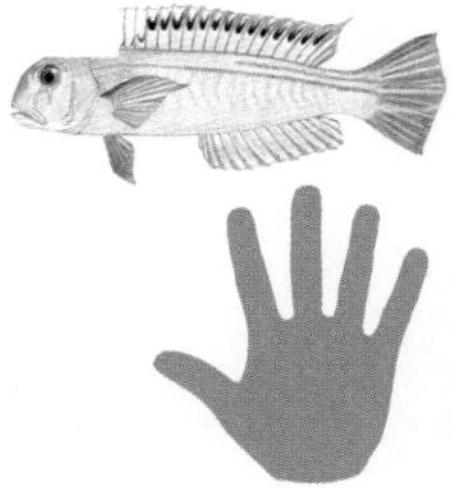

Extinct　Threatened　Lower Risk

EX　EW　CR　EN　VU　cd　nt　lc

《IUCN紅色名錄》物種瀕危等級
未予評估 Not Evaluated

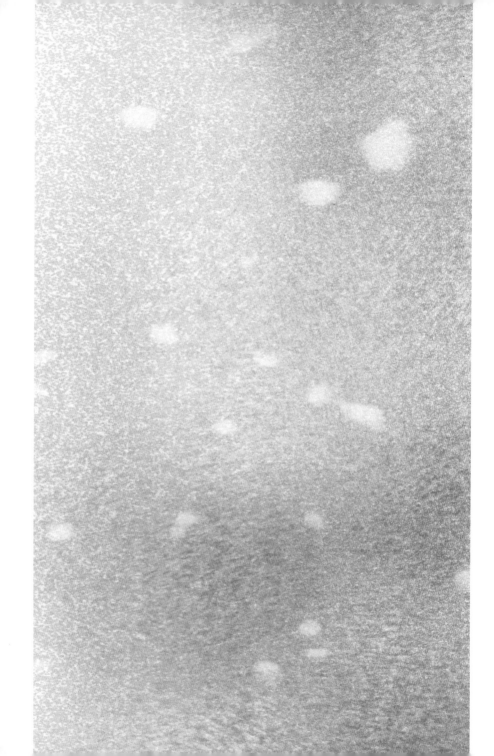

19 鱚科 *Sillaginidae*

真鱸形系 *Eupercaria*

鱚科現有約 35 個物種，屬於棲息在近海沿岸的小型海洋魚類，在香港尤其喜好棲息在水質較清澈之水域，亦會進入河口；極易受驚嚇，且會潛入沙泥中躲藏。晝行性魚類，肉食性，以底棲生物為食。此科魚類最明顯的特徵為體形細長，嘴小，背鰭單一，硬棘部與軟條部間具有深缺刻。

| 少鱗鱚

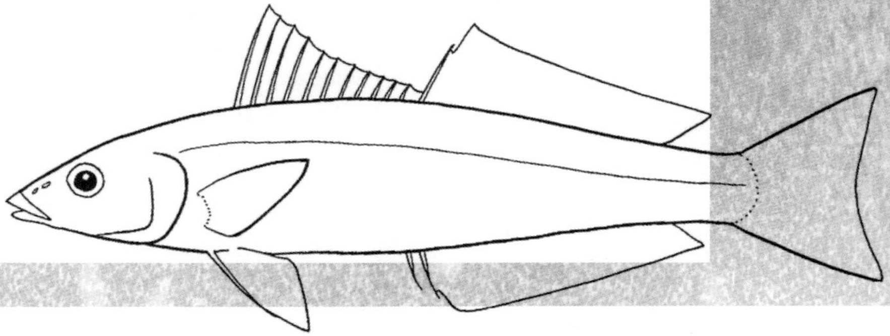

19-1 少鱗鱚

Sillago japonica Temminck & Schlegel, 1843

英文俗名｜Japanese sillago

中文俗名｜沙鑽（香港）、日本沙鮻（臺灣）

體長／重量｜長達 30 厘米，平均約 22 厘米。

行為／食性｜晝行；肉食。

生殖／壽命｜卵生

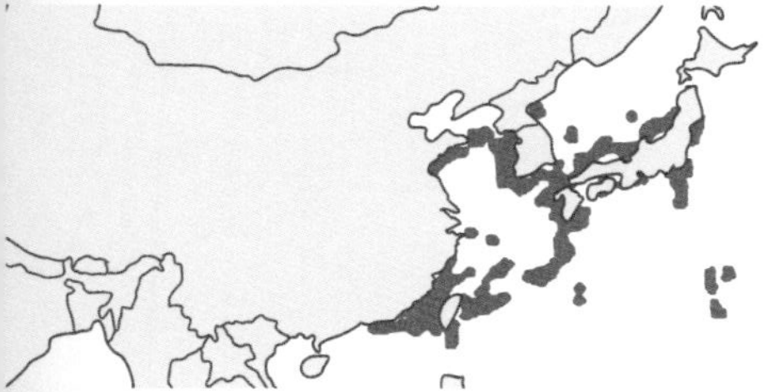

形態特徵｜

體形小，身體延長呈圓柱形，略側扁。頭部尖長，向尾部處逐漸纖小。體被小型櫛鱗，鱗片較易脫落。背鰭 2 個，第一背鰭高於第二背鰭，第一背鰭第 I 棘最長。頭部至體背側為淡黃褐色，腹側為灰黃色，腹部近於白色。各鰭為透明。

生活習性｜

底層魚類，結小群棲息在沿岸 0~30 米的泥質或沙泥質海域，常見於海灣淺灘。晝行，肉食性，主要以沙泥內的多毛類及甲殼類為食。易受驚嚇，受驚時藏身沙丘，因此香港俗名「沙鑽」。一般上水不久死亡，生命力不強。

經濟文化｜

拖網和手釣捕獲，為香港經濟魚類。屬中下價魚類，同樣是香港主流閒釣魚種，一年四季皆可垂釣。體形雖小，肉質細嫩，甚受食客歡迎，一般以煎封或酥炸食用。

地理分布｜

太平洋西北海域，包括日本、韓國、中國臺灣、華東和華南沿岸。聯合國糧農組織漁區：61。

少鱗鱚

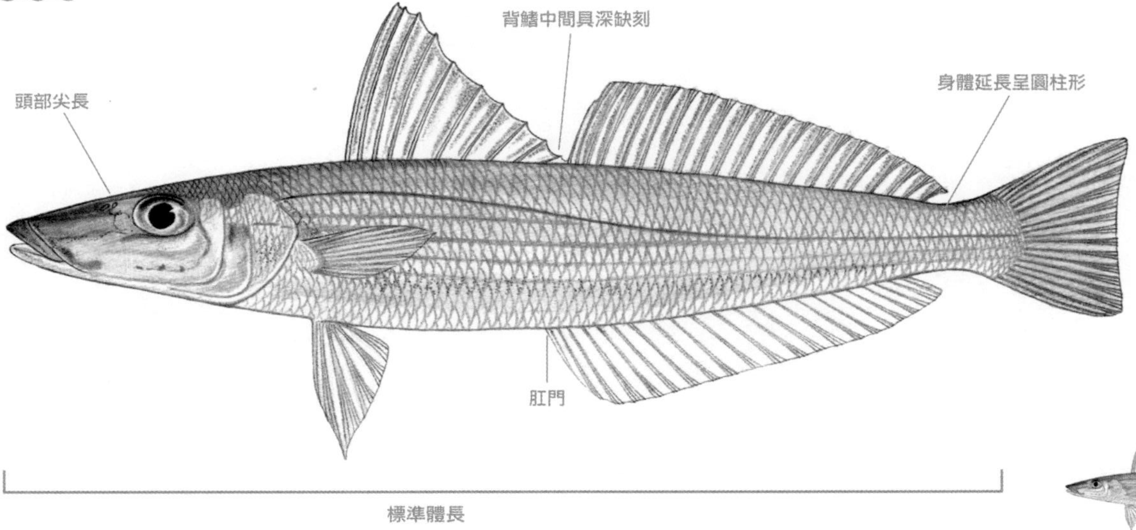

Extinct　Threatened　Lower Risk

EX　EW　CR　EN　VU　cd　nt　lc

《IUCN紅色名錄》物種瀕危等級
無危 Least Concern (LC)

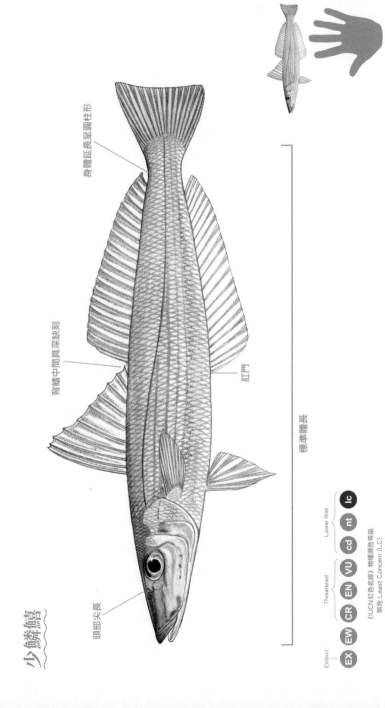

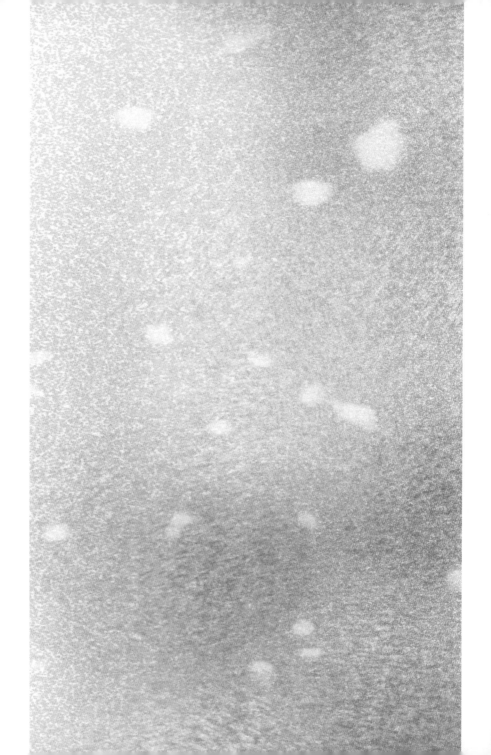

20 鰺科 *Carangidae*

鰺形目 *Carangiformes*

鰺科現有約 148 個物種，屬熱帶海洋魚類，廣泛分布於大西洋、印度—太平洋，部分體形大，可超過 1 米。最明顯的特徵是本科物種大多體長而側扁，具有分叉之尾鰭。不少物種生活於遠洋，擅長游泳，泳速快。肉食性，以捕食小魚為食。具經濟價值，於全球屬經濟食用海魚。

- 無斑圓鰺
- 布氏鯧鰺
- 金帶細鰺

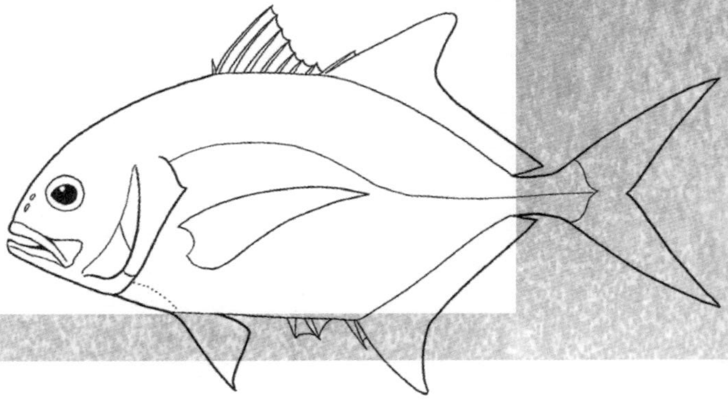

20-1 無斑圓鰺

Decapterus kurroides Bleeker, 1855

英文俗名 | Redtail scad

中文俗名 | 紅尾鰺（香港）、無斑圓鰺（臺灣）

體長／重量 | 長達 45 厘米，平均約 30 厘米。

行為／食性 | 晝行；浮游生物。

生殖／壽命 | 卵生

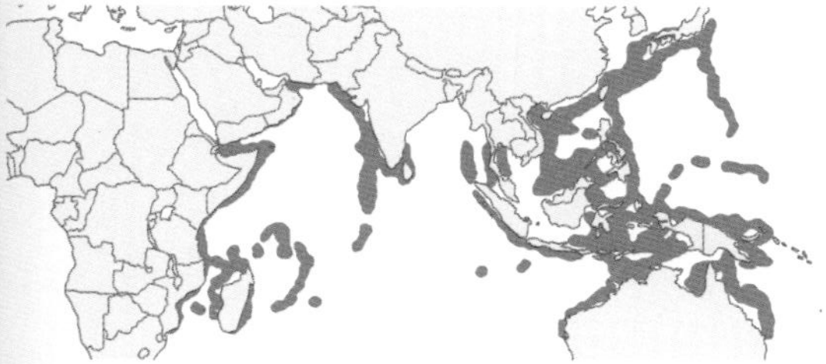

形態特徵 |

體形中小，身體延長呈橢圓形，略側扁。眼大，脂眼瞼發達。口中等大，前位，上下頜均具有細齒。第二背鰭第 12~13 鰭條開始之下方全為稜鱗。背、臀鰭後方各具 1 根離鰭。魚身呈綠色，腹部銀白色，鰓蓋有 1 個小黑點紋；尾鰭鮮紅色；其餘魚鰭淡色。

生活習性 |

中表層魚類，成魚群居棲息在沿岸至深海 100~300 米的沙泥質海域，一般出沒於表層和中層。經常大群近海巡游，偶爾小群出沒於中層的礁石斜坡。浮游生物食性，主要以浮游生物、無脊椎動物為食。

經濟文化 |

拖網和手釣捕獲，為香港經濟魚類。市售個體大多為南中國海北部。在香港屬中下價魚，漁船經常大批賣給本地魚排，作海魚養殖飼料。肉質粗糙，味鮮美，體形較小者可原條酥炸，較大者可煎封，或以刺身方式處理；鮮度不佳者腥味重。

地理分布 |

印度—西太平洋，西至東非，東至菲律賓，北至日本南部，南至澳洲西部。聯合國糧農組織漁區： 51、57、61、71。

無斑圓鰺

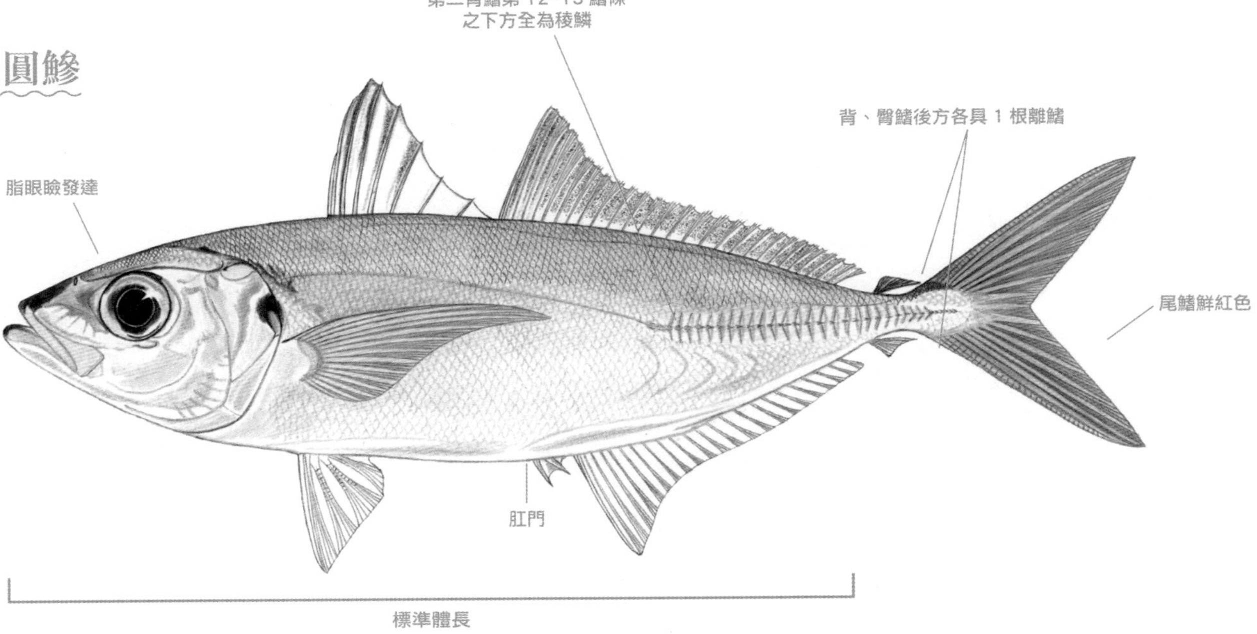

Extinct　Threatened　Lower Risk

EX　EW　CR　EN　VU　cd　nt　lc

《IUCN紅色名錄》物種瀕危等級
無危 Least Concern (LC)

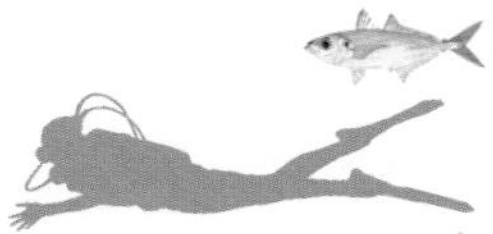

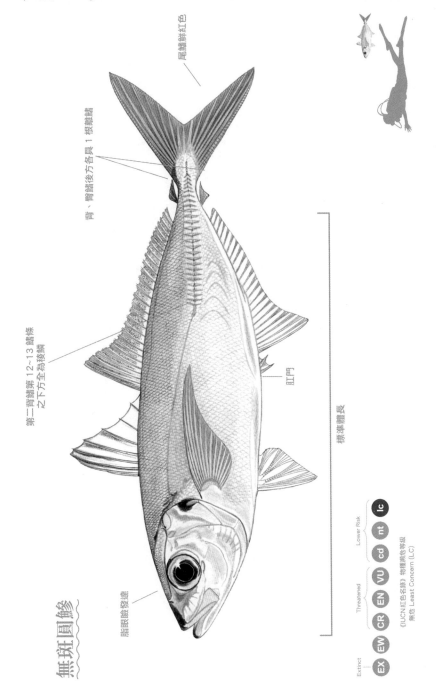

20-2 布氏鯧鰺
Trachinotus blochii (Lacepède, 1801)

英文俗名 | Indian pompano, Snubnose pompano

中文俗名 | 黃鱲鯧（香港）、布氏鯧鰺（臺灣）

體長／重量 | 長達 1.1 米；重達 8 公斤。

行為／食性 | 晝行；肉食。

生殖／壽命 | 卵生。繁殖期 3~9 月，產卵量 50 萬粒。雄魚性成熟期為 5 年，雌魚為 5~6 年。

形態特徵 |

體形大，身體呈卵圓形且側扁。背部呈弧圓形，尾柄細而短。吻鈍。眼小，具脂眼瞼但不發達。口小，具細小絨毛狀齒，隨著成長而漸退化。尾柄無稜鱗及離鰭。背鰭、臀鰭前部及尾鰭成鐮刀形。身體通常為銀白色，各鰭淡黃色，成魚腹部多呈橙黃色。

生活習性 |

中層魚類，群居棲息在沿岸 5~20 米的沙泥質海域，亦能見於河口，偶然會出沒於表層。晝行，肉食性，主要以軟體動物（如魷魚）或無脊椎動物為食。

經濟文化 |

流刺網和手釣捕獲，為香港經濟魚類。市售的野生個體大多來自南中國海近岸。因生長速度快、適應力強，市面所見者多為養殖魚。上釣時掙扎激烈，深受釣友歡迎。肉質豐厚油膩，頭小、肉多和刺少，一般清蒸食用。

地理分布 |

印度—太平洋，西至紅海和東非，東至馬紹爾群島和薩摩亞，北至日本南部，南至澳洲北部。聯合國糧農組織漁區： 51、57、61、71、77。

布氏鯧鰺

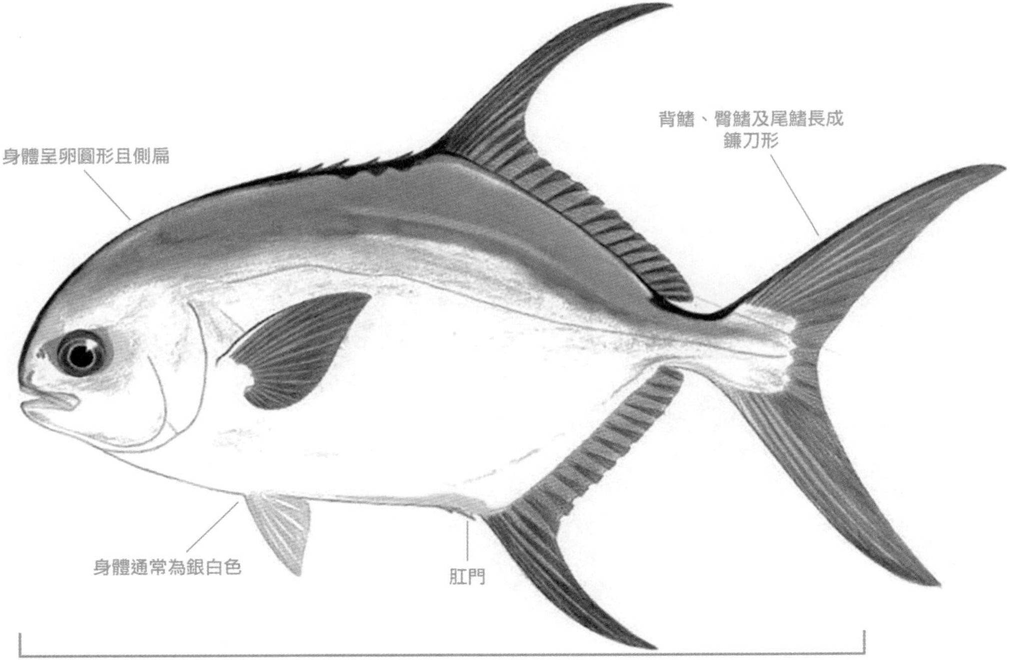

Extinct　Threatened　Lower Risk

EX　EW　CR　EN　VU　cd　nt　lc

《IUCN紅色名錄》物種瀕危等級
無危 Least Concern (LC)

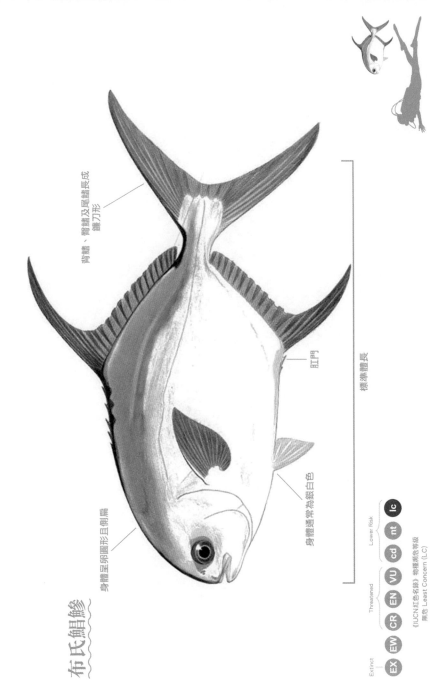

20-3 金帶細鰺

Selaroides leptolepis (Cuvier, 1833)

英文俗名 | Yellowstripe scad

中文俗名 | 金邊鰶（香港）、黃紋蝦鰶（香港）、金帶細鰺（臺灣）

體長／重量 | 長達 22 厘米；重達 625 克。

行為／食性 | 晝行；肉食。

生殖／壽命 | 卵生

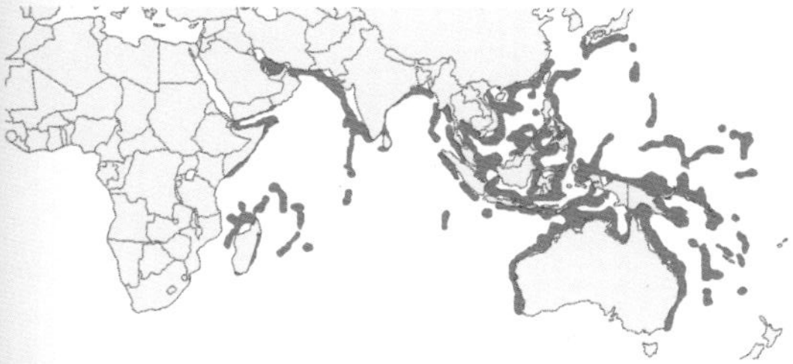

形態特徵 |

體形小，身體呈長橢圓形且側扁。吻尖。脂眼瞼發達。下頜具一排小齒。體被小圓鱗。第二背鰭第 10~12 鰭條開始之下方具一排稜鱗。無離鰭。鰓蓋後緣有 1 個明顯黑斑，身體兩側各具 1 條明亮的黃色縱帶，由眼後方一直延伸至尾鰭基部。背鰭、臀鰭及尾鰭呈淡黃色，腹鰭為淡色或白色。

生活習性 |

中表層魚類，群居棲息在沿岸 1~50 米的開放海域，成魚多會大群巡游於大陸架近海水域。晝行，肉食性，主要以軟體動物為食，偶爾捕食小魚。

經濟文化 |

拖網捕獲，為香港經濟魚類。市售的野生個體主要是南中國海的拖網漁獲。由於成魚大群巡游，當造季節時市面大量供應，在香港屬中下價魚。味鮮美，一般以油鹽水、酥炸、煎封或製成魚乾食用，在鰺科中屬重要經濟魚類。

地理分布 |

印度—西太平洋，西起波斯灣，東至菲律賓，北至日本，南至澳洲北部。聯合國糧農組織漁區：51、57、61、71。

金帶細鰺

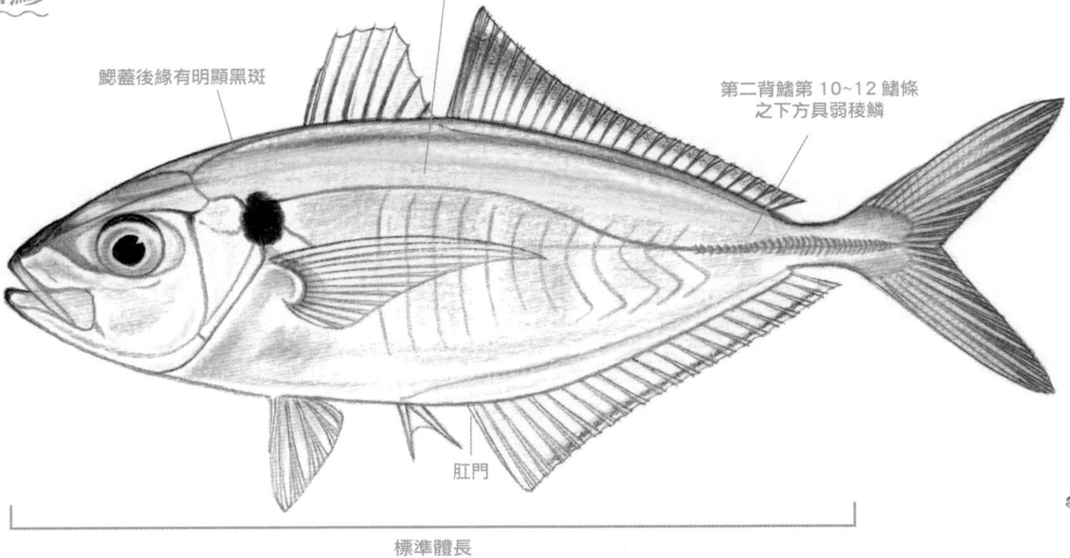
身體兩側各具 1 條明亮黃縱帶

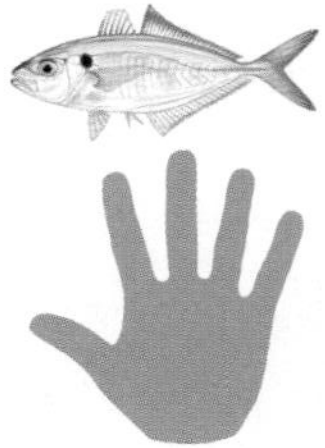

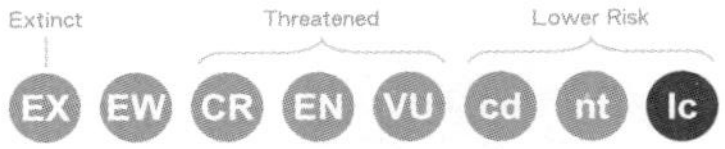

《IUCN紅色名錄》物種瀕危等級
無危 Least Concern (LC)

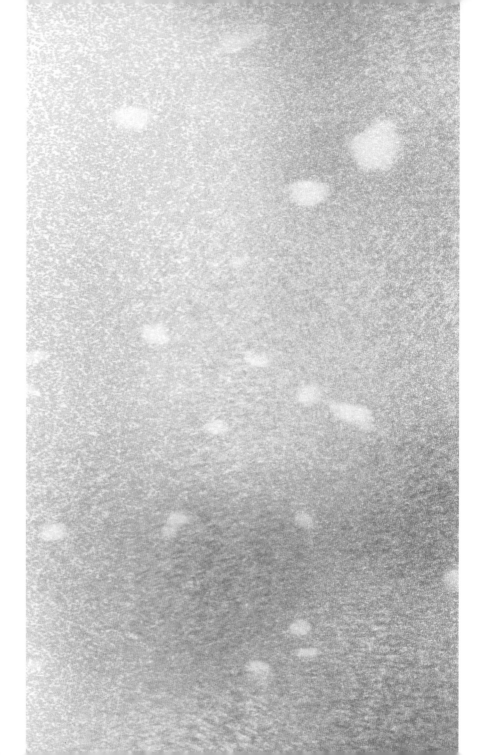

21 鯕鰍科 *Coryphaenidae*

鰺形目 *Carangiformes*

鯕鰍科現有僅 2 個物種，廣泛分布於世界各熱帶及亞熱帶海域，大多成群於水表層捕食表層魚類。擅長游泳，泳速高。主要特點是頭部扁平、單一背鰭，背鰭長度跨越整個魚體。鯕鰍科物種成長快速，可長至 40 公斤，是重要的經濟食用和閒釣海魚。

| 鯕鰍

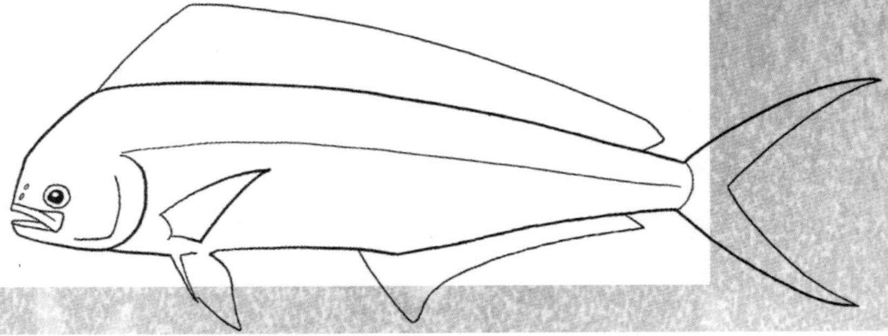

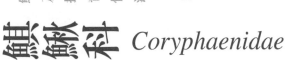

21 1 鯕鰍

Coryphaena hippurus Linnaeus, 1758

英文俗名 | Common dolphinfish, Dolphinfish, Mahi mahi

中文俗名 | 鬼頭刀（香港、臺灣）、牛頭魚（臺灣）

體長／重量 | 長達 2.1 米，平均約 1 米；重達 40 公斤，平均重 22 公斤。

行為／食性 | 晝行；肉食。

生殖／壽命 | 卵生。每年繁殖 3 次，產卵量 8~100 萬粒，在水溫較高的近海繁殖。壽命一般短於 5 年，最長可達 7 年。

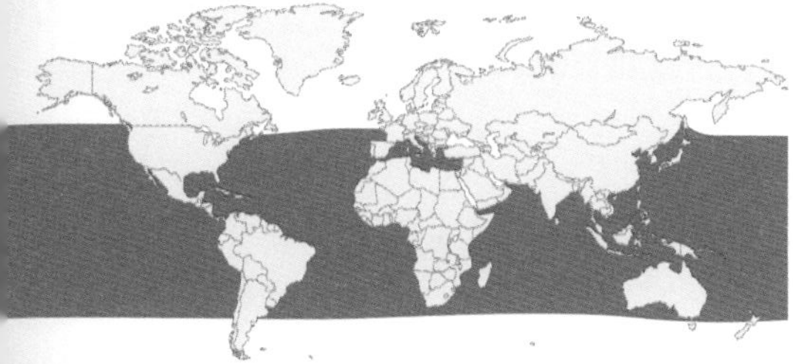

形態特徵 |

體形大，身體十分延長而側扁，前部高大，向後漸變小。成魚頭背部呈方形，雄性頭部尤其陡直，雌性頭部則較斜。體被長形的小圓鱗，不易脫落；背鰭單一，基底甚長，起始於眼上方一直延伸至尾柄前上方。身體整體呈綠褐色，散布綠色小斑點，腹部呈銀白色，活體略帶金黃色色澤。

生活習性 |

中表層大洋洄遊魚類，群居棲息在沿岸 5~15 米的表層，棲息深度可達 85 米，沿岸、近海以至遠洋也有分布。晝行，泳速快。肉食性，主要以表層魚類如飛魚、沙甸魚等為食，亦會捕食海龜幼體，間中跳出水面捕食。

經濟文化 |

流刺網或延繩釣捕獲，為香港經濟魚類。是全球經濟食用海魚，產量甚高，但不屬香港的主流漁獲，因此市面上冰鮮漁獲不常見。肉質粗糙，歐美地區流行起肉以魚扒方式烹調，在臺灣則常製成鹽漬魚、魚蛋等加工產品。

地理分布 |

世界性魚類，廣泛分布於全球熱帶、亞熱帶和溫帶海洋，包括大西洋、印度和太平洋。聯合國糧農組織漁區： 31、34、37、41、47、51、57、61、67、71、77、81、87。

鯕鰍

Extinct　Threatened　Lower Risk

EX　EW　CR　EN　VU　cd　nt　**lc**

《IUCN紅色名錄》物種瀕危等級
無危 Least Concern (LC)

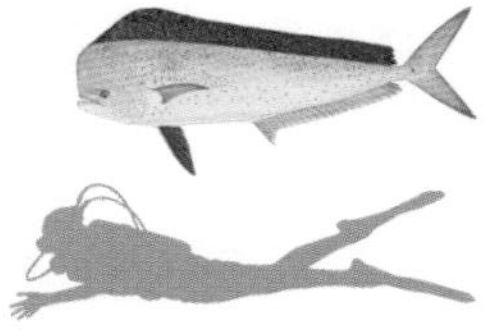

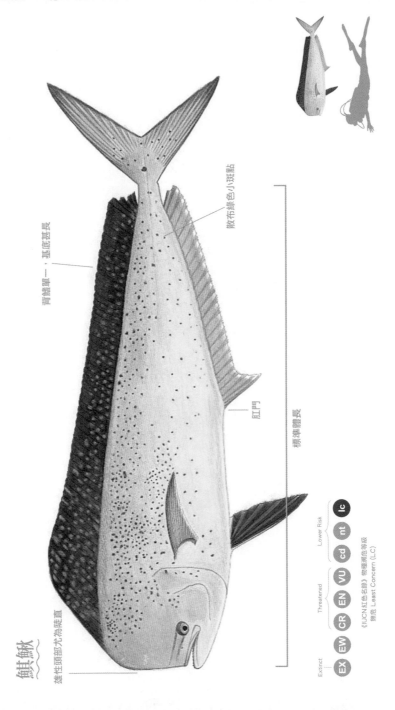

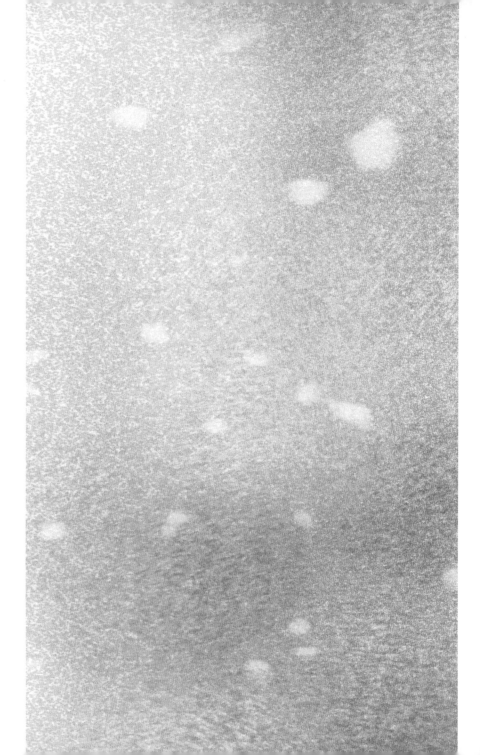

22 軍曹魚科 *Rachycentridae*

鰺形目 *Carangiformes*

軍曹魚科只有 1 個物種，屬大型魚類，廣泛分布於世界各熱帶及亞熱帶海域，肉食性，大多於水中表層捕食魚類，亦經常依隨著更大型的魚類。擅長游泳，泳速高。主要特點是身體有 3 條黑色橫條紋。

| 軍曹魚

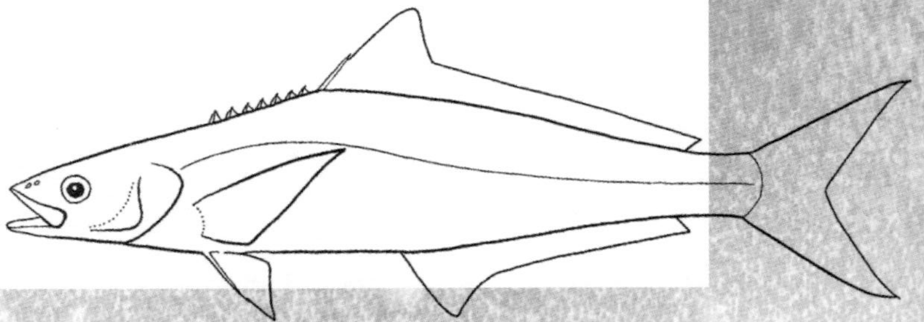

22 1 軍曹魚

Rachycentron canadum (Linnaeus, 1766)

英文俗名 | Cobia

中文俗名 | 懵仔(香港)、魚仲(香港)、海鱺(臺灣)

體長／重量 | 長達 2 米；重達 68 公斤。

行為／食性 | 晝行；肉食。

生殖／壽命 | 卵生。繁殖期 4~10 月，每年繁殖次數多達 30 次，繁殖年齡為 2~3 年，雌魚懷卵量每公斤 50 萬粒，孵化需時 24~30 小時。最長壽命可達 15 年。

形態特徵 |

體形大，身體延長。頭部寬大及平扁。口大。身體十分光滑，被小鱗片，不容易脫落。第一背鰭前方具有數根不相連之短棘，身體兩側各具有 3 條黑色水平條紋。體背為深褐色，腹部黃白色。幼魚跟頭頂上有吸盤的鮣魚(俗稱「吸盤魚」或「柴狗」)極為相似。

生活習性 |

中表層大洋洄游魚類，獨居或結小群棲息在沿岸 0~200 米的沙泥底質、碎石底部或珊瑚礁海域，亦可見於紅樹林。晝行，肉食性，主要以螃蟹、小魚、魷魚為食。廣溫（能耐受溫度變化範圍很大的魚類），可於攝氏 1.6~32.2 度之水溫生活。平日單獨生活，只在產卵期聚集。

經濟文化 |

流刺網、延繩釣捕獲，為香港經濟魚類。市面的軍曹魚大多為養殖魚，在臺灣流行箱網養殖。香港水域亦可捕獲，但漁獲量較低。魚肉豐滿，肉質結實，魚油含量高，口感佳，營養價值高，以鹽燒、清蒸、煎煮皆宜，亦是刺身和火鍋的用魚。

地理分布 |

全世界溫帶和熱帶海域，包括西大西洋、東大西洋、加勒比海、印度洋和西太平洋（澳洲和日本海域）。聯合國糧農組織漁區： 51、57、61、71。

軍曹魚

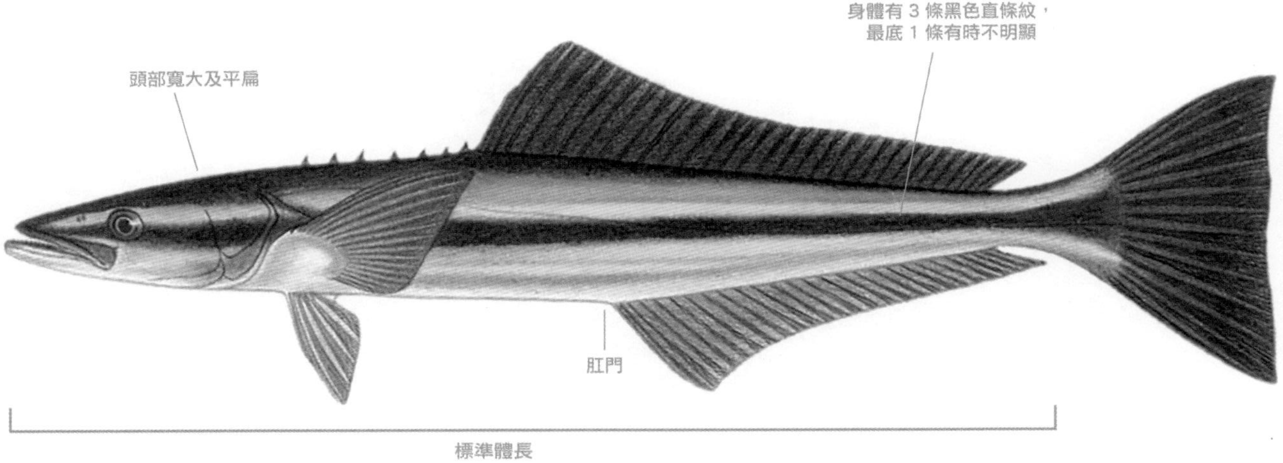

Extinct　Threatened　Lower Risk

EX EW CR EN VU cd nt lc

《IUCN紅色名錄》物種瀕危等級
無危 Least Concern (LC)

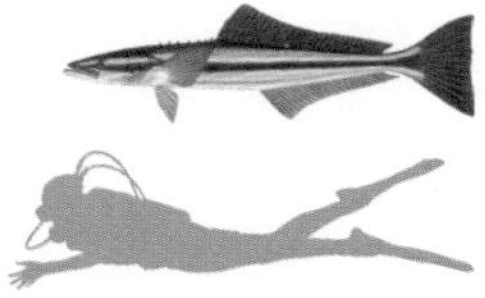

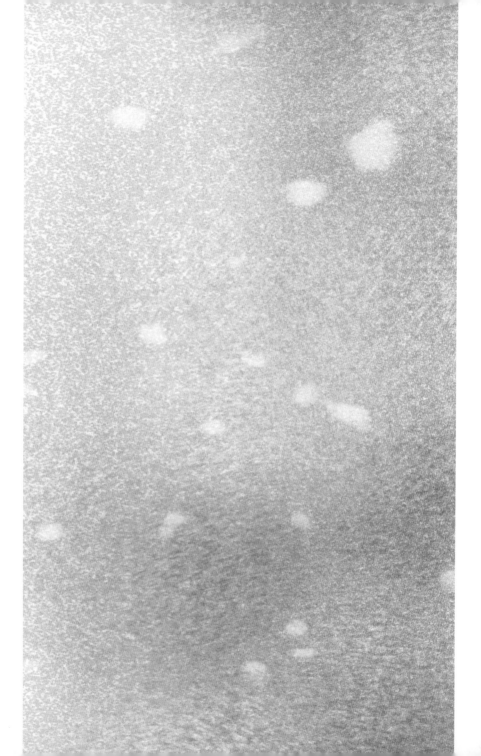

23 鰏科 *Leiognathidae*

刺尾鯛目 *Acanthuriformes*

鰏科現有約 51 個物種，大部分體形較小，最大物種長至 28 厘米。分布於印度至西太平洋區，主要棲息於沿岸的沙泥底區、河口或內灣，通常不接近珊瑚礁區，少數種類會進入淡水。最明顯的特徵是嘴小，能伸縮自如，伸出時形成一向上、向下或向前之口管，口內僅具小齒。

| 圈頸鰏
| 黃斑光胸鰏

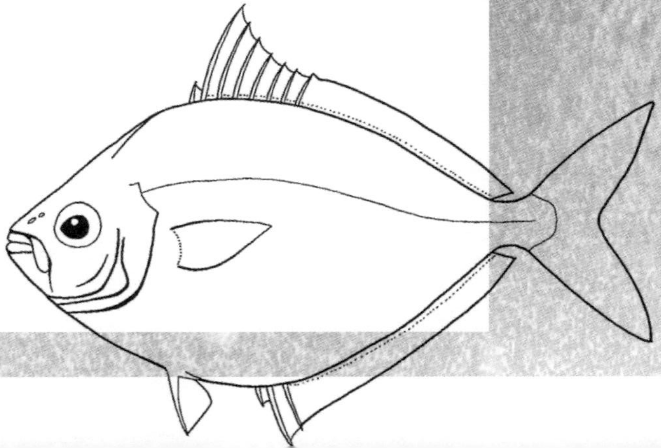

23[1] 圈頸鰏

Nuchequula mannusella Chakrabarty & Sparks, 2007

英文俗名 | Shortnose slipmouth

中文俗名 | 油鰤（香港）、金錢仔（臺灣）

體長／重量 | 可達 14 厘米

行為／食性 | 晝行；雜食。

生殖／壽命 | 卵生

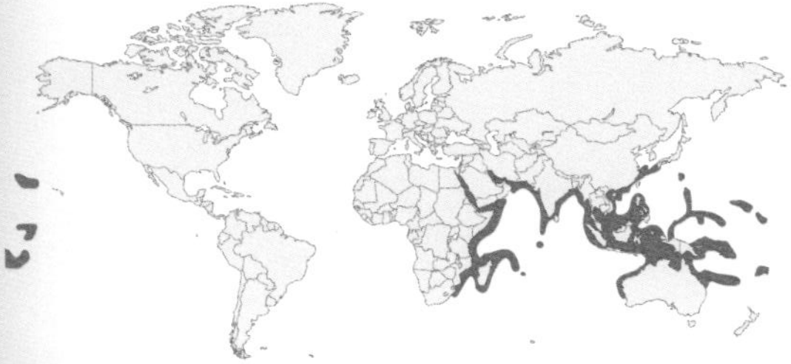

形態特徵 |

體形小，身體十分側扁。口小，可向下方伸出，上、下頜僅具一排小齒。吻尖。前鰓蓋下緣具小鋸齒。體被極小圓鱗，容易脫落。背鰭單一，硬棘部和軟條相連。尾柄細窄，尾鰭深叉形。鮮魚鱗片反射微金色，死後褪色。頭頸部具有明顯黑褐色斑，吻端具有灰黑色細點紋；背鰭、胸鰭、臀鰭色淡，邊緣帶有金黃色。

生活習性 |

底棲魚類，群居棲息在沿岸 0~40 米的沙泥區海域。晝行，雜食性，主要以小型甲殼類、多毛類動物、藻類為食。其肝酵素（EROD，生物受污染物影響而自身產生的解毒素）指數是監測水質污染的重要指標。

經濟文化 |

流刺網或拖網捕獲，為香港經濟魚類。市售個體主要是本地漁獲，一年四季皆有供應。在香港屬下價魚，經常用作延繩釣魚餌、海魚養殖飼料。體形一般較小，但肉質細嫩，油鹽水或配以麵豉清蒸均味鮮美，亦宜用作煮湯。

地理分布 |

印度—西太平洋，包括斯里蘭卡到華東、華南沿海，南至澳洲。聯合國糧農組織漁區：51、57、61、71。

圈頸鰏

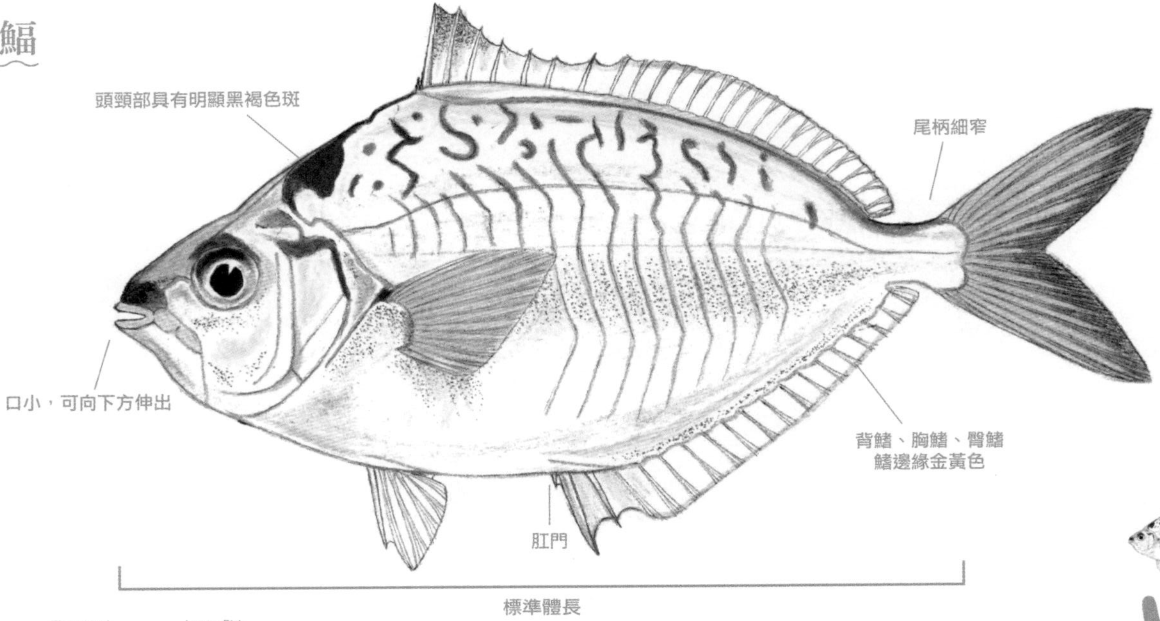

Extinct Threatened Lower Risk

EX EW CR EN VU cd nt lc

《IUCN紅色名錄》物種瀕危等級
未予評估 Not Evaluated

23-2 黃斑光胸鰏
Photopectoralis bindus (Valenciennes, 1835)

英文俗名｜Orangefin ponyfish

中文俗名｜油䈁(香港)、黃斑光胸鰏(臺灣)

體長／重量｜長達 11 厘米，平均約 8 厘米。

行為／食性｜晝行；雜食。

生殖／壽命｜卵生

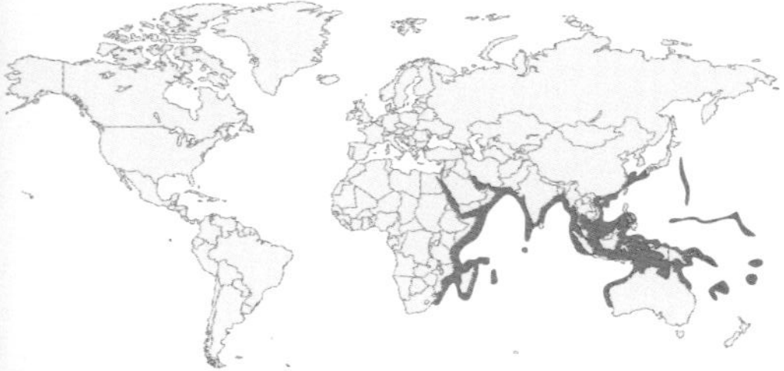

形態特徵｜

體形小，身體呈卵圓形且十分側扁。口小，可向前方伸出，上、下頜具一排小齒。吻尖。體被極小圓鱗，容易脫落。背鰭單一，硬棘部和軟條相連；胸鰭呈鐮刀形；尾柄細窄，尾鰭深叉形。體背銀灰色，下半部漸呈銀白色；體側上半部具蠕狀斑紋，下半部具成列但不顯眼之灰黑色細點紋。背鰭硬棘部前端具一橙紅色斑；腹、胸及臀鰭淡色。

生活習性｜

底棲魚類，群居棲息在沿岸 2~160 米的沙泥區海域，一般在 10~40 米活動，經常進入河口。晝行，雜食性，主要以小型甲殼類、多毛類動物、藻類為食。

經濟文化｜

圍網或拖網捕獲，為香港經濟魚類。市售個體主要來自香港水域和華南沿海，主要以底拖網和小型圍網（香港俗稱「罟仔」）捕獲。在香港屬下價魚，一般作海魚養殖飼料。肉質嫩滑，宜以蒜頭豆豉蒸、麵豉蒸、清蒸、油鹽水或煮湯等方式烹調。

地理分布｜

印度—西太平洋，西至非洲東岸、紅海，北至琉球群島，南至印尼東部和澳洲，東至密克羅尼西亞。聯合國糧農組織漁區： 51、57、61、71。

黃斑光胸鰏

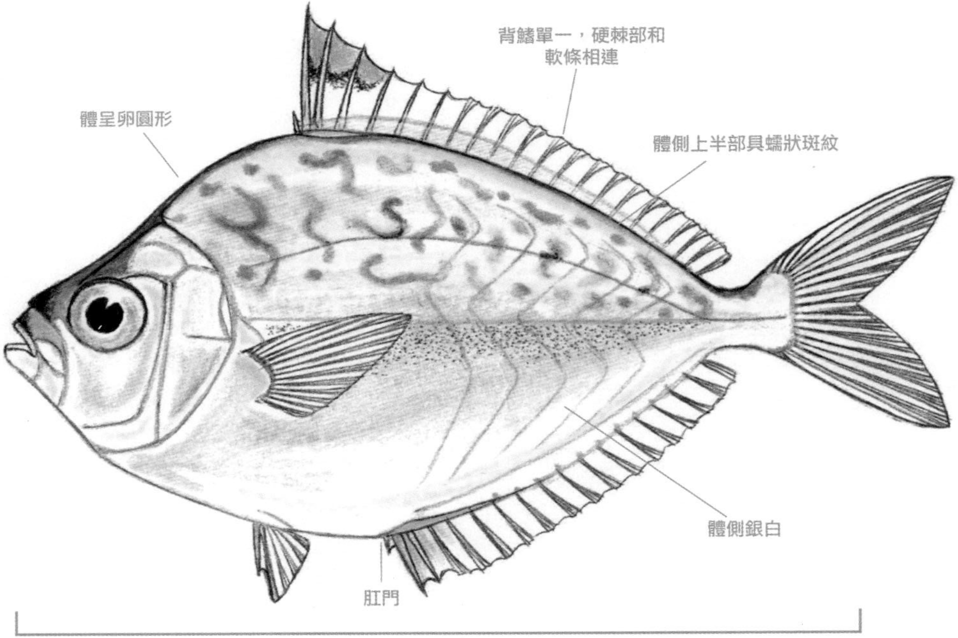

Extinct　Threatened　Lower Risk

EX　EW　CR　EN　VU　cd　nt　lc

《IUCN紅色名錄》物種瀕危等級
未予評估 Not Evaluated

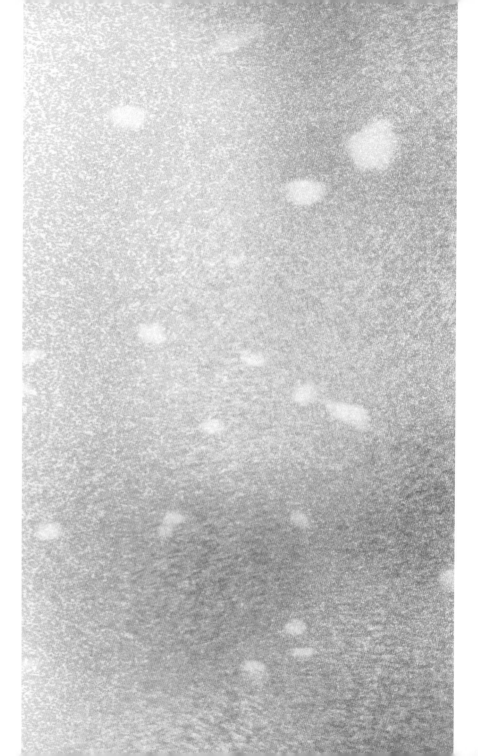

24 笛鯛科 *Lutjanidae*

真鱸形系 *Eupercaria*

笛鯛科現有約 113 個物種，遍布於三大洋熱帶和亞熱帶海域，主要棲息於沿岸的礁區或珊瑚礁區，部分物種棲息深度可達 450 米，會進入河口或內灣，部分更會進入淡水水域。多數物種為肉食性，以甲殼類和小魚為食。常見於本地水產市場，同樣是養殖及休閒漁業的熱門物種。

| 紫紅笛鯛

| 勒氏笛鯛

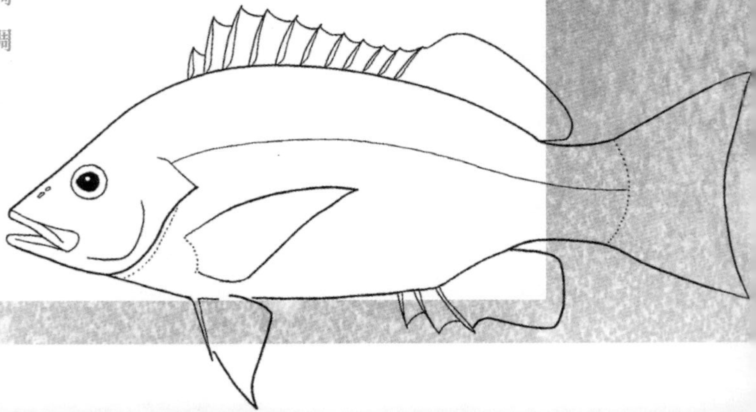

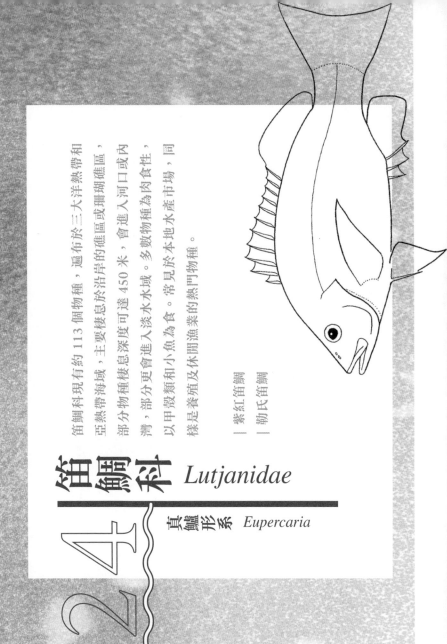

24-1 紫紅笛鯛

Lutjanus argentimaculatus (Forsskål, 1775)

英文俗名 | Mangrove red snapper

中文俗名 | 紅鮋（香港）、銀紋笛鯛（臺灣）

體長／重量 | 長達 1.5 米，平均約 25~80 厘米；重達 14.5 公斤。

行為／食性 | 周日行；肉食。

生殖／壽命 | 卵生。繁殖期 3~9 月，雄魚繁殖年齡為 3 年，雌魚則為 3 年或以上；魚產卵由孵出長至 1.2 吋，需時約 50 天。壽命可達 39 年。

形態特徵 |

體形大，身體呈橢圓形。上頜兩側有小尖齒，多埋於唇內，前端有 2 顆大犬齒，下頜亦具大小不一的小尖齒。身體被大櫛鱗。背鰭單一，不具明顯深缺刻；尾鰭截形，或有微凹。體呈紅褐色，腹部漸呈淡紅色或銀白色。深水個體體色較紅，魚鱗邊為白色，構成網狀外觀。幼魚體側有 7~8 條銀色橫帶，隨成長變淡或消失。

生活習性 |

廣鹽性（對鹽度變化適應能力較高）底棲魚類，群居棲息在沿岸 0~100 米的礁區海域，幼魚經常進入河口或紅樹林，成魚遷移至珊瑚礁棲息。周日行，肉食，主要以小魚和甲殼類動物為食。

經濟文化 |

延繩釣或一支釣捕獲，為香港經濟魚類。市售個體主要為本地和內地的養殖魚，野生個體來自本地和南中國海。野生魚肉質嫩滑，肥美者有淡淡油香；養魚體色一般較黑，肉質較粗糙。主要以清蒸食用。

地理分布 |

印度—西太平洋，西至東非，東至西薩摩亞，北至琉球群島，南至澳洲北部。聯合國糧農組織漁區：51、57、61、71、77、81。

紫紅笛鯛

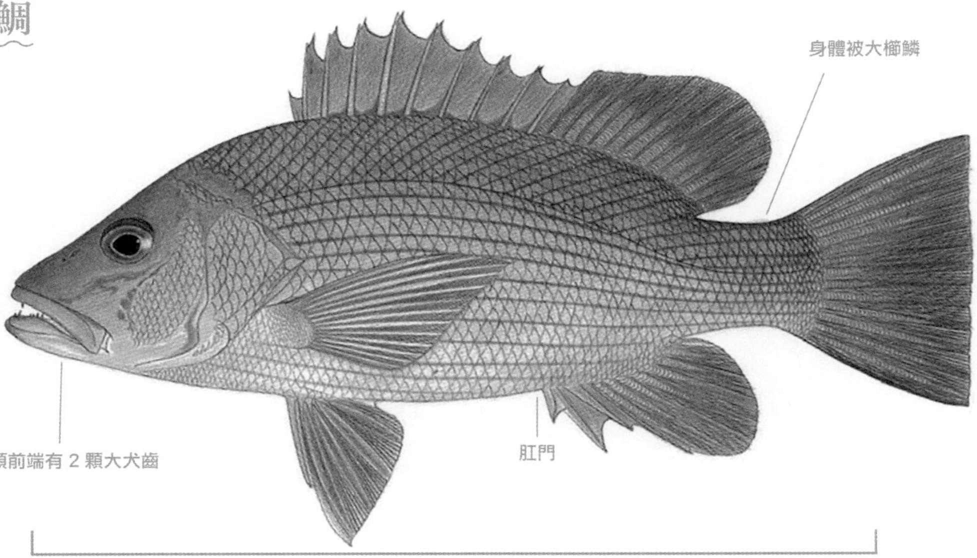

Extinct — EX EW
Threatened — CR EN VU
Lower Risk — cd nt **lc**

《IUCN紅色名錄》物種瀕危等級
無危 Least Concern (LC)

24-2 勒氏笛鯛

Lutjanus russellii (Bleeker, 1849)

英文俗名｜Moses perch, Russell's snapper

中文俗名｜火點（香港）、勒氏笛鯛（臺灣）

體長／重量｜長達 50 厘米，平均約 25~30 厘米。

行為／食性｜周日行；肉食。

生殖／壽命｜卵生

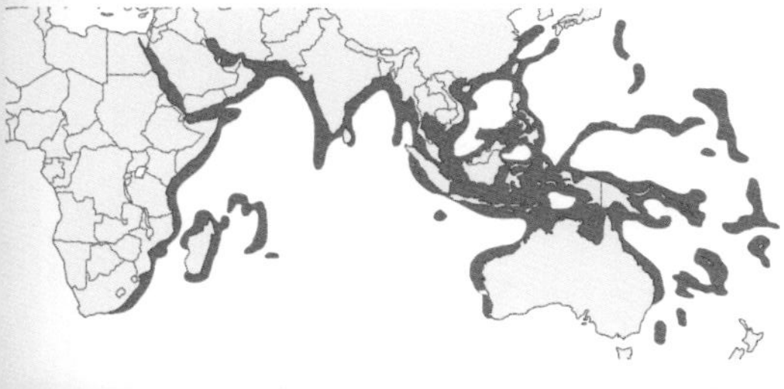

形態特徵｜

體形中等，身體呈橢圓形。上頜兩側有細尖齒，多埋於上唇內，前端有 2 顆大犬齒，下頜亦具大小不一的小尖齒。身體被大櫛鱗。背鰭單一，不具明顯深缺刻；尾鰭截形，或有微凹。體色為褐色至紅褐色，體後半部側線上方有 1 塊大黑斑，腹部銀白色；背鰭、尾鰭紅褐色；腹鰭和臀鰭呈黃色。

生活習性｜

廣鹽性底棲魚類，群居棲息在沿岸 3~80 米的礁區海域，一般棲息深度為 20~50 米，幼魚經常進入河口、河川下游或紅樹林。周日行，肉食，主要以小魚、無脊椎動物和甲殼類動物為食。

經濟文化｜

延繩釣或一支釣捕獲，為香港經濟魚類。市售個體主要為本地和內地的野生魚，小部分來自本地魚排的養殖魚。漁季終年，也是閒釣目標。在香港屬中價魚，肉質一般，可清蒸、煎煮食用，體形較大者可起肉炒球或切碎清蒸。

地理分布｜

印度—西太平洋的熱帶海域，西起紅海和東非，北至日本，南至澳洲，東至斐濟。聯合國糧農組織漁區： 51、57、61、71、81。

勒氏笛鯛

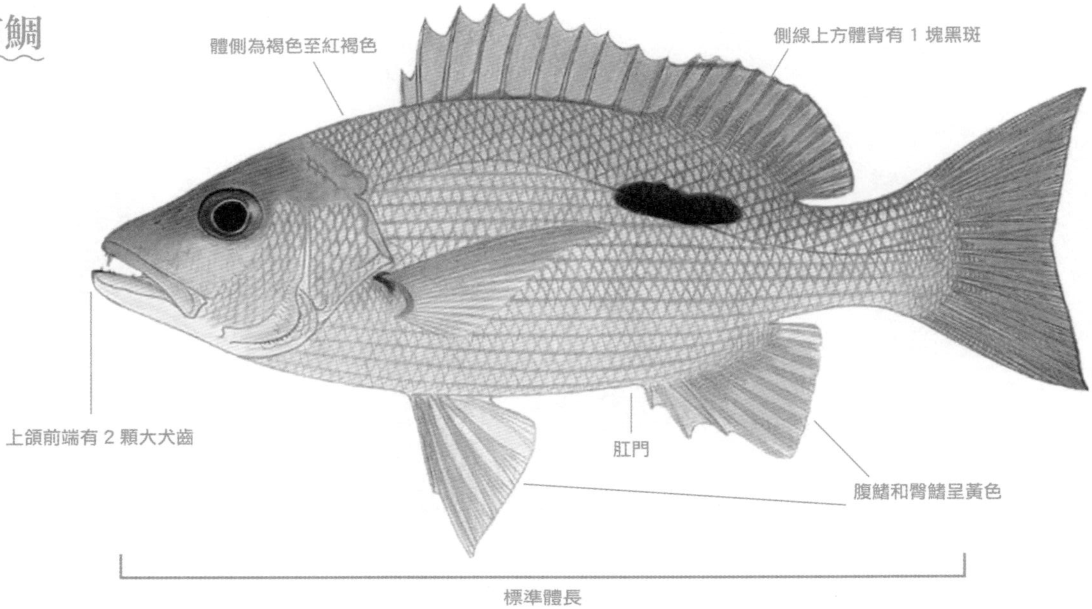

Extinct | Threatened | Lower Risk

EX EW CR EN VU cd nt lc

《IUCN紅色名錄》物種瀕危等級
無危 Least Concern (LC)

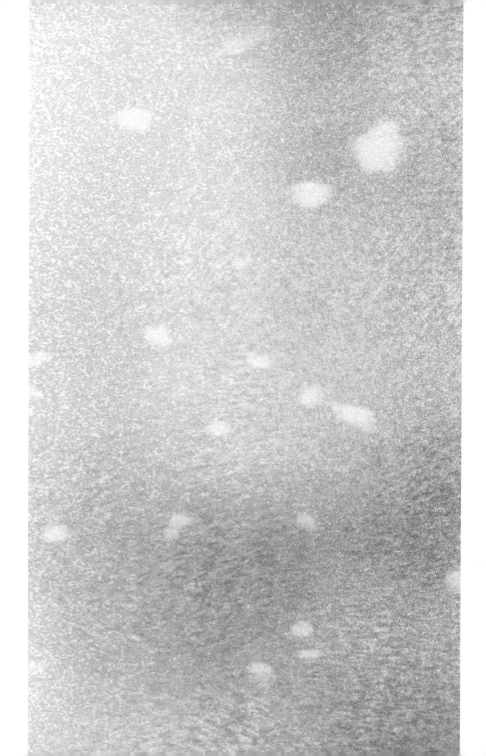

25

金線魚科 *Nemipteridae*

真鱸形系 *Eupercaria*

金線魚科現有約 73 個物種，分布於印度—西太平洋區的熱帶和亞熱帶海域。屬於肉食性的底棲魚類，棲息深度為 10~100 米，主要在泥質或岩石海底活動。常見於本地水產市場，香港最有名的物種是「紅衫魚」，是最家喻戶曉的香港經濟食用海魚。

| 金線魚
| 日本金線魚

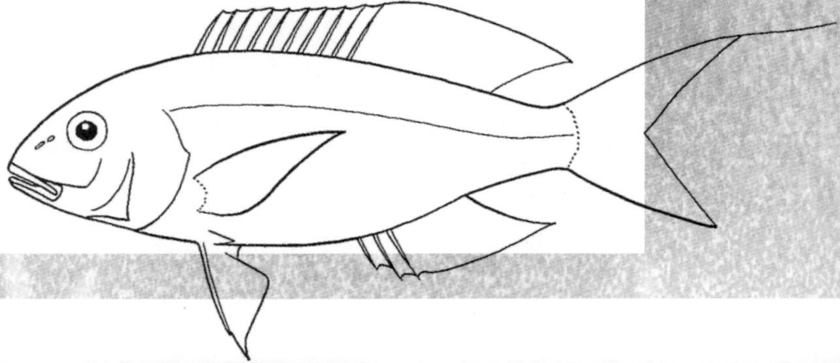

25-1 金線魚

Nemipterus virgatus (Houttuyn, 1782)

英文俗名｜Golden threadfin bream

中文俗名｜長尾衫（香港）、金線魚（臺灣）

體長／重量｜長達 35 厘米，平均約 23 厘米。

行為／食性｜晝行；肉食。

生殖／壽命｜卵生。終年繁殖，主要繁殖期為 2~6 月。

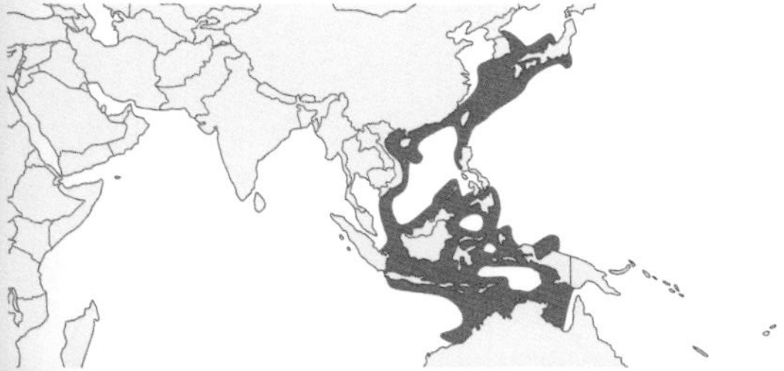

形態特徵｜

體形小，身體呈長紡錘形且側扁。吻尖。眼睛中等大。口中等大，前位。前鰓蓋後緣平滑。身體被大櫛鱗。背鰭單一，連續不具深缺刻；胸鰭及腹鰭略為延長；尾鰭上下葉末端呈尖形，上葉延長成絲狀。頭部上方及體背呈粉紅色，越接近腹部體色越淡，腹部為銀白色，身體兩側各具有 5~6 條金黃色縱帶。

生活習性｜

底棲魚類，群居棲息在大陸架近海 40~200 米的沙泥區海域，幼魚多在淺水區活動。晝行，肉食，主要以甲殼類、頭足類或其他小魚為食。雄魚一般成長較快，體形亦較雌魚為大。

經濟文化｜

延繩釣或一支釣捕獲，為香港經濟魚類。因尾鰭上葉形成黃色纖絲而有「長尾衫」一俗名，與「瓜衫」、「黃肚」統稱「紅衫魚」。金線魚是市面上最常見的魚類之一，也是香港近半世紀漁獲量排名第一的海魚，本地漁民大多以作業延繩釣，俗稱「吓紅衫」的方式捕捉紅衫。肉質細嫩，富有魚味，小刺較多，宜清蒸、煎煮、煮湯食用。「番茄（西紅柿）煮紅衫」是香港地道的家常菜。

地理分布｜

西太平洋，北至日本南部，南至澳洲西北部，包括中國的東海和南海大陸架。聯合國糧農組織漁區： 51、57、61、71。

金線魚

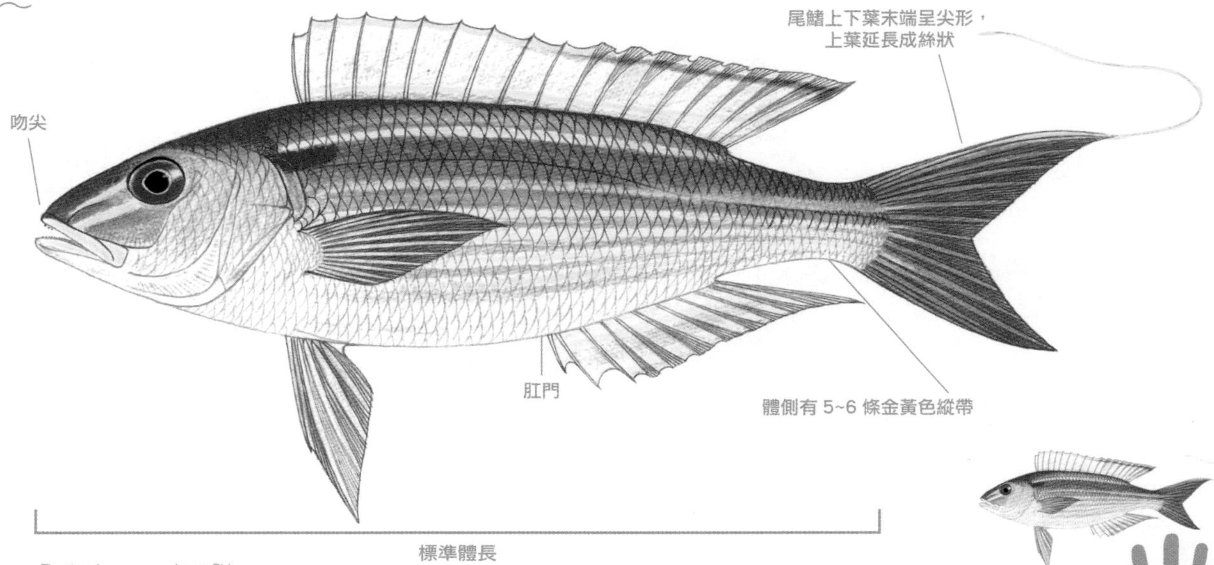

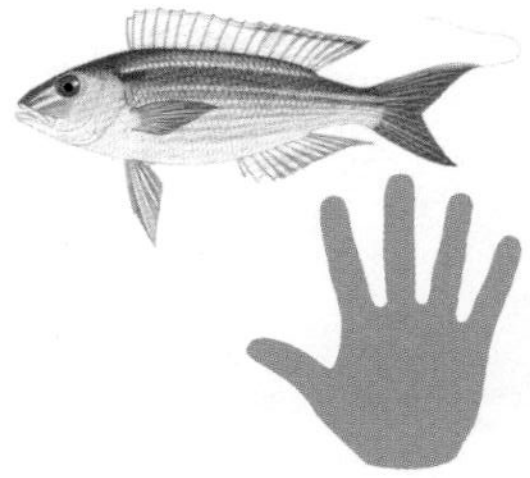

Extinct | Threatened | Lower Risk

EX EW CR EN VU cd nt lc

《IUCN紅色名錄》物種瀕危等級
易危 Vulnerable (VU)

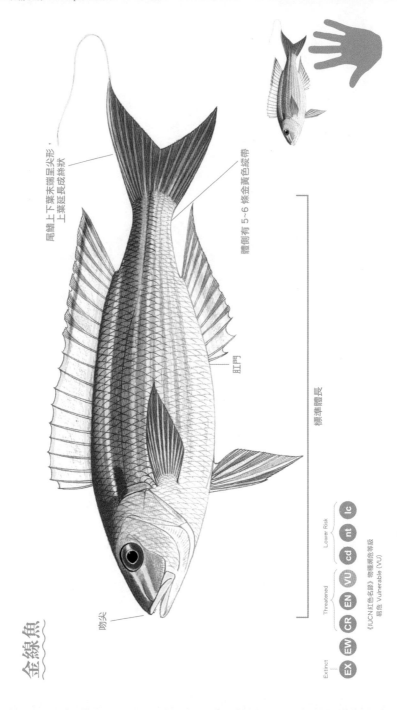

25-2 日本金線魚

Nemipterus japonicus (Bloch, 1791)

英文俗名 | Japanese threadfin bream

中文俗名 | 瓜衫（香港）、日本金線魚（臺灣）

體長／重量 | 長達 32 厘米，平均約 25 厘米；重達 596 克。

行為／食性 | 晝行；肉食。

生殖／壽命 | 卵生。最長壽命為 8 年。

形態特徵 |

體形小，身體呈長紡錘形且側扁。吻尖。眼睛中等大。口中等大，前位。身體被大櫛鱗。背鰭單一，連續不具深缺刻；胸鰭及腹鰭略為延長；尾鰭上下葉末端呈尖形，上葉呈短絲狀，略為延長。身體呈淡紅色，腹面銀白色，身體兩側各具有 11~12 條黃色縱線；側線起點下方具 1 個橢圓形的大紅斑；臀鰭淡白色，具有數條斷續的淡黃色縱帶紋；尾鰭淡粉紅色，上葉末端呈鮮黃色。

生活習性 |

底棲魚類，群居棲息在近海 5~80 米的沙泥區海域。晝行，肉食，主要以甲殼類、頭足類或其他小魚為食。雄魚成長較快，體形較小者多為雌魚。

經濟文化 |

延繩釣或一支釣捕獲，為香港經濟魚類。市面上的日本金線魚主要來自本地和南中國海近海，全年有產。香港漁民主要以流刺網，俗稱「擺瓜衫」和延繩釣的方式捕捉瓜衫。在香港屬中價魚，價錢一般略低於長尾衫。魚肉細嫩，清蒸、煎煮皆美味可口。

地理分布 |

印度—西太平洋，西起印度，北至日本、琉球列島，南至印尼、菲律賓。聯合國糧農組織漁區： 51、57、61、71。

日本金線魚

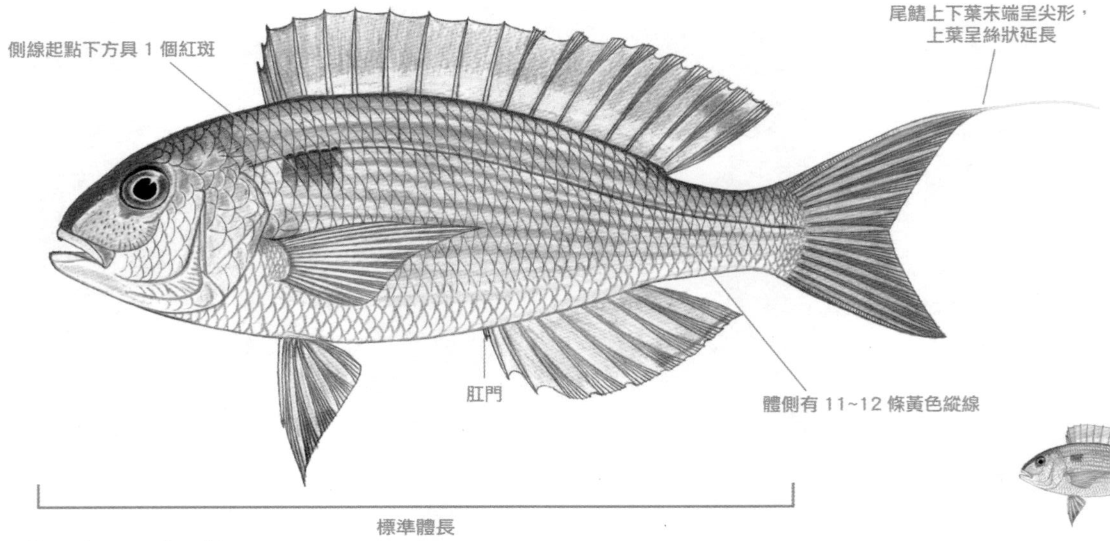

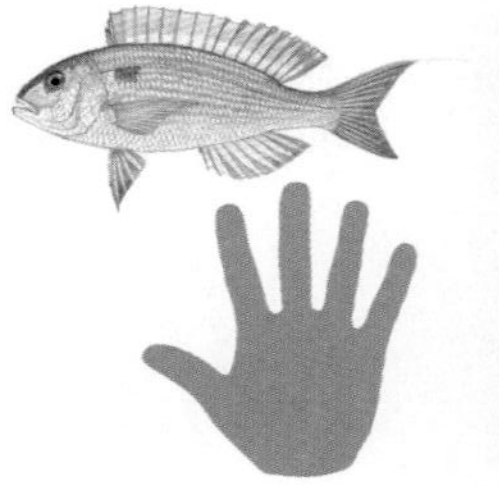

Extinct　Threatened　Lower Risk

EX　EW　CR　EN　VU　cd　nt　**lc**

《IUCN紅色名錄》物種瀕危等級
無危 Least Concern (LC)

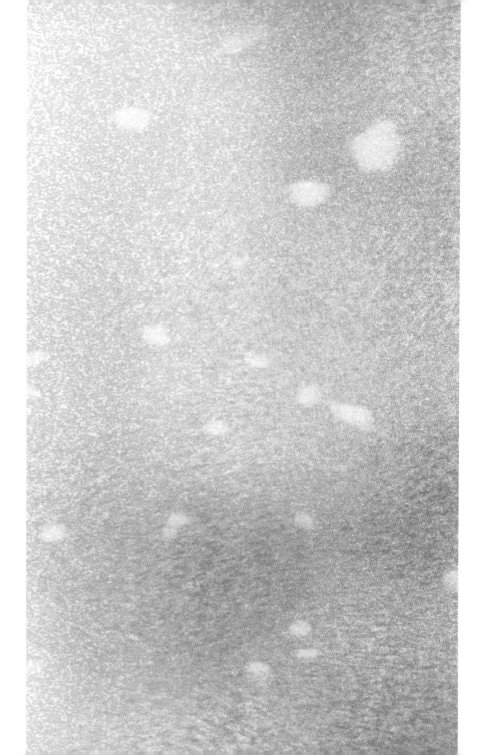

26 銀鱸科 *Gerreidae*

真鱸形系 *Eupercaria*

銀鱸科現有約 53 個物種，廣泛分布於世界各溫暖海域，主要棲息於近海沙地水域或沿岸內灣之沙泥底水域，部分物種會進入河口區及河川下游，體形多數不大。銀鱸科的一大特徵是魚嘴高度凸出，並能向下伸展。肉食性，主要以底棲的小型無脊椎動物為食，鰓耙有濾食功能。體色單調，普遍呈銀白色且不具花紋。

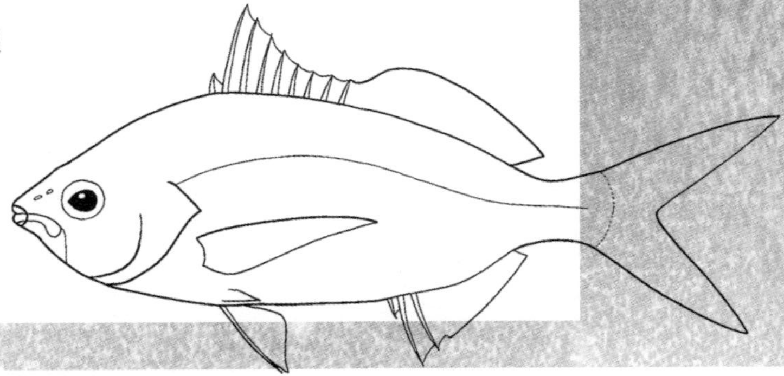

| 長棘銀鱸

26-1 長棘銀鱸
Gerres filamentosus Cuvier, 1829

英文俗名 | Whipfin silver-biddy

中文俗名 | 臉䱹（香港；源自：䱹嘴）、曳絲鑽嘴魚（臺灣）

體長／重量 | 長達 35 厘米，平均約 20 厘米。

行為／食性 | 周日行；肉食。

生殖／壽命 | 卵生

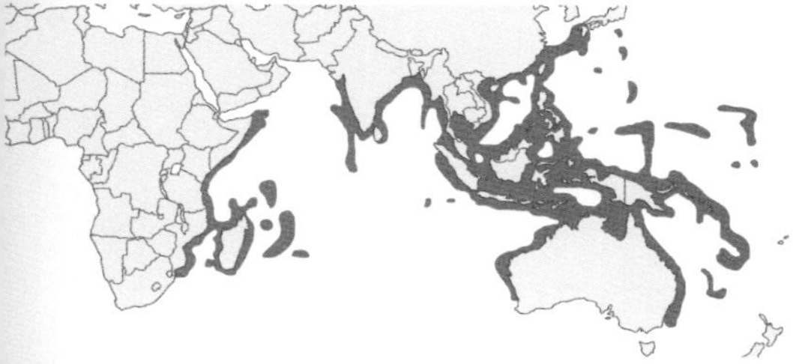

形態特徵 |

體形小，身體呈高長卵圓形。口小，能向下伸縮自如。眼大，吻尖。體被大而薄的圓鱗，容易脫落；背鰭單一，第二硬棘延長成為絲狀；尾鰭深叉形。身體呈銀白色，有 7~12 列淡青色斑點而形成的點狀橫帶。各鰭皆呈淡色，有白緣或黑緣。

生活習性 |

底棲魚類，結小群棲息在近海 1~30 米的沙泥區海域，幼魚棲息於鹹淡水交界，包括紅樹林和河口、河溪下游。周日行，肉食，主要以小型甲殼類、蠕蟲和昆蟲幼體為食。常以嘴部挖入沙泥底部覓食。

經濟文化 |

延繩釣、圍網、流刺網或拖網捕獲，為香港經濟魚類。市售個體主要來自南中國海，野生魚在近岸以手釣等方式捕獲，是釣友常釣獲的魚種之一。在香港屬中下價魚，肉質佳但味淡，可配上蒜頭豆豉清蒸或煎炸煮食。

地理分布 |

印度—西太平洋，西至東非、馬達加斯加，北至日本，南至澳洲北部，東至新喀里多尼亞。聯合國糧農組織漁區： 51、57、61、71。

長棘銀鱸

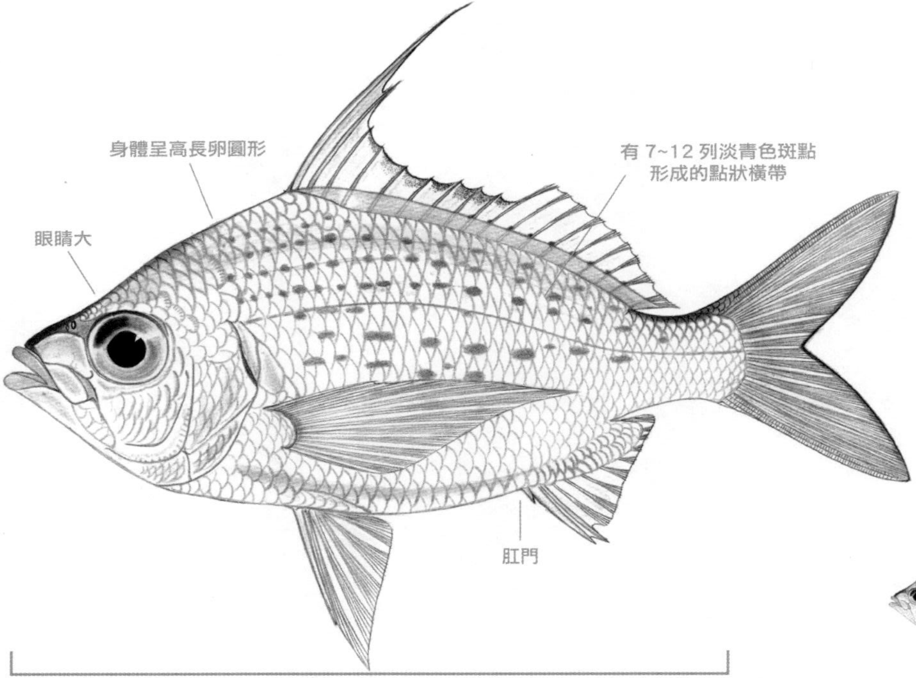

Extinct　Threatened　Lower Risk

EX EW CR EN VU cd nt **lc**

《IUCN紅色名錄》物種瀕危等級
無危 Least Concern (LC)

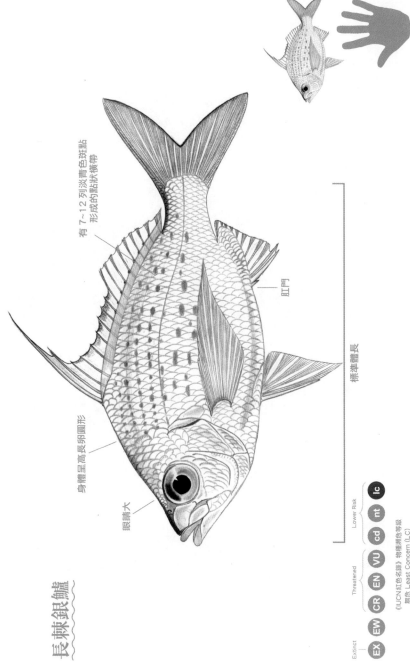

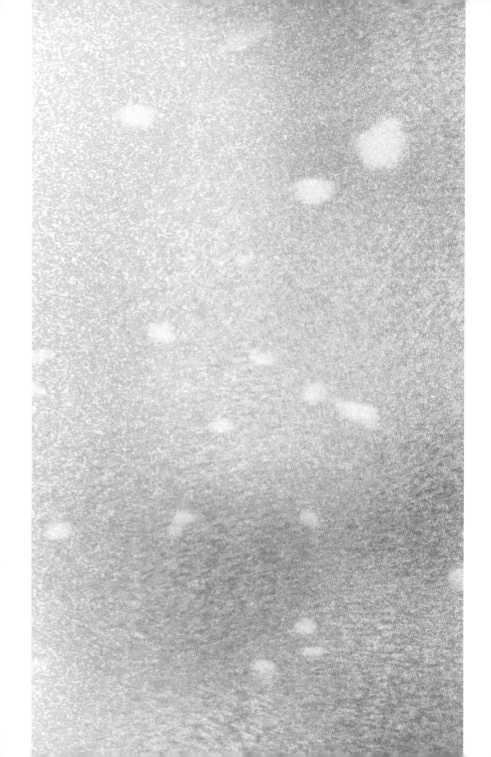

27 仿石鱸科 *Haemulidae*

真鱸形系 *Eupercaria*

仿石鱸科現有約 135 個物種，遍布於三大洋熱帶和亞熱帶海域，主要棲息於沿岸的岩礁或珊瑚礁與沙泥區，偶然進入河口。晝行性魚類，晝間可能覓食，或成群躲於礁穴或珊瑚礁下方，夜間出沒覓食，白天再回到居處。多數物種為肉食性，以甲殼類和小魚為食。稚魚體色多變，與成魚截然不同，因此亦常見於觀賞魚市場。

- 三線磯鱸
- 點石鱸
- 密點少棘胡椒鯛
- 花尾胡椒鯛

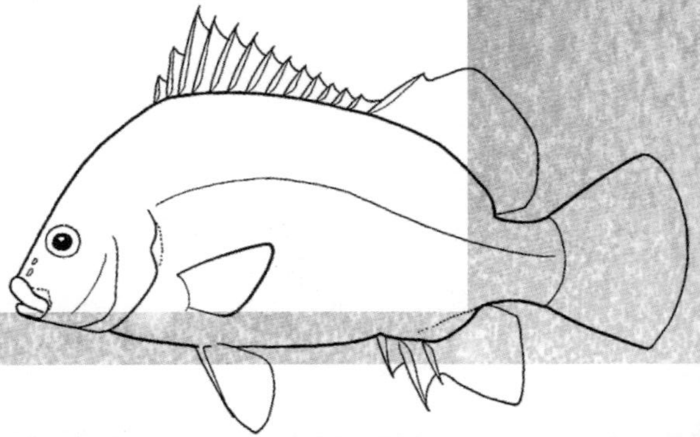

27[1] 三線磯鱸

Parapristipoma trilineatum (Thunberg, 1793)

英文俗名 | Chicken grunt

中文俗名 | 雞魚（香港）、三線磯鱸（臺灣）

體長／重量 | 長達40厘米;重達1.1公斤。

行為／食性 | 晝行；雜食。

生殖／壽命 | 卵生。夏季產卵 ， 30 厘米雌魚可產約 128 萬粒卵，卵徑為 0.8~0.9 毫米。

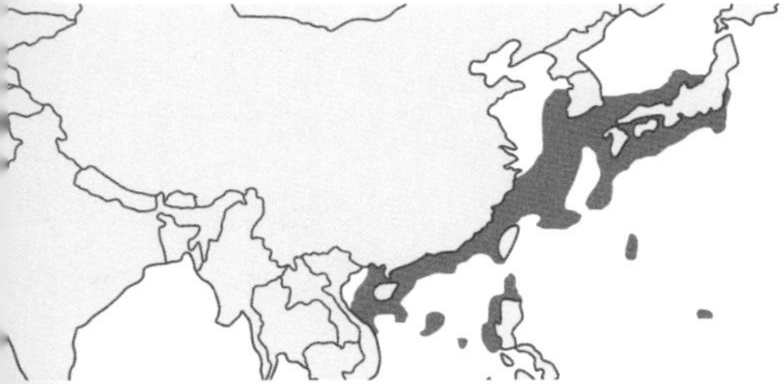

形態特徵 |

體形中小，體延長而側扁。頭中等大。吻尖。口中等大，前位，上、下頜約等長，均具有絨毛狀小齒。身體被小櫛鱗，不易脫落。背鰭單一，無明顯缺刻；尾鰭淺叉形。身體背部呈暗黃褐色，向腹部漸變成白色；幼魚身體兩側各具有 3 條暗色縱帶，成魚則不明顯或消失。各鰭呈淡黃色。

生活習性 |

中底層魚類，群居棲息在近海溫暖及鹽度較高 10~50 米的礁區或珊瑚區海域，亦常出沒在人工魚礁周圍，是人工魚礁區的優勢魚種之一。一群數量眾多，通常數百至近千。雜食，以浮游生物、小型無脊椎動物為主食。

經濟文化 |

延繩釣、流刺網或一支釣捕獲，為香港經濟魚類。市售個體主要為南中國海的近海漁獲，南海北部大陸架的鑽油台是本地閒釣熱門釣點。肉質軟綿而味鮮，可用鹹鮮或清蒸烹調，亦可刺身方式處理。

地理分布 |

西北太平洋區，日本和韓國南部、中國東海、南海大陸架北部（多集結於鑽油井的樁柱或人工魚礁）。聯合國糧農組織漁區： 61。

三線磯鱸

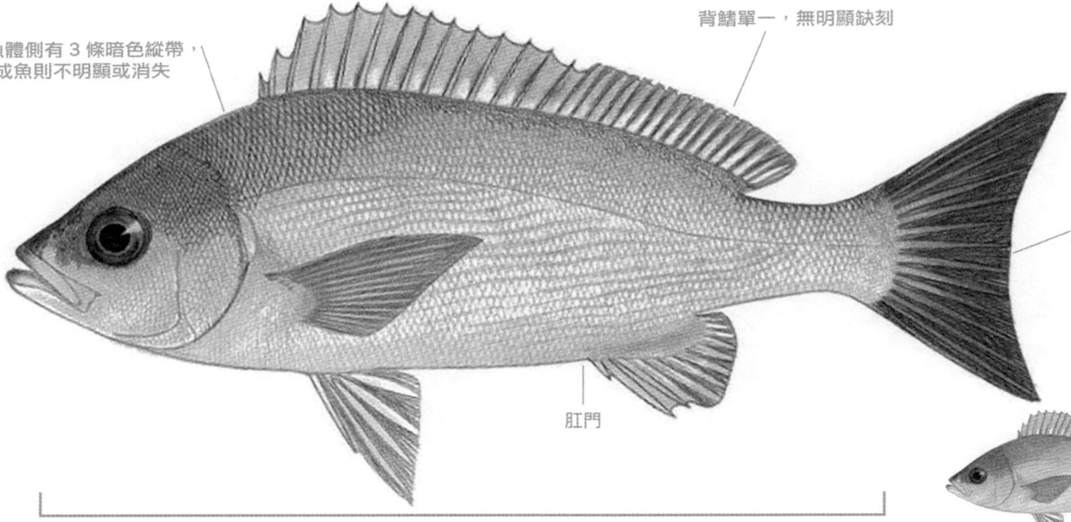

Extinct | Threatened | Lower Risk

EX EW CR EN VU cd nt lc

《IUCN紅色名錄》物種瀕危等級
未予評估 Not Evaluated

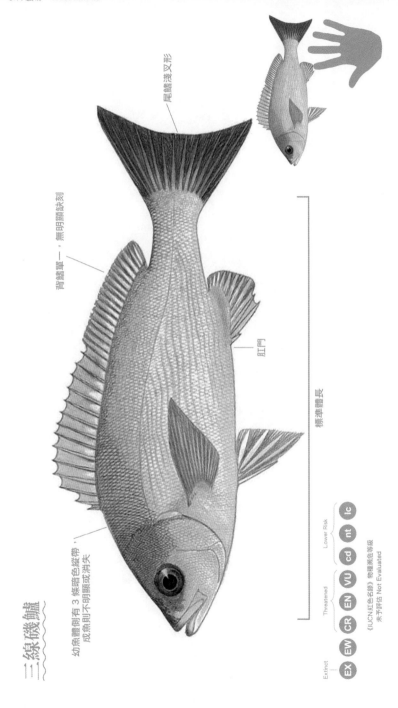

27² 點石鱸

Pomadasys kaakan (Cuvier, 1830)

英文俗名 | Javelin grunter

中文俗名 | 頭鱸（香港）、花鱸（香港）、星雞魚（臺灣）

體長／重量 | 長達 80 厘米；重達 6 公斤。

行為／食性 | 晝行；肉食。

生殖／壽命 | 卵生。冬天游入河口產卵。

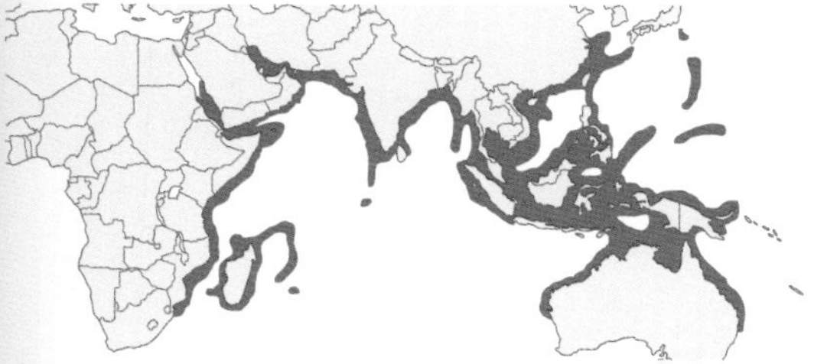

形態特徵 |

體形中大，身體呈橢圓形，略側扁，背緣和腹緣略呈弧形。頭中等大。吻鈍。口中等大，前位，上頜略長於下頜，均具有絨毛狀小齒。身體被中等大櫛鱗；背鰭單一，無明顯缺刻；臀鰭小；尾鰭內凹形。成魚身體呈銀白色，背部呈銀灰色，幼魚身體兩側各具有 6~7 條黑色點狀橫帶，背鰭亦布有黑色斑點，成魚斑點逐漸不明顯，頭部和尾鰭會逐漸變黑。

生活習性 |

底棲魚類，群居棲息在沿岸 4~75 米水質較渾濁的礁區或沙泥區海域，可忍受低鹽度海水，偶然會進入河口。晝行，肉食，主要以小魚、甲殼類或沙泥地中的軟體動物為食。冬天會游入河口產卵。

經濟文化 |

流刺網或延繩釣捕獲，為香港經濟魚類。市售個體主要是本地和華南沿海漁獲。盛產於冬季，是季節性的艇釣目標魚種之一。在香港屬中下價魚，肉質較粗糙，魚味稍淡，可煎封或清蒸食用。

地理分布 |

印度洋—西太平洋，西至非洲東岸，東至中國臺灣、韓國、日本，南至澳洲昆士蘭州。聯合國糧農組織漁區：51、57、61、71。

點石鱸

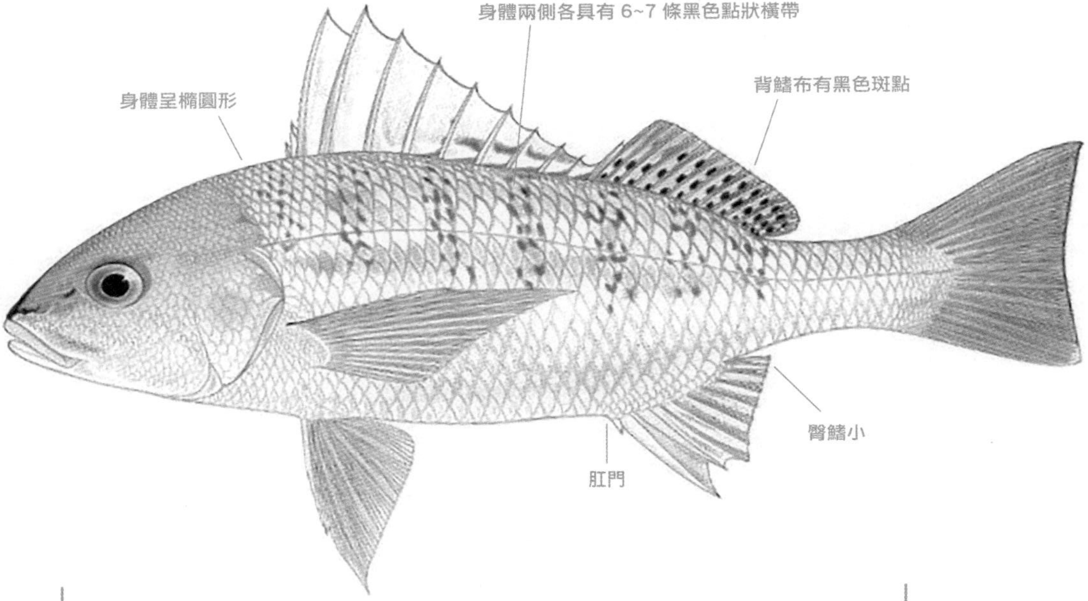

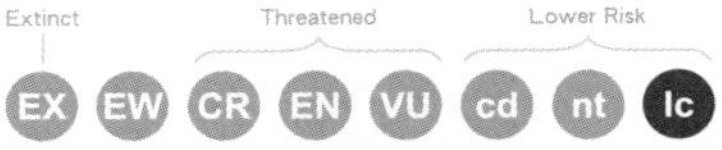

《IUCN紅色名錄》物種瀕危等級
無危 Least Concern (LC)

27-3 密點少棘胡椒鯛

Diagramma pictum (Thunberg, 1792)

英文俗名 | Painted sweetlip

中文俗名 | 細鱗（香港）、密點少棘胡椒鯛（臺灣）

體長／重量 | 長達 1 米；重達 6.3 公斤。

行為／食性 | 晝行；肉食。

生殖／壽命 | 卵生

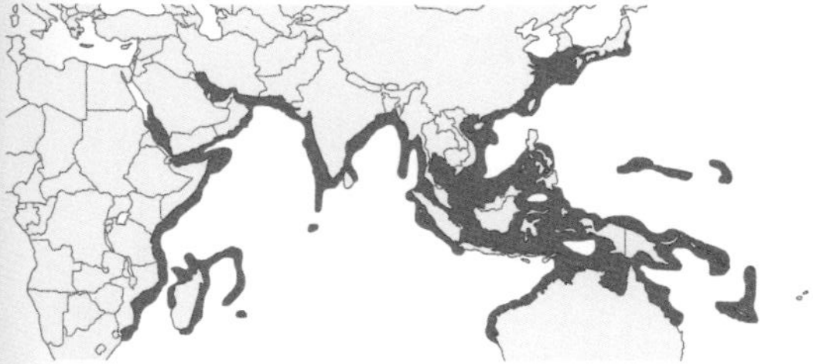

形態特徵 |

體形大，身體延長且側扁。頭等中大。吻短，唇厚，會隨成長而變厚。口中等大，上頜略凸出於下頜；均具有細小尖錐齒。身體被細小櫛鱗。背鰭單一，中間具缺刻但不明顯；尾鰭截形。幼魚身體上半部暗褐色至黑色，具有數條黑色縱帶延伸至尾鰭，下半部則為黃色，背及尾鰭呈黃色而具黑色縱紋；縱紋會隨著成長變成圓斑；成魚身體呈藍灰色，身體布有黃色小斑點，頭部點紋有時會連接形成蠕狀紋；背鰭具黑緣，臀及腹鰭末端黑色，尾鰭密布小斑點。

生活習性 |

底棲魚類，結小群或獨居棲息在沿岸 1~170 米的礁區或珊瑚區海域，能適應渾濁水質，幼魚會出沒在海藻床，成魚棲息於珊瑚礁和礁區。肉食，主要以底棲無脊椎動物及魚類為食。

經濟文化 |

刺網或一支釣捕獲，為香港經濟魚類。市售個體多來自香港水域。是香港閒釣的目標魚種之一。肉質軟綿，魚味較淡，小魚適合清蒸，大魚可起肉炒球。

地理分布 |

印度—西太平洋的熱帶和亞熱帶海區，西至紅海、非洲東岸，北至日本，南至新喀里多尼亞。聯合國糧農組織漁區： 51、57、61、71。

密點少棘胡椒鯛

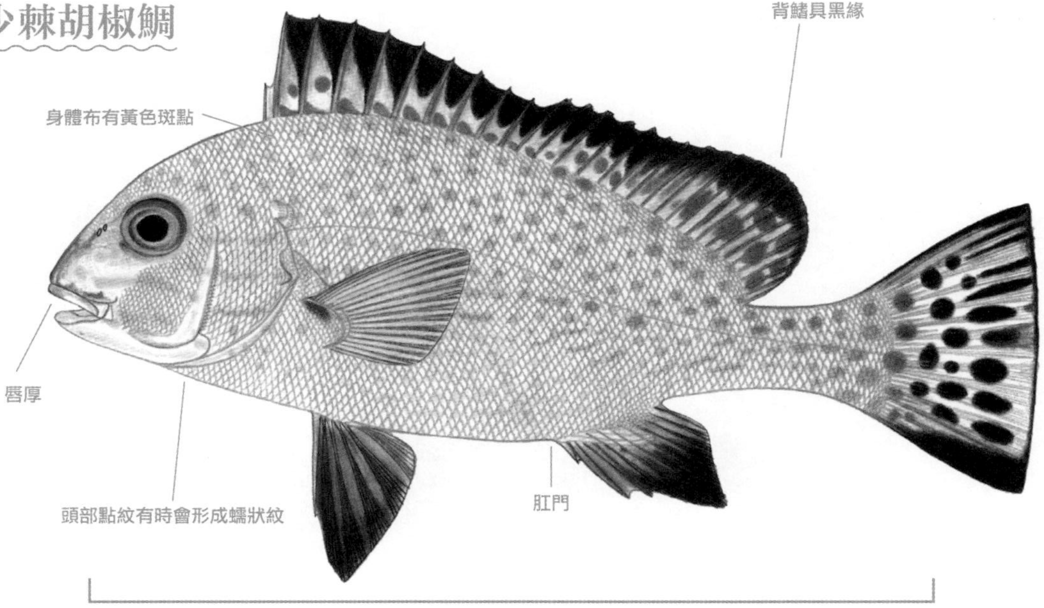

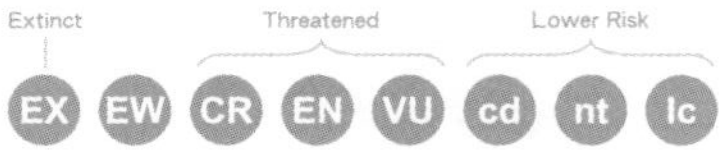

《IUCN紅色名錄》物種瀕危等級
未予評估 Not Evaluated

274 花尾胡椒鯛

Plectorhinchus cinctus (Temminck & Schlegel, 1843)

英文俗名 | Crescent sweetlips

中文俗名 | 包公（香港）、花尾胡椒鯛（臺灣）

體長／重量 | 長達 60 厘米，平均約 25 厘米。

行為／食性 | 晝行；肉食。

生殖／壽命 | 卵生。繁殖期為 5~6 月。

形態特徵 |

體形中等大，身體延長且側扁。頭中等大。吻短，唇厚，會隨成長而變厚。口中等大，上頜略凸出於下頜，均具有細小尖錐齒。身體被細小櫛鱗。背鰭單一，中間具缺刻但不明顯；尾鰭截形。身體整體呈灰白色，身體兩側各具有 3 條斜帶，背部布有許多黑色小斑點，靠近尾部的斑點數量變多。背及尾鰭灰黃色，上方布有許多黑色小斑點。

生活習性 |

底棲魚類，結小群或獨居棲息在沿岸 3~50 米的礁區或珊瑚區海域，常見於人工魚礁，幼魚會進入河口。晝行，肉食，主要以甲殼類及小魚為食。

經濟文化 |

一支釣捕獲，為香港經濟魚類。市售個體大多是內地養殖魚，因應現時活魚運輸技術成熟，多以活魚形式販賣，僅小部分在香港水域捕獲。野生個體肉質較養殖個體軟綿，可清蒸或刺身食用，體形較大者可起肉炒球。

地理分布 |

印度—西太平洋，西起阿拉伯海，北至日本南部，東至西太平洋各島，南至澳洲南部。聯合國糧農組織漁區：51、57、61、71。

花尾胡椒鯛

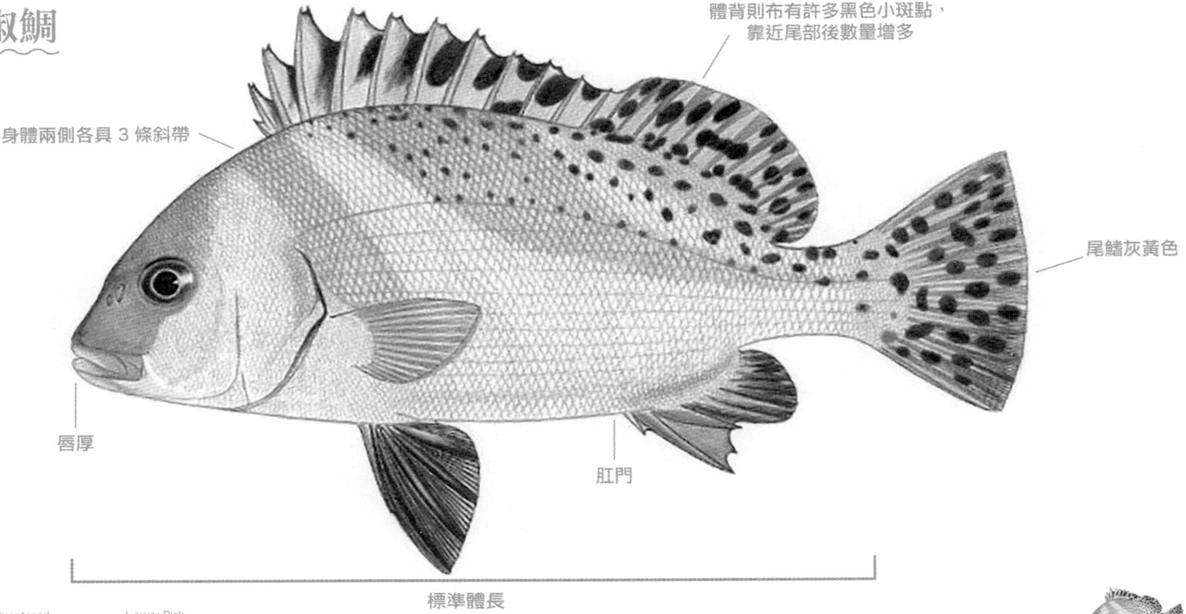

Extinct　Threatened　Lower Risk

EX　EW　CR　EN　VU　cd　nt　**lc**

《IUCN紅色名錄》物種瀕危等級
無危 Least Concern (LC)

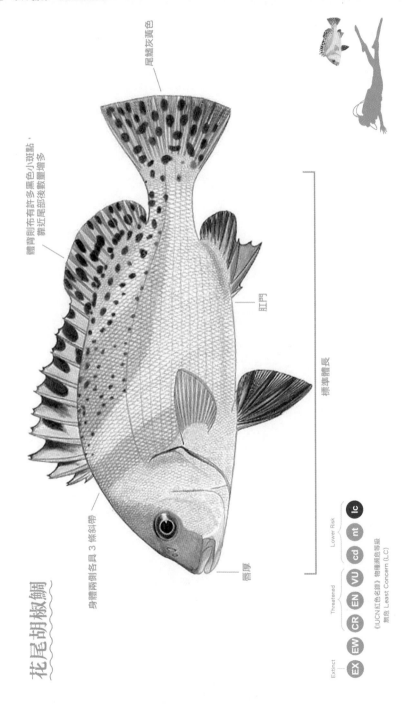

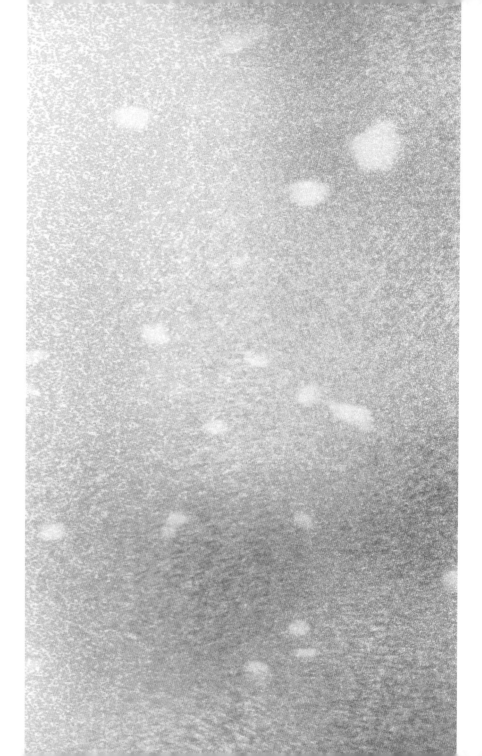

28 馬鮁科 *Polynemidae*

鰺形系 *Carangaria*

馬鮁科現有 42 個物種，廣泛分布於世界各海域之溫帶及熱帶海域，主要棲息於沿岸的較渾濁之沙底或泥底海域，部分物種可生活在汽水域。最明顯的特徵為胸鰭下面有數條游離的絲狀觸鬚，不同物種或多或少，分別由 3~7 根不等，用作尋找沙泥地中的食物。肉食，主要以底棲無脊椎動物為食，亦會捕食小魚。

| 四指馬鮁

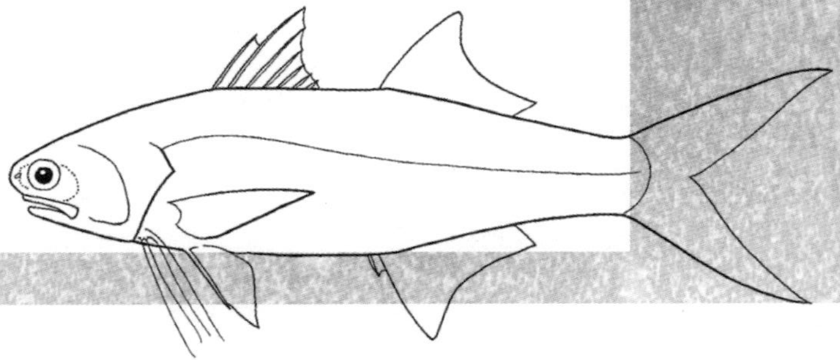

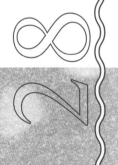

28-1 四指馬鮁

Eleutheronema tetradactylum (Shaw, 1804)

英文俗名 | Fourfinger threadfin

中文俗名 | 馬鮁（香港；源自「馬鮁」的錯讀）、四指馬鮁（臺灣）

體長／重量 | 長達 2 米，平均約 50 厘米；重達 145 公斤。

行為／食性 | 晝行；肉食。

生殖／壽命 | 卵生。繁殖期為 4~5 月，繁殖年齡為雄魚 2 年，雌魚 3 年。

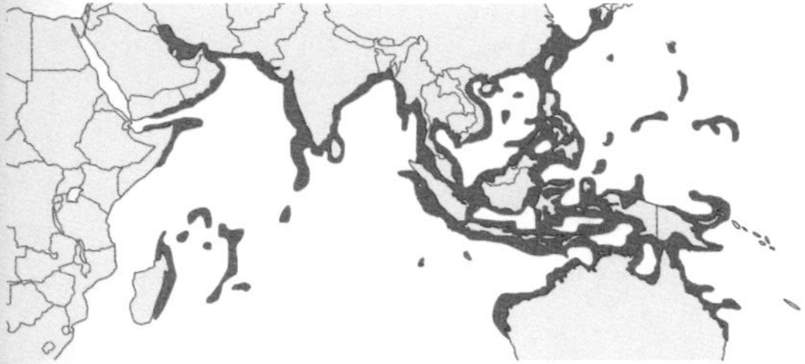

形態特徵 |

體形大，身體延長且略為側扁。頭中等大，吻短而圓鈍。眼睛中等大，位於頭部較前的位置；脂眼瞼發達。口大，下位，口裂接近水平；上、下頜外側具十分細小的牙齒。體被中等大櫛鱗，尾鰭深叉。體背呈銀青色，腹部為奶白色，身上無任何斑紋；背、尾鰭具黑緣但不明顯；胸鰭呈黃色；腹鰭前緣呈黃色，其餘呈白色。

生活習性 |

季節洄游的中底層魚類，群居棲息沿岸至近海 1~47 米的的沙泥底渾濁海域，有時進入河口、紅樹林，甚至河川下游。漁汛期大群出沒，幼魚大多群居，成魚則小群或獨居。肉食，主要以魚類和甲殼類動物為食。

經濟文化 |

流刺網或一支釣捕獲，為香港經濟魚類。市售個體來源較廣，部分是本地和鄰近水域漁獲，但更多為臺灣的養殖魚。香港水域漁汛為冬季至初春，本地漁民主要以表層刺網俗稱「攀馬鮁」的方式捕獲，亦熱門閒釣魚種。肉質細嫩軟綿，魚味濃厚，宜清蒸、鹹鮮食用，鹹魚亦十分普及。

地理分布 |

印度—西太平洋，西至波斯灣，東至巴布亞新畿內亞，北至澳洲北部、日本、中國和越南。聯合國糧農組織漁區： 51、57、61、71。

四指馬鮁

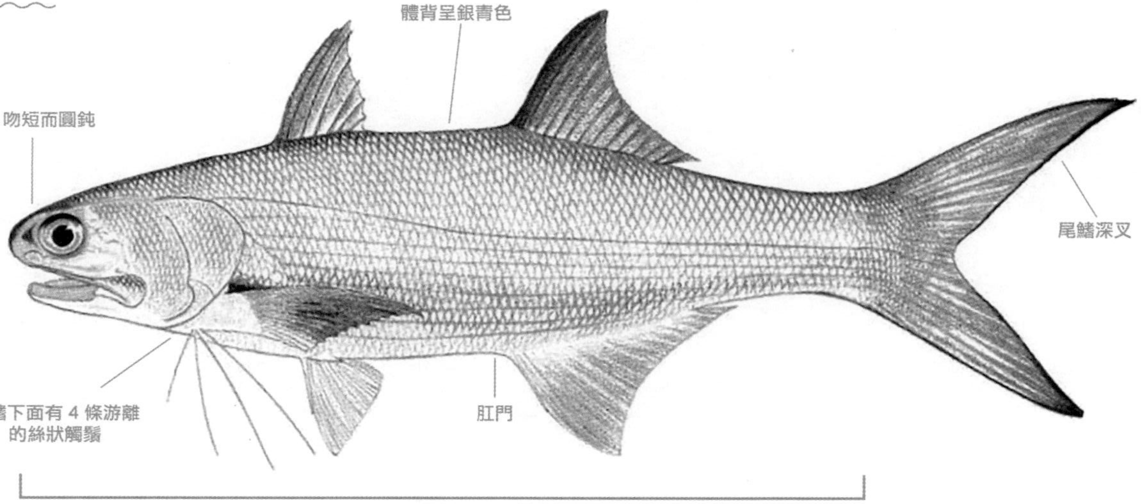

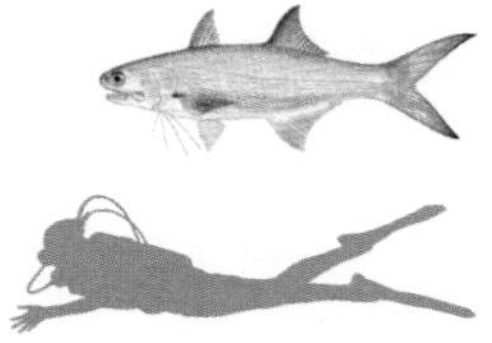

Extinct　Threatened　Lower Risk

EX　EW　CR　EN　VU　cd　nt　lc

《IUCN紅色名錄》物種瀕危等級
未予評估 Not Evaluated

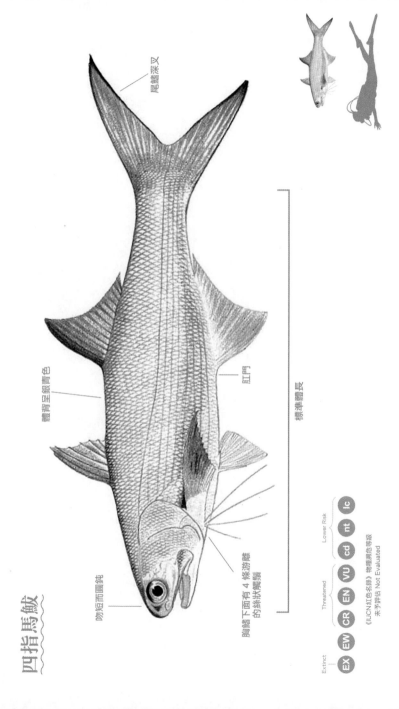

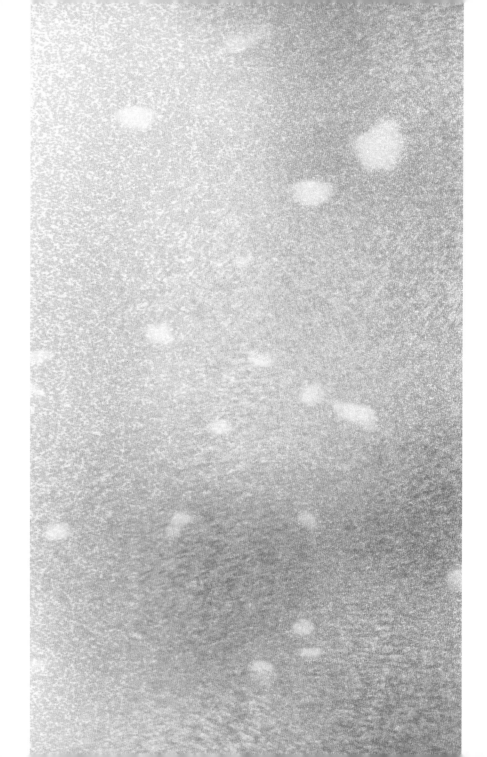

29 石首魚科 *Sciaenidae*

真鱸形系 *Eupercaria*

石首魚科現有約 297 個物種，廣泛分布於世界三大洋及河口區，南美洲可發現生活於淡水種，主要棲息於沿海沙泥底質海域及河口。魚鰾具有許多延長分支，上方肌肉能產生不同的聲響，用作求偶之用，體形較大的物種魚鰾特別珍貴，在華南地區出售時名為「花膠」；耳石亦可用於中藥。

| 銀姑魚
| 尖頭黃鰭牙鰔
| 大黃魚
| 棘頭梅童魚

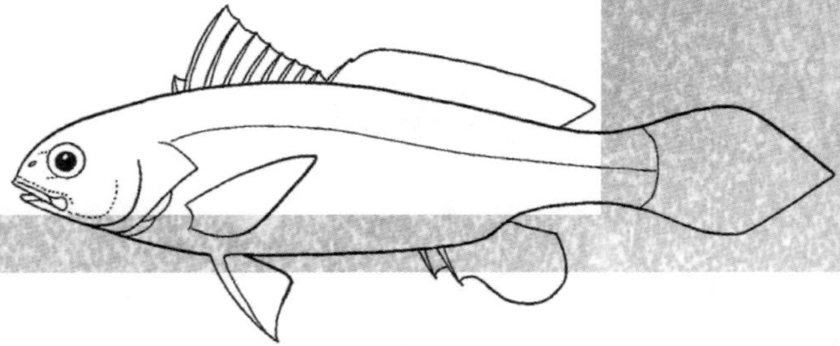

29-1 銀姑魚

Pennahia argentata (Houttuyn, 1782)

英文俗名｜Silver croaker, White Chinese croaker

中文俗名｜白鰔（香港）、白姑魚（臺灣）

體長／重量｜長達 40 厘米，平均約 20 厘米。

行為／食性｜晝行；肉食。

生殖／壽命｜卵生。繁殖期在春夏之間，集體洄游產卵。

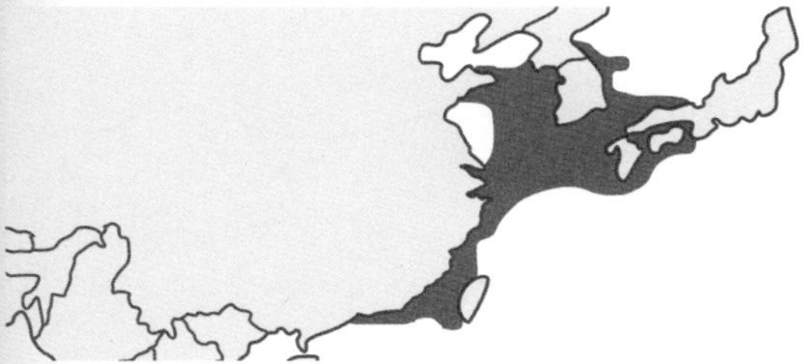

形態特徵｜

體形小，身體延長且側扁，頭圓鈍。口大。前位，上下頜長度約等長；具犬齒及絨毛狀齒。前鰓蓋後緣具鋸齒，鰓蓋具有 2 根扁棘。體被小櫛鱗。背鰭單一，具明顯深缺刻;尾鰭楔形。體背部淡褐色，腹部銀白色；背鰭褐色，軟條部中間有 1 條銀白色帶紋；尾鰭黑色；臀鰭、腹鰭和胸鰭無色；鰓腔內呈黑色。

生活習性｜

底棲魚類，結小群棲息在近海 20~140 米的沙泥區海域，一般生活於 40 米，偶然會於河口出沒。晝行，肉食，主要以小型魚類、甲殼類等為食。

經濟文化｜

流刺網或拖網捕獲，為香港經濟魚類。市售個體大多從香港及鄰近水域捕獲，在香港屬下價魚，是市場上最常見的石首魚。肉質軟綿，宜煎封食用。除新鮮出售外，也常被製成鹹魚，屬香港主流鹹魚。

地理分布｜

西北太平洋，包括中國東海、黃海、南海北部、日本南部和韓國之水域。聯合國糧農組織漁區：61。

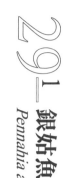

銀姑魚

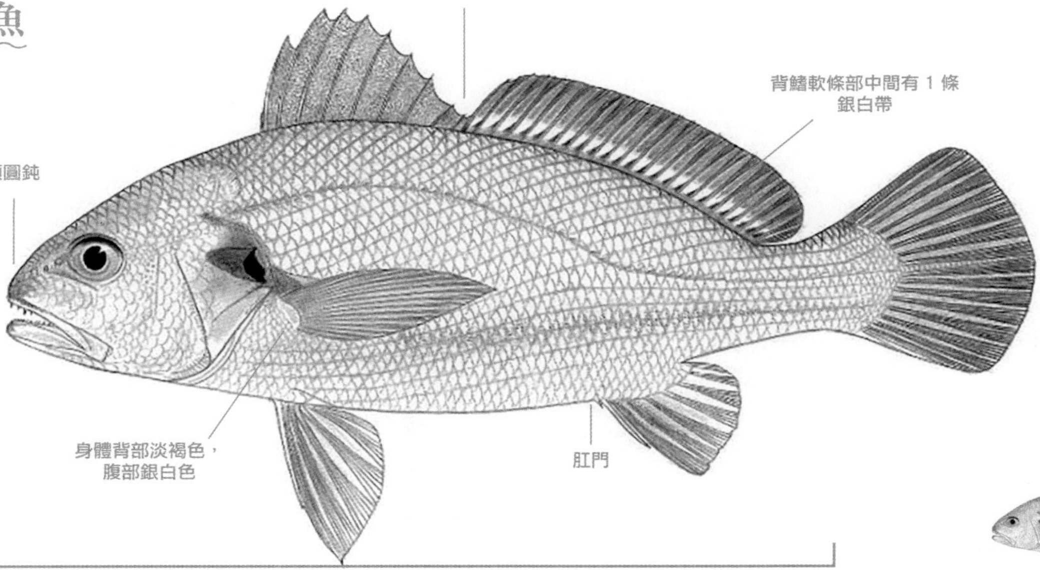

Extinct Threatened Lower Risk

EX EW CR EN VU cd nt **lc**

《IUCN紅色名錄》物種瀕危等級
無危 Least Concern (LC)

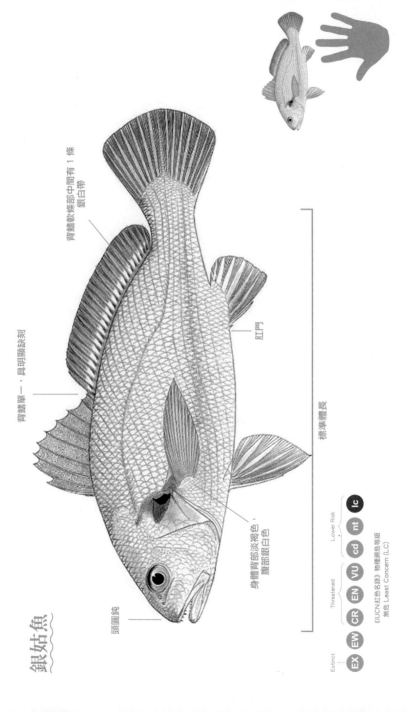

29² 尖頭黃鰭牙鰔

Chrysochir aureus (Richardson, 1846)

英文俗名｜Reeve's croaker

中文俗名｜牙鰔（香港）、黃金鰭鰔（臺灣）

體長／重量｜長達 30 厘米，平均約 20 厘米。

行為／食性｜晝行；肉食。

生殖／壽命｜卵生

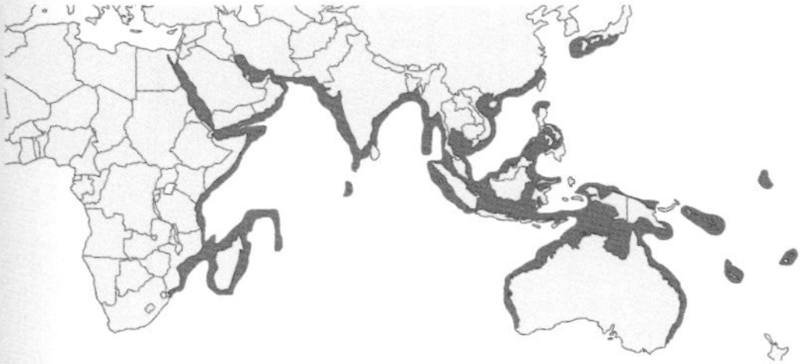

形態特徵｜

體形中小，身體延長且側扁。頭部扁平。吻凸出，上頜長於下頜，均具大小不一的犬齒，閉合時上頜的犬齒外露。前鰓蓋具鋸齒緣，鰓蓋具有 2 根扁棘。體被中小櫛鱗。背鰭單一，具明顯深缺刻；尾鰭尖形。體背部淡褐色，腹部銀白色；背鰭軟條部黃褐色；尾鰭上下緣均呈黃色；臀鰭、腹鰭及胸鰭橙黃色；胸鰭基部內緣具 1 個深褐色斑塊；鰓腔內呈黑色。

生活習性｜

底棲魚類，結小群棲息在近海 1~20 米的沙泥區海域，偶然會於河口出沒。晝行，肉食，主要以小型魚類、甲殼類等為食。

經濟文化｜

流刺網或拖網捕獲，為香港經濟魚類。市售個體大多來自香港和鄰近水域。在香港屬中下價魚。味淡而肉質佳，適合清蒸、蒜頭豆豉蒸、配以冬菜蒸，也可製成鹹魚食用。

地理分布｜

印度—西太平洋，西至印度東南部，東至南國海。聯合國糧農組織漁區：51、57、61、71。

尖頭黃鰭牙鰔

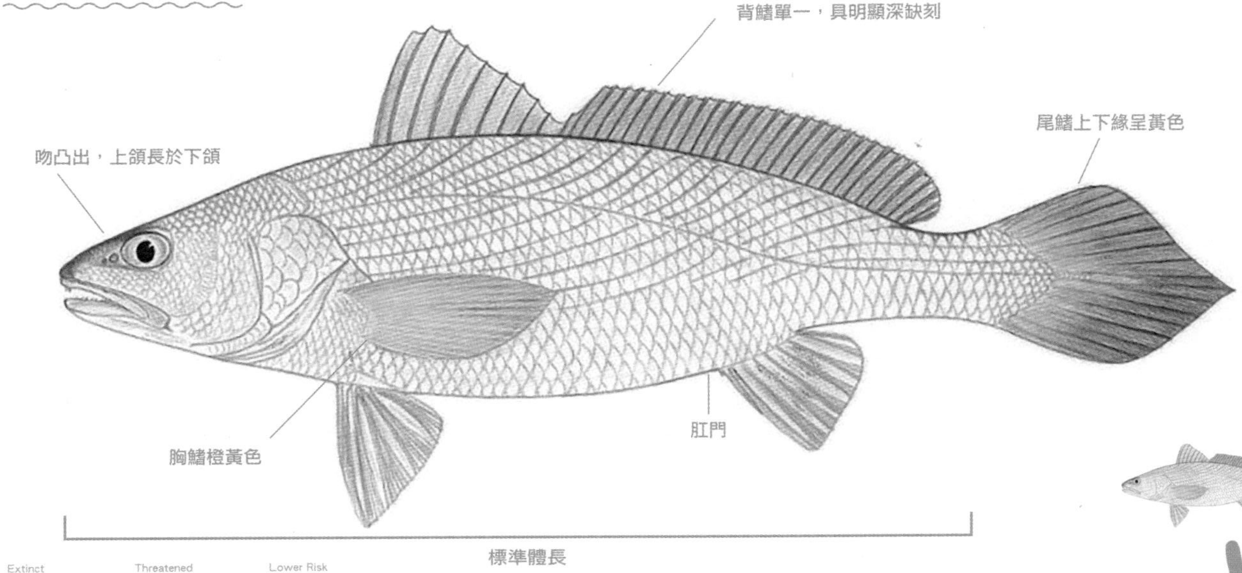

Extinct　Threatened　Lower Risk

EX　EW　CR　EN　VU　cd　nt　**lc**

《IUCN紅色名錄》物種瀕危等級
無危 Least Concern (LC)

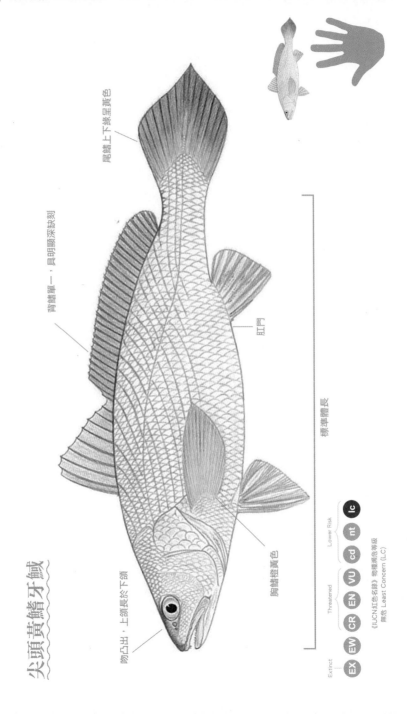

29-3 大黃魚

Larimichthys crocea (Richardson, 1846)

英文俗名｜Large yellow croaker

中文俗名｜黃花（香港）、大黃魚（臺灣）

體長／重量｜長達 80 厘米

行為／食性｜晝行；肉食。

生殖／壽命｜卵生。繁殖期時群聚洄游至河口、內灣淺水區。

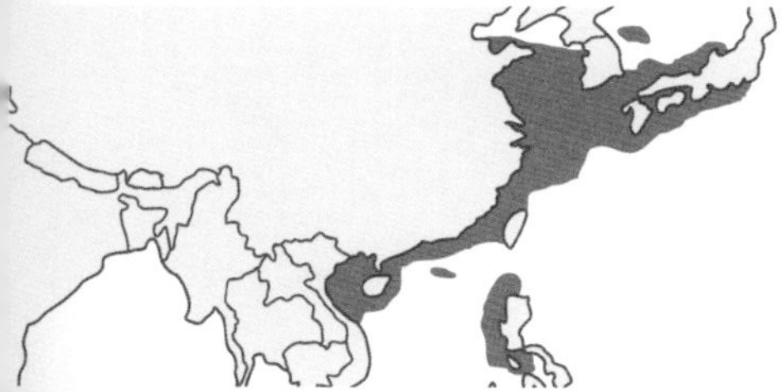

形態特徵｜

體形中大，身體延長且側扁。頭略鈍。口大，前位，吻不凸出；上頜具有犬齒但疏落。前鰓蓋後緣具鋸齒，鰓蓋具有 2 根扁棘。體被小櫛鱗。背鰭單一，具明顯深缺刻；尾鰭楔形。體背部為黃褐色，腹部淡黃色，身上無任何斑紋。各鰭淺黃褐色。口腔內呈白色，鰓腔上部呈黑色。

生活習性｜

底棲魚類，結小群棲息在近海 10~70 米的沙泥區渾濁海域，偶然會於河口出沒，棲息深度可達 120 米。晝行，白天降至底層，黃昏時游近水面。肉食，主要以小型魚類、甲殼類等為食。魚鰾能發聲。

經濟文化｜

圍網或刺網捕獲，為香港經濟魚類，也是中國四大海產之一。市售個體大多是由內地入口養殖魚。農曆八月至十一月是香港水域捕捉大黃魚的汛期。肉質軟綿，味鮮美，可以清蒸、煎封、酥炸、五柳、製成鹹魚等方式食用。

地理分布｜

西北太平洋，尤為集中在中國沿岸，包括南海、東海及黃海南部。聯合國糧農組織漁區：61。

大黃魚

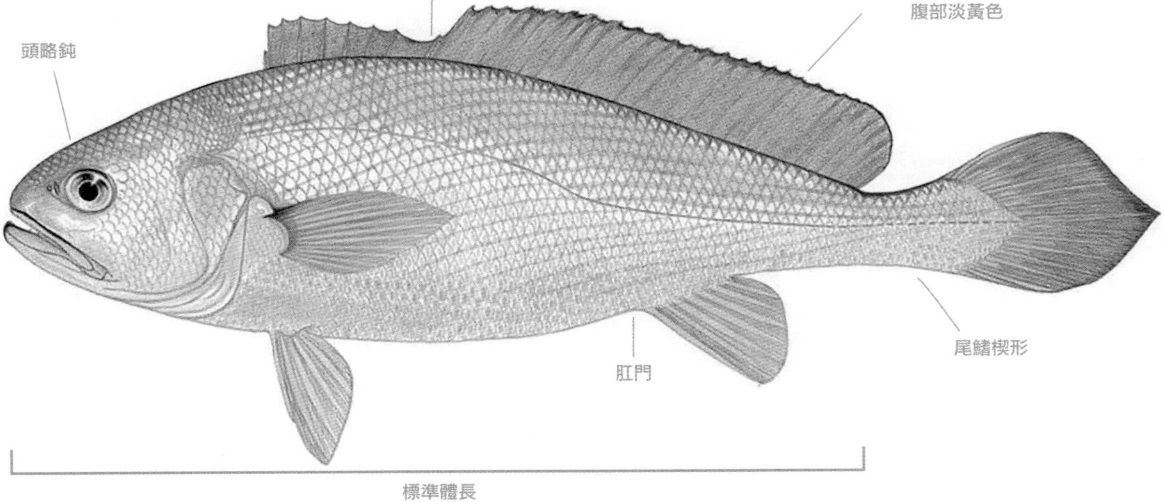

Extinct　Threatened　Lower Risk

EX　EW　**CR**　EN　VU　cd　nt　lc

《IUCN紅色名錄》物種瀕危等級
極危 Critically Endangered (CR)

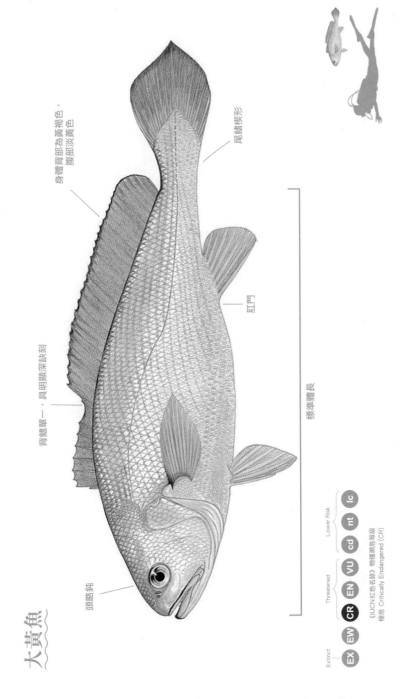

29-4 棘頭梅童魚

Collichthys lucidus (Richardson, 1844)

英文俗名｜Lion head croaker

中文俗名｜獅頭（香港）、黃皮（香港）、棘頭梅童魚（臺灣）

體長／重量｜長達 19.8 厘米;重達 77.1 克。

行為／食性｜晝行；肉食。

生殖／壽命｜卵生

形態特徵｜

體形小，側扁；頭鈍圓。口大，前位，口裂傾斜，吻不凸出，口閉時下頜略凸出；上下頜均具絨毛齒。前鰓蓋後緣具鋸齒，鰓蓋具有 2 根扁棘。身體被小圓鱗，容易脫落。背鰭單一，具明顯深缺刻；尾鰭尖形。體背部淡褐色，腹部銀白色且帶金黃色澤；背鰭及尾鰭褐色；尾鰭末緣較深色；臀、腹及胸鰭一致呈金黃色；眼頂部有一個黑斑；鰓腔為白色且有黑點紋。

生活習性｜

底棲魚類，結小群棲息在近海 3~90 米的沙泥區的河口海域，主要於鹹淡水交界處出沒，多在淺水區集結。晝行，肉食，主要以小型魚類、甲殼類等為食。魚鰾能發聲。

經濟文化｜

拖網捕獲，為香港經濟魚類。市售個體大多來自香港和鄰近水域，一般以中表層拖網捕獲，此類漁船以屯門和澳門的縿罾（中層邊拖網）為代表，作業海域常與中華白海豚的覓食熱點重疊。昔日在香港只屬中下價魚，今天因漁獲減少變得昂貴。肉質細膩，適合清蒸、酥炸，「麵豉蒸獅頭」也是有名家常菜。

地理分布｜

西太平洋，包括菲律賓、韓國、日本、中國沿岸等。珠江口是獅頭在華南最重要的棲地。聯合國糧農組織漁區：61、71。

棘頭梅童魚

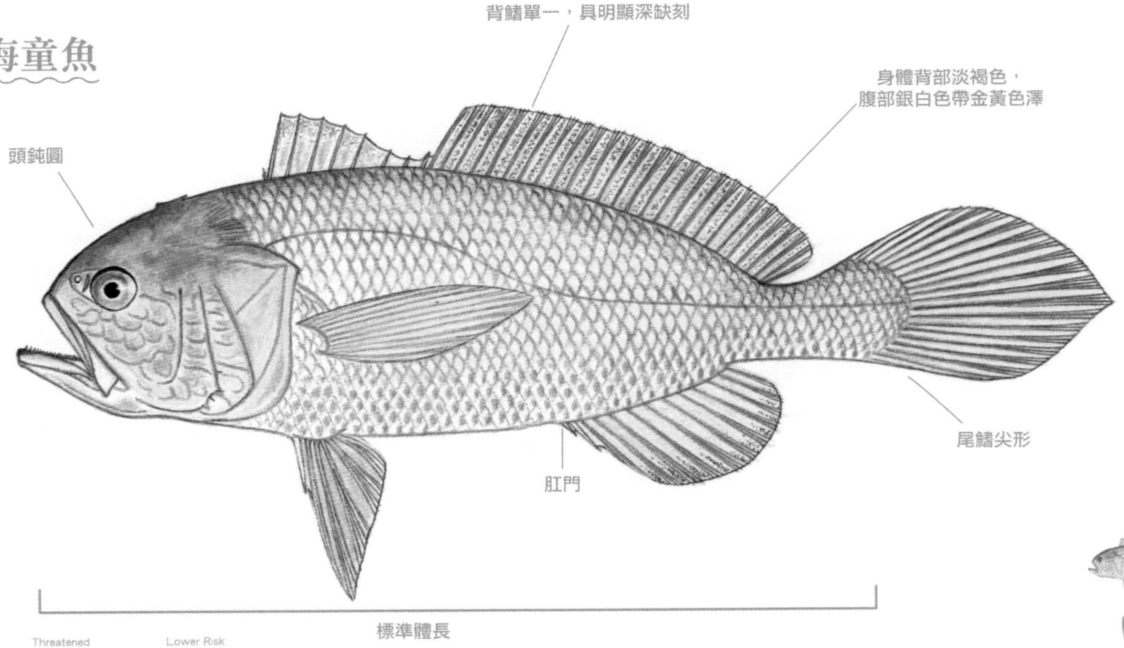

Extinct　Threatened　Lower Risk

EX　EW　CR　EN　VU　cd　nt　**lc**

《IUCN紅色名錄》物種瀕危等級
無危 Least Concern (LC)

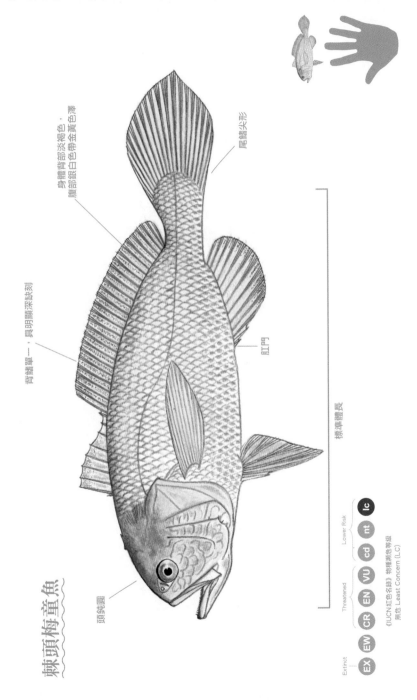

30 羊魚科 *Mullidae*

羊魚目 *Mulliformes*

羊魚科現有約 100 個物種，遍布於三大洋熱帶和亞熱帶海域，主要棲息於沿岸的珊瑚礁或岩礁區，大多群居或結小群，少數種類可在汽水域生活。肉食性，以底棲無脊椎動物為食。最明顯的特徵是具 2 條敏感的觸鬚，能感應在沙泥中的小蝦、蟹。

| 多帶副緋鯉

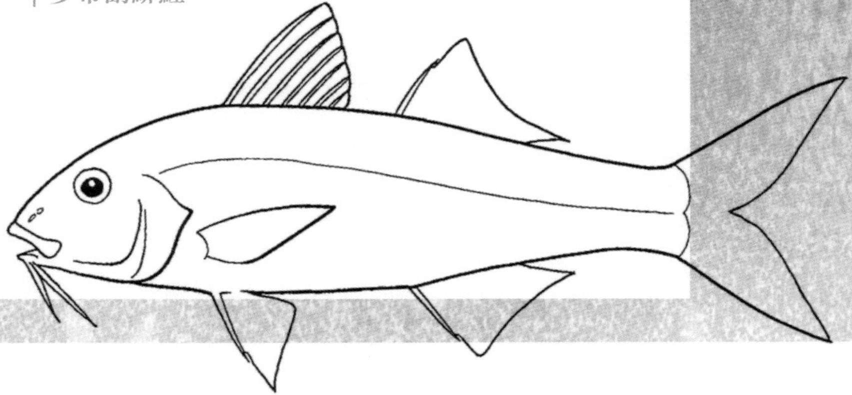

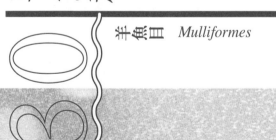

30-1 多帶副緋鯉

Parupeneus multifasciatus (Quoy & Gaimard, 1825)

英文俗名 | Banded goatfish

中文俗名 | 三鬚、秋姑（臺灣）

體長／重量 | 長達 35 厘米，平均約 20 厘米；重達 453 克。

行為／食性 | 晝行；肉食。

生殖／壽命 | 卵生

形態特徵 |

體形中小，身體延長且側扁，呈長紡錘形。頭中等大。口中等大，吻長，上下頜均具單列牙齒，齒中等大，較鈍且排列較疏；下頜具 1 對頦鬚。前鰓蓋骨後緣平滑；鰓蓋骨具有 2 根短棘。體被大櫛鱗，較易脫落。背鰭 2 個，第二背鰭最後軟條略為延長；尾鰭叉形。身體棕紅色；身體兩側各具 5 條粗度不一的橫帶，有時不明顯。

生活習性 |

底棲魚類，獨居棲息在沿岸 3~140 米的礁區、沙泥或珊瑚區海域。晝行，白天多在礁石區外圍沙泥地游動，以觸鬚探索地上獵物；晚上在平坦的沙泥地獨眠。肉食，主要以甲殼類動物、魚卵或螃蟹幼體為食。

經濟文化 |

拖網或一支釣捕獲，為香港經濟魚類。市售個體主要來自南中國海。於香港水域數量不多，小型個體是漁民用作釣石斑之魚餌。在香港屬中價魚。肉質佳但略鬆散，可不除鱗清蒸。大魚肉質帶有甲殼類香氣。漁民慣以鹹鮮或製成鹹魚食用。

地理分布 |

印度—太平洋， 西起印度洋之聖誕島，東到夏威夷、馬貴斯及土亞莫土群島，北起琉球群島，南至豪勳爵島及拉帕島。聯合國糧農組織漁區： 57、61、71。

多帶副緋鯉

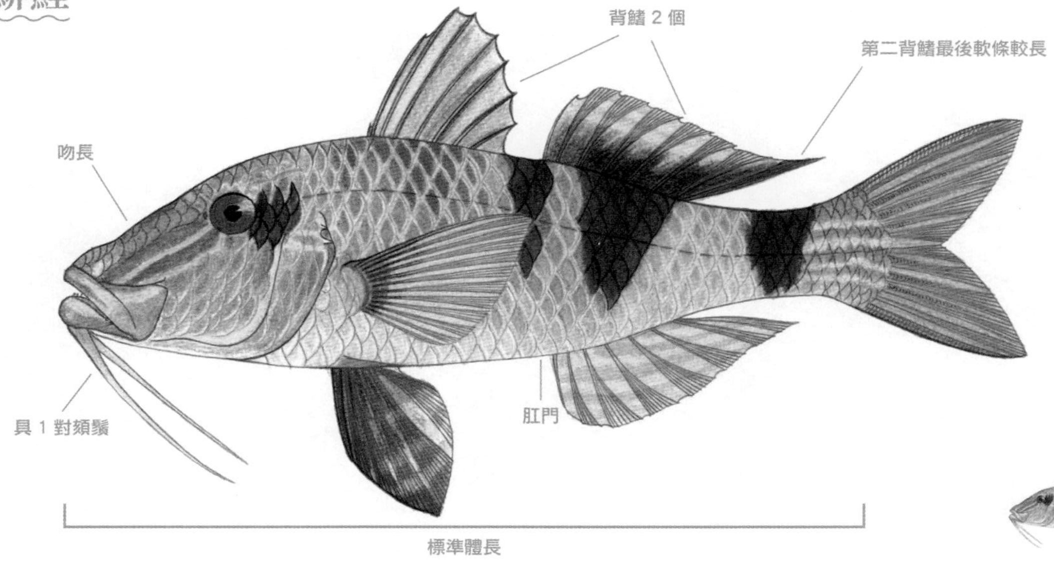

Extinct　Threatened　Lower Risk

EX EW CR EN VU cd nt lc

《IUCN紅色名錄》物種瀕危等級
無危 Least Concern (LC)

31 鯛科 *Sparidae*

真鱸形系 *Eupercaria*

鯛科現有約 162 個物種，廣泛分布於世界各海域之溫帶及熱帶海域，棲地變化大，沙泥底、岩礁、河口、內灣、礁岸至大陸棚較深水的海域均有棲息。最大特點是擁有圓錐狀牙齒或臼齒，是雌雄同體魚類，先雌後雄或先雄後雌兩種形式均有於鯛科存在。

| 二長棘犁齒鯛
| 黃背牙鯛
| 黃鰭棘鯛
| 平鯛
| 黑棘鯛
| 真鯛

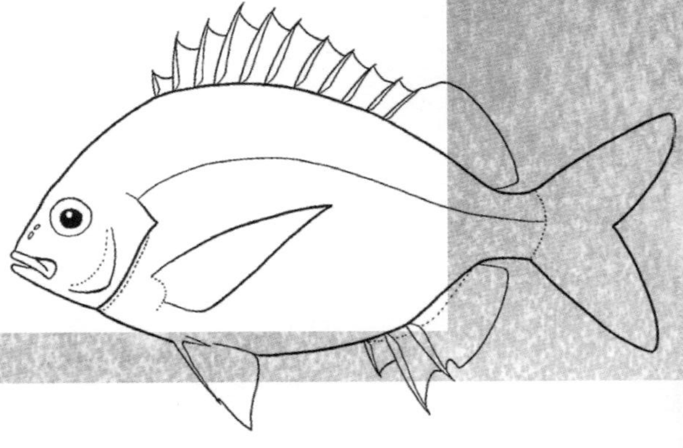

31 1 二長棘犁齒鯛

Evynnis cardinalis (Lacepède, 1802)

英文俗名 | Threadfin porgy, Crimson seabream

中文俗名 | 扯旗鱲（香港；源自：背鰭第一、二鰭條延長）、紅鋤齒鯛（臺灣）

體長／重量 | 長達 40 厘米，平均約 20 厘米。

行為／食性 | 晝行；肉食。

生殖／壽命 | 卵生

形態特徵 |

體形小，身體呈卵圓形且甚為側扁，背部十分隆起。頭中等大，吻鈍。口小，前位；上、下頜口內具有臼齒。身體被有中小櫛鱗。背鰭單一，無明顯缺刻，第三及四棘延長呈絲狀；臀鰭小；尾鰭呈淺叉形。體背呈鮮紅色，腹部銀白色，身體兩側有數行縱向的藍色斷續線紋。

生活習性 |

季節性洄游的底棲魚類，群居棲息在近海 5~100 米的沙泥區海域，有時在珊瑚礁出沒，成魚出沒於較深海域，幼魚群集於淺水內灣。晝行，肉食，主要以小魚、小蝦或軟體動物為食。

經濟文化 |

一支釣或延繩釣捕獲，為香港經濟魚類。市售個體主要來自本地水域。岸釣常見的物種，但體形不大，甚少超過巴掌大。在香港為中下價魚，市面上常見個體大多重幾兩至半斤不等。肉嫩味鮮，適宜清蒸、油鹽水或煮湯食用。

地理分布 |

西太平洋，包括中國的東海、南海以至菲律賓北部。聯合國糧農組織漁區：61、71。

二長棘犁齒鯛

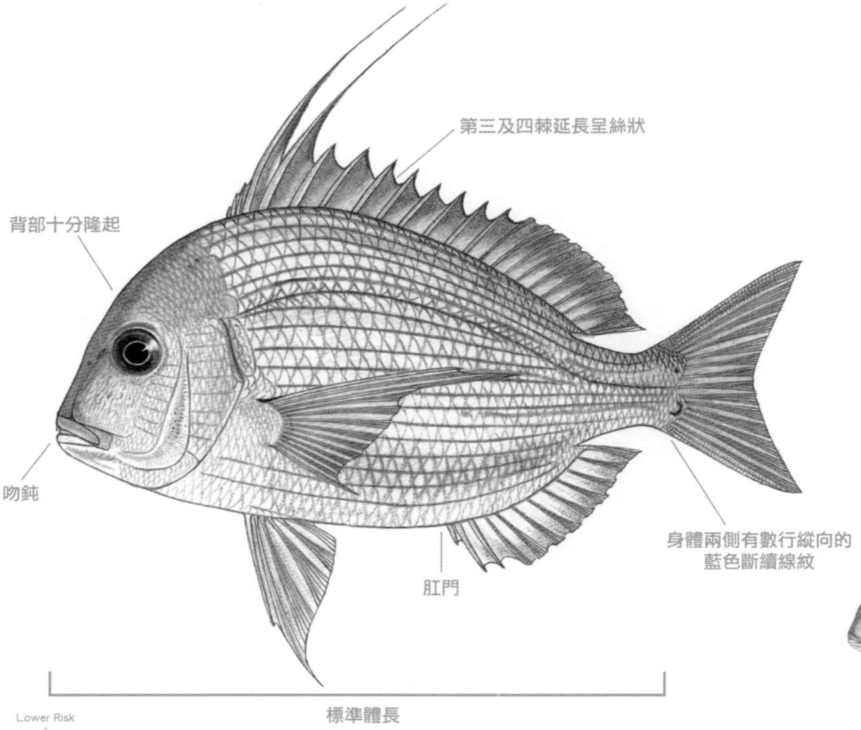

Extinct　Threatened　Lower Risk

EX　EW　CR　**EN**　VU　cd　nt　lc

《IUCN紅色名錄》物種瀕危等級
瀕危 Endangered (EN)

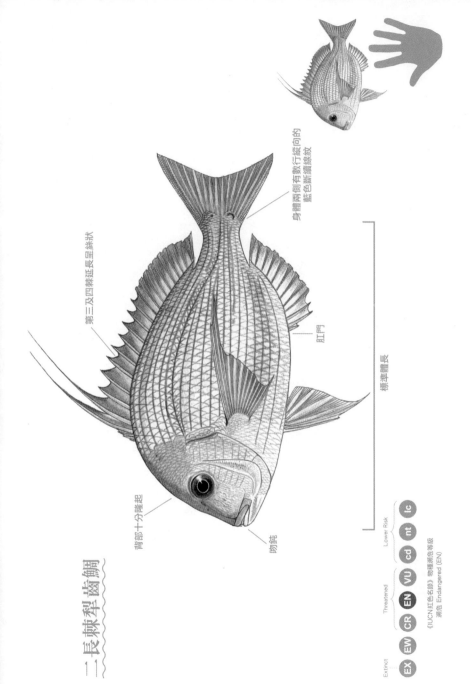

31² 黃背牙鯛

Dentex hypselosomus Bleeker, 1854

英文俗名 | Yellowback seabream

中文俗名 | 波鱲（香港；源自：頭背波狀）、黃背牙鯛（臺灣）

體長／重量 | 長達 30.8 厘米

行為／食性 | 晝行；肉食。

生殖／壽命 | 卵生

形態特徵 |

體形中小，身體呈卵圓形且甚為側扁，背部十分隆起。頭中等大，吻鈍。口小，前位；上、下頜口內具有臼齒。身體被有中櫛鱗。背鰭單一，無明顯缺刻，硬棘皆不延長呈絲狀；臀鰭小；尾鰭淺叉形。體背側呈鮮紅色而帶金黃色光澤，越近腹部逐漸變淡或呈銀白色；背鰭基部下方具 3 個黃色斑塊；鼻前與吻部之間具黃色污斑。各鰭橘黃色至淡紅色。

生活習性 |

底棲魚類，群居棲息在近海 50~200 米的沙泥區海域，常見於大陸棚斜坡，屬鯛科中會棲息於較深水層的物種。晝行，肉食，主要以底棲動物如甲殼類、軟體動物及小魚等為食。

經濟文化 |

流刺網或延繩釣捕獲，為香港經濟魚類。市售個體主要來自南中國海，香港漁民一般在 70~100 米水深捕獲波鱲。在香港漁業全盛的 1980 年代，不少遠海作業漁船外銷漁獲至中國臺灣和日本，黃背牙鯛是當時其中一種暢銷魚種。因體形圓潤而有「波鱲」之名（粵語稱「球」為「波」）。肉質味鮮而有嚼勁，可用凍魚方式烹調，偶見於本地打冷（潮州菜）食店。

地理分布 |

西太平洋，包括日本、韓國、中國東海和南海。聯合國糧農組織漁區：61。

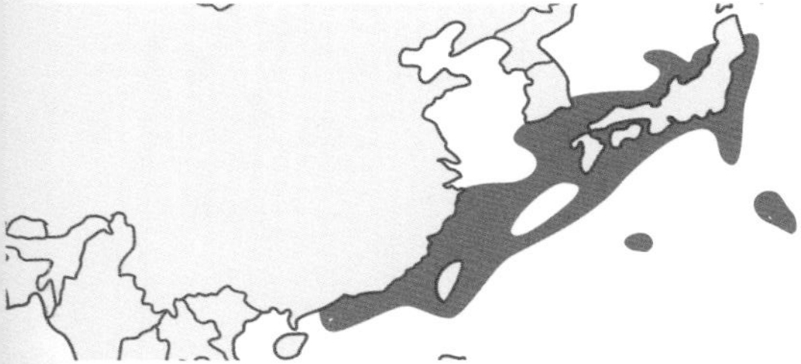

黃背牙鯛

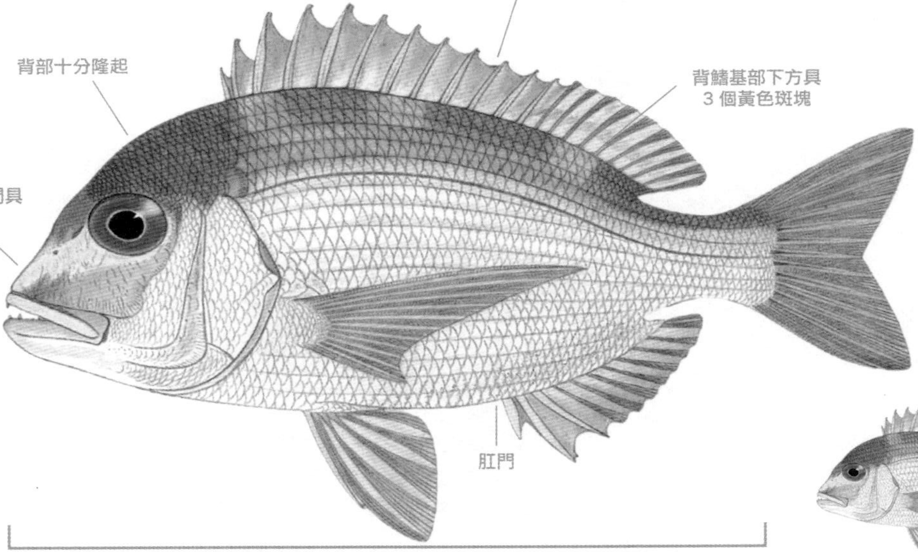

Extinct　Threatened　Lower Risk

EX EW CR EN VU cd nt **lc**

《IUCN紅色名錄》物種瀕危等級
無危 Least Concern (LC)

31[3] 黃鰭棘鯛

Acanthopagrus latus (Houttuyn, 1782)

英文俗名 | Yellowfin seabream

中文俗名 | 黃腳鱲（香港；源自：腹鰭、臀鰭黃色）、赤翅（臺灣）

體長／重量 | 長達 35.2 厘米；重達 1.5 公斤。

行為／食性 | 周日行；肉食。

生殖／壽命 | 卵生。繁殖期在 11 月左右，產卵量為 100 萬粒。雄魚繁殖年齡為 1~2 年，雌魚為 3~4 年或以上。

形態特徵 |

體形中小，身體呈橢圓形而側扁，背緣隆起。頭中等大，吻尖。口前位，上、下頜口內具有臼齒。身體被有中大櫛鱗，側線上鱗列為 3.5 行。背鰭單一，無明顯缺刻，棘強而尖；臀鰭小；尾鰭淺叉形。身體整體呈灰白色；鰓蓋具黑緣；側線起點及腋部各具一個黑點紋；腹鰭、臀鰭及尾鰭下葉呈鮮黃色。

生活習性 |

底棲魚類，群居棲息在近海 3~50 米的沙泥區海域，喜歡棲息於鹹淡水交界，常見於河口，同時可進入淡水。雌雄同體，具轉性特點，幼魚時期為雄性，2 歲後始變雌性。周日行，大多晝行，肉食，主要以多毛類、軟體動物、甲殼類、棘皮動物及其他小魚為食。

經濟文化 |

一支釣或延繩釣捕獲，為香港經濟魚類。是海峽兩岸暨香港重要養殖魚類，香港市面所見大多為養殖魚；野生個體則主要來自香港水域。同時是香港閒釣的主要目標魚種。肉質軟綿，味鮮美，適合清蒸或原條煮湯。

地理分布 |

印度—西太平洋，西起波斯灣，東至菲律賓，北至日本，南至澳洲。聯合國糧農組織漁區：61。

黃鰭棘鯛

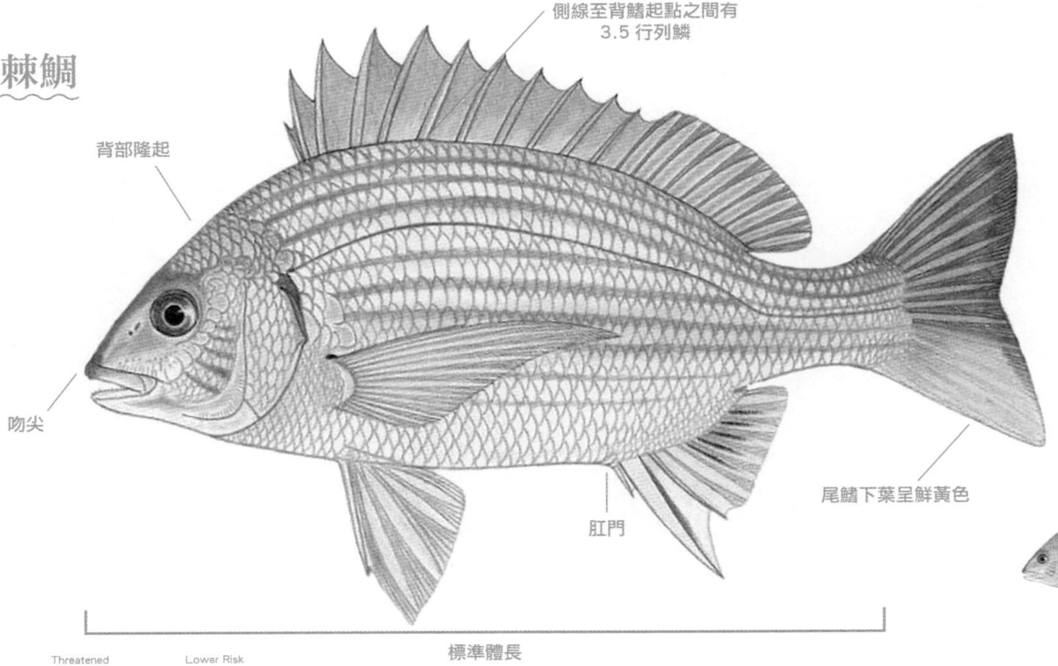

Extinct　Threatened　Lower Risk

EX EW CR EN VU cd nt lc DD

《IUCN紅色名錄》物種瀕危等級
數據缺乏 Data Deficient (DD)

31 4 平鯛

Rhabdosargus sarba (Forsskål, 1775)

英文俗名｜Golden lined seabream, Goldlined seabream

中文俗名｜金絲鱲（香港）、坊頭（臺灣）

體長／重量｜長達 35 厘米，平均約 20 厘米；重達 453 克。

行為／食性｜晝行；肉食。

生殖／壽命｜卵生。繁殖期為春末，產卵量為 10~20 萬粒。雄魚繁殖年齡為 3 年，雌魚 2~3 年。

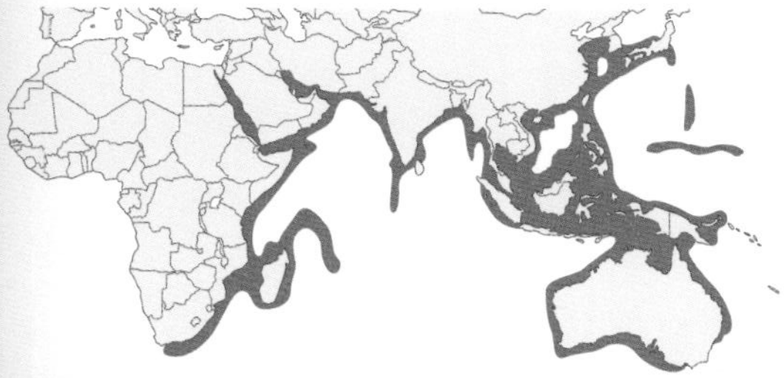

形態特徵｜

體形中大，身體呈橢圓形而側扁，背緣隆起。頭中等大，吻尖。口前位，上、下頜口內具有臼齒。身體被有中大櫛鱗，側線上鱗列為 6.5~7.5 行。背鰭單一，無明顯缺刻，棘強而尖；臀鰭小；尾鰭淺叉形。身體呈銀灰色，腹部顏色較淺，身體兩側各具有數條淡金色縱帶。腹鰭和臀鰭淡黃色；尾鰭深灰色，下緣呈黃色。

生活習性｜

底棲魚類，群居棲息在近海 1~60 米的沙質或泥沙質海域，幼魚棲息於河口，隨成長向深水處移動。晝行，肉食，主要以軟體動物或無脊椎動物為食。

經濟文化｜

一支釣或延繩釣捕獲，為香港經濟魚類。市售個體主要來自本地和鄰近水域，體形不大，體重大多由數兩至 10 多兩不等，在臺灣則是主要養殖魚類。在香港屬中下價魚。小魚適合清蒸或油鹽水煮食；大魚肉質粗糙，但味鮮美，宜煎封食用。

地理分布｜

印度—西太平洋，西至紅海、東非，南至澳洲，北至日本南部。聯合國糧農組織漁區：51、57、61、71。

平鯛

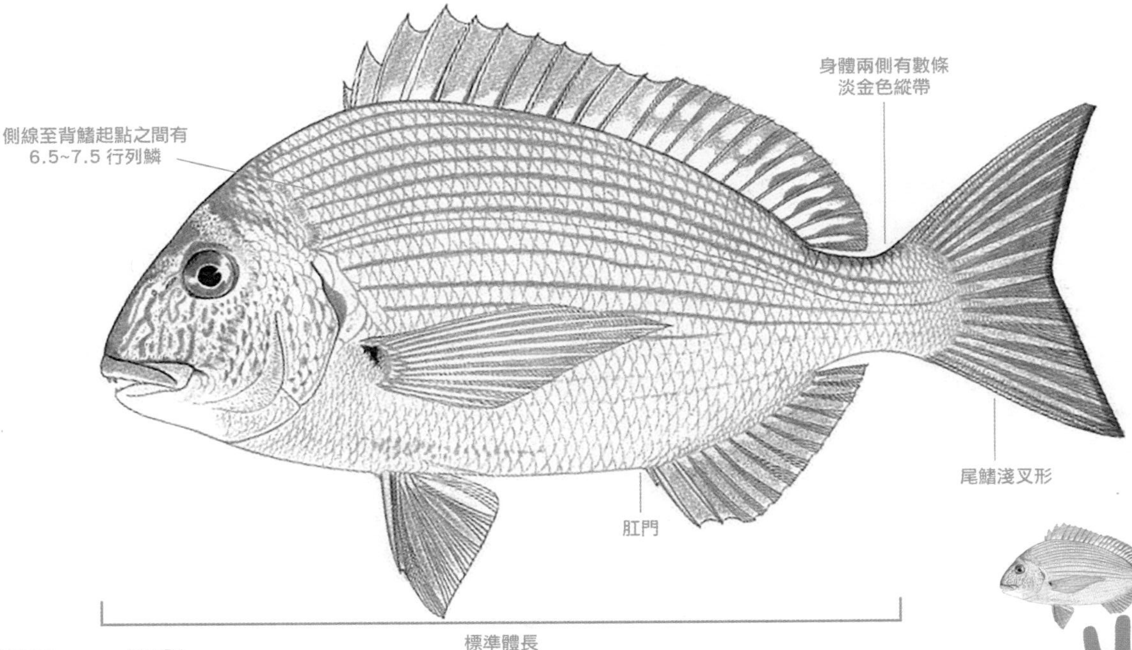

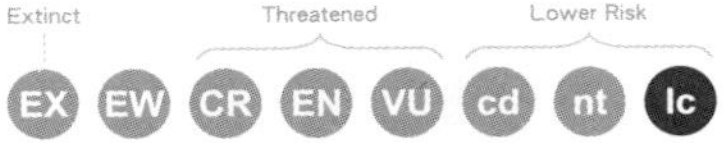

《IUCN紅色名錄》物種瀕危等級
無危 Least Concern (LC)

31 5 黑棘鯛

Acanthopagrus schlegelii (Bleeker, 1854)

英文俗名｜Blackhead seabream

中文俗名｜黑鱲（香港）、黑鯛（臺灣）

體長／重量｜長達50厘米；重達3.2公斤。

行為／食性｜晝行；肉食。

生殖／壽命｜卵生。繁殖期為 11~1 月，產卵量為 7~52 萬粒。雄魚繁殖年齡為 1~2 年；雌魚為 4~5 年。

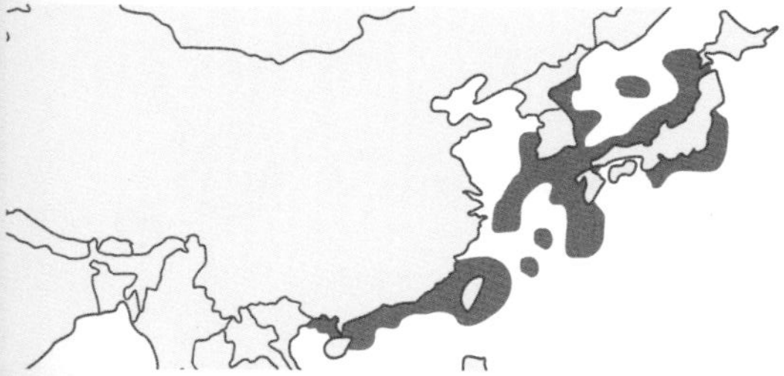

形態特徵｜

體形中大，身體呈橢圓形而側扁，背緣隆起。頭中等大，吻尖。口前位，上、下頜口內具有臼齒。身體被有中大櫛鱗，側線上鱗列為 5.5 行。背鰭單一，無明顯缺刻，棘強而尖；臀鰭小；尾鰭淺叉形。身體整體呈灰黑色，腹部淡灰色且有銀色光澤，身體兩側各具有數條不明顯的褐色橫帶，於活體時尤其明顯；側線起點及腋部各一黑點紋。除胸鰭略呈淡黃色外，其餘魚鰭均為灰褐色。

生活習性｜

底棲魚類，群居棲息在近海 3~50 米的礁區海域，常見於河口，偶然會進入淡水，在鯛科中對水質容忍度較強。晝行，肉食，主要以底棲甲殼類、軟體動物、棘皮動物及多毛類為食。雌雄同體，具轉性特點，在 3~4 歲前全為雄性，5 歲起轉變為雌性。

經濟文化｜

一支釣或延繩釣捕獲，為香港經濟魚類。市售個體主要來自本地或鄰近水域，在臺灣是重要養殖魚類，主要以箱網或魚塘大量養殖，同時是主要放流魚種之一（即把人工孵化魚苗投放海洋進行復育）。同時是香港閒釣的主要目標魚種。小魚宜清蒸或煮湯；大魚肉質較粗糙，但味鮮美，可切塊碎蒸食用。

地理分布｜

西北太平洋，包括日本北海道、朝鮮半島南部、中國臺灣北部、大陸東南部沿岸。聯合國糧農組織漁區：61。

黑棘鯛

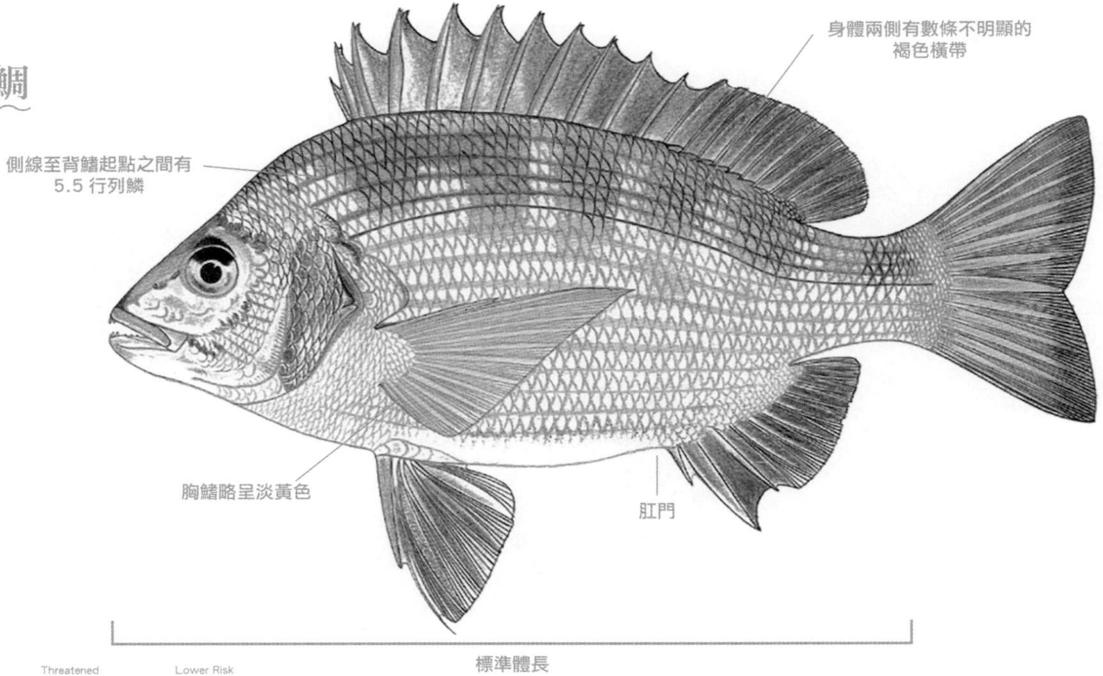

Extinct　Threatened　Lower Risk

EX　EW　CR　EN　VU　cd　nt　lc

《IUCN紅色名錄》物種瀕危等級
無危 Least Concern (LC)

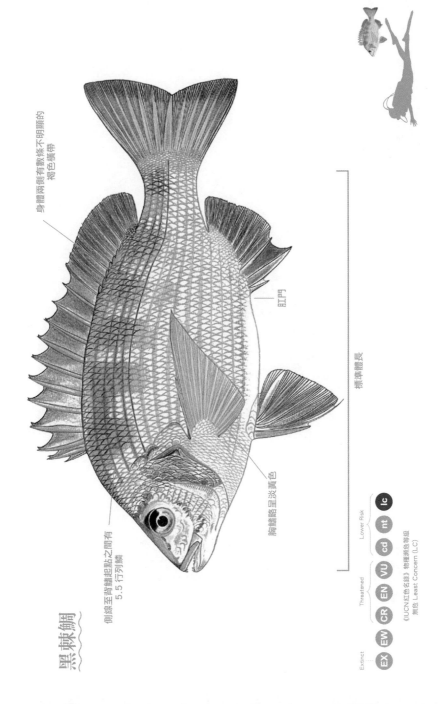

316 真鯛

Pagrus major (Temminck & Schlegel, 1843)

英文俗名 | Red seabream

中文俗名 | 沙鱲（香港；體形大者稱「赤鱲」）、嘉鱲（臺灣）

體長／重量 | 長達 1 米，平均約 30 厘米；重達 9.7 公斤。

行為／食性 | 晝行；肉食。

生殖／壽命 | 卵生。繁殖期為 12~2 月，產卵量為 30~40 萬粒，孵化需時 50 小時。雄魚繁殖年齡為 3 年或以上，雌魚為 3 年。

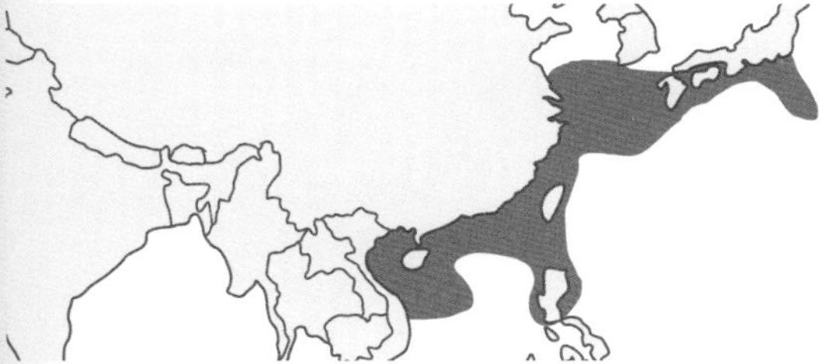

形態特徵 |

體形中大，身體呈橢圓形而側扁，背緣隆起。頭中等大，吻尖。口前位，上、下頜口內具有臼齒。身體被有中大櫛鱗，側線上鱗列為 6.5~7.5 行。背鰭單一，明顯缺刻，棘強而尖；臀鰭小；尾鰭叉形。體背呈淡棕色或淡紅色，腹部為白色，身體兩側背部均布有許多藍色小點紋，成魚點紋會逐漸消失或不明顯；尾鰭上葉末緣呈黑色，下尾鰭緣呈白色。

生活習性 |

底棲魚類，群居棲息在近海 10~200 米的沙泥區或礁區海域，幼魚常見於近岸淺水區，成魚則大多棲息於深水區。晝行，肉食，主要以底棲無脊椎動物如棘皮動物、軟體動物和小型甲殼類為食。

經濟文化 |

一支釣或延繩釣捕獲，為香港經濟魚類。市售個體主要為從內地入口的養殖魚，養殖個體一般體色暗啞，體形多在 1 公斤以下；野生個體則來自香港海域。肉質較粗糙，適宜鹽烤或煎封食用。在日本、韓國無論是野生或養殖個體，均是受歡迎貴價食用魚，多以刺身食用。

地理分布 |

西北太平洋，南至南中國海東北部、北至韓國和日本。聯合國糧農組織漁區：61。

真鯛

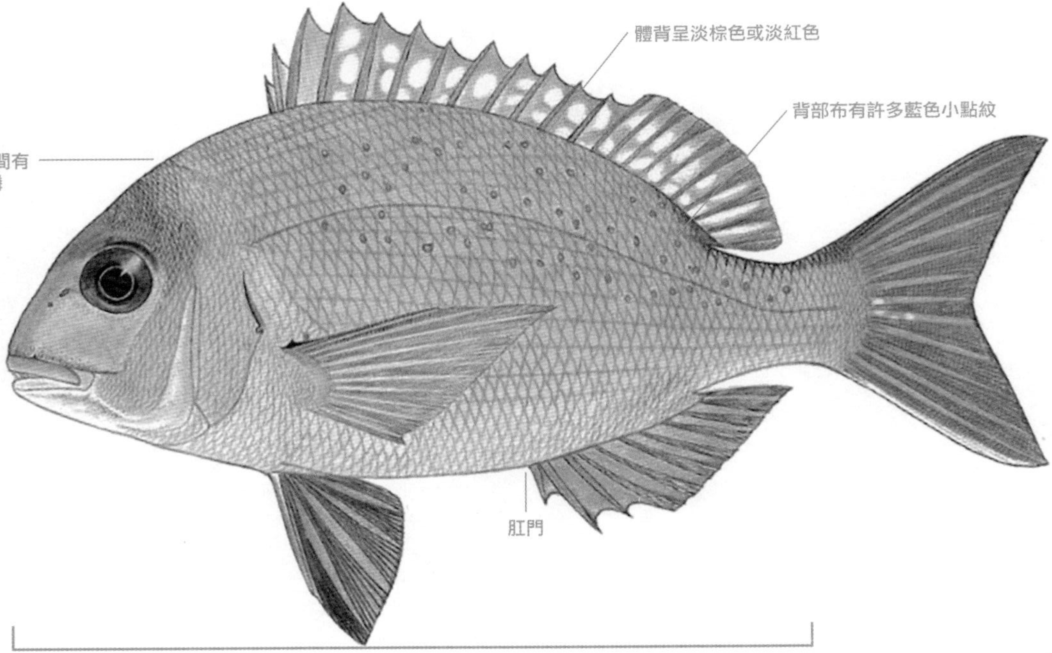
側線至背鰭起點之間有 6.5~7.5 行列鱗
標準體長

Extinct　Threatened　Lower Risk

EX EW CR EN VU cd nt lc

《IUCN紅色名錄》物種瀕危等級
無危 Least Concern (LC)

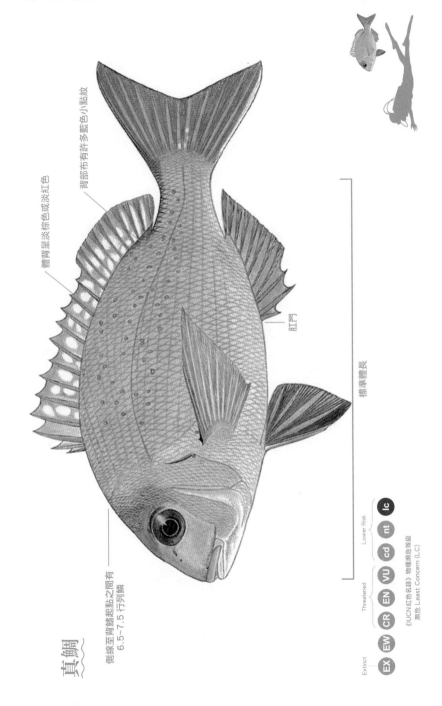

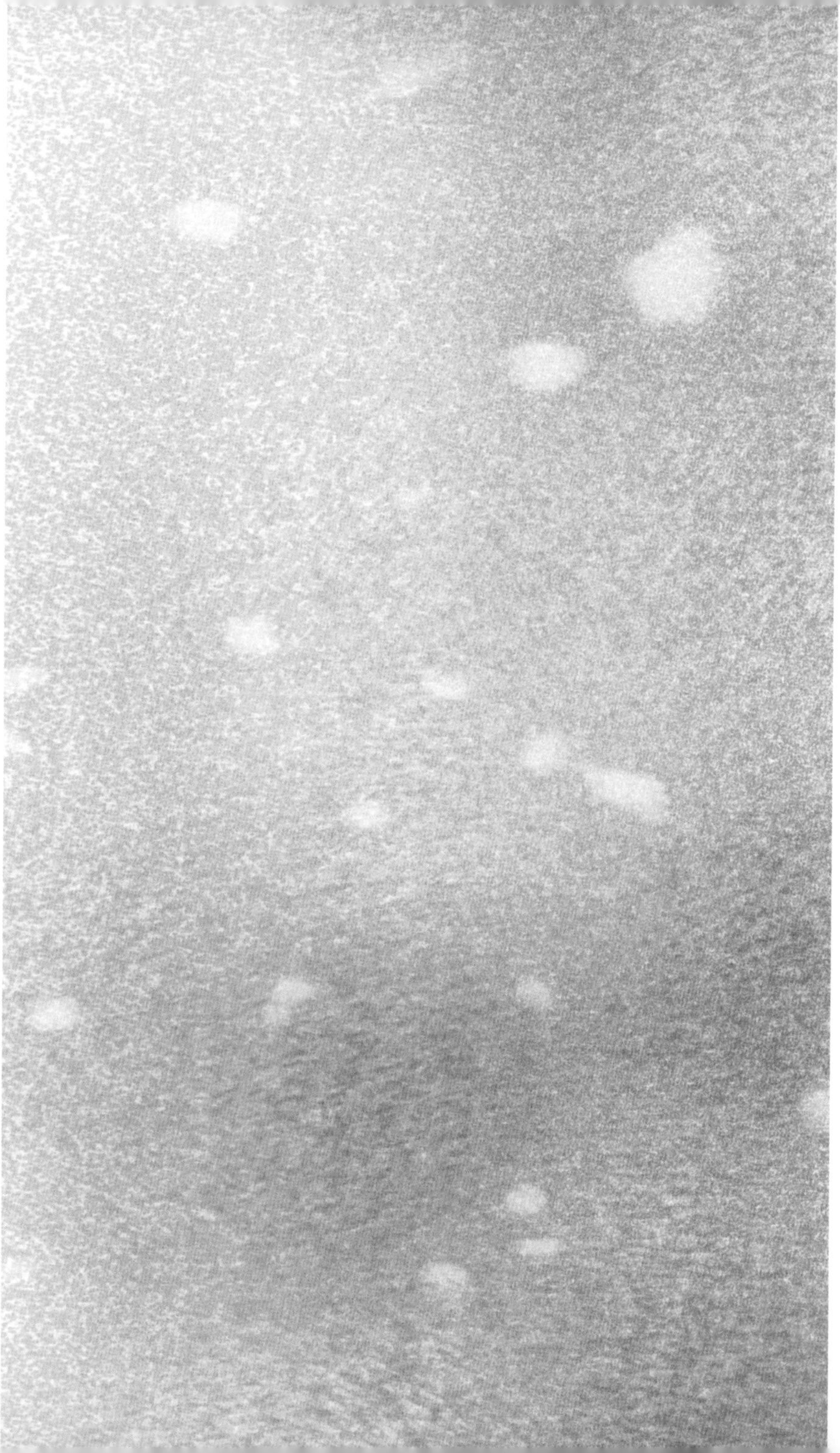

32 雞籠鯧科 *Drepaneidae*

刺尾鯛目 *Acanthuriformes*

雞籠鯧科現僅有 3 個物種，棲息在非洲西岸及印度—西太平洋熱帶沿岸海域或河口區。礁石區、沙泥底、礁沙混合區或河口等海域均有棲息。最大特點是身體極側扁且體高，口可向下自由伸縮。肉食性，多以底棲無脊椎動物為食。

| 斑點雞籠鯧

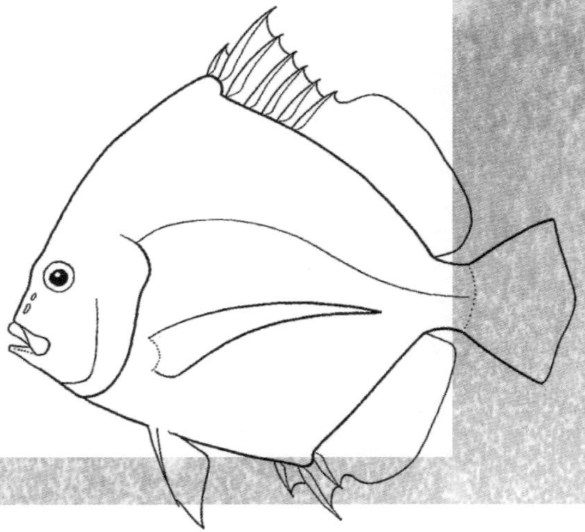

32-1 斑點雞籠鯧

Drepane punctata (Linnaeus, 1758)

英文俗名 | Spotted sicklefish

中文俗名 | 雞籠鯧（香港；源自：臺灣基隆古稱「雞籠」）、雞籠鯧（臺灣）

體長／重量 | 長達 50 厘米

行為／食性 | 晝行；肉食。

生殖／壽命 | 卵生。繁殖期為春季，近岸產卵。

形態特徵 |

體形中等，身體十分側扁且接近菱形，背部高凸。吻短；唇厚，嘴可向前下方伸出。前鰓蓋下緣具鋸齒。身體被有中等大圓鱗，背鰭 1 個，具明顯缺刻；胸鰭尖長呈鐮刀狀；尾鰭為雙截形。身體整體呈銀白色，上半身散布垂直的灰色斑點，每行有 4~11 點不等，共約 7~11 行。

生活習性 |

底棲魚類，獨居或結小群棲息在沿岸 10~49 米的沙泥區海域，對鹽度適應力較強，亦能見於河口。晝行，肉食性，主要以底棲無脊椎動物為食。

經濟文化 |

流刺網或拖網捕獲，為香港經濟魚類。市售個體主要來自本地和鄰近水域。肉質粗糙，在香港不算主流食用魚，一般以清蒸、煎封食用。身上有美麗花紋，也是水族館常客。

地理分布 |

印度—西太平洋的溫帶及熱帶海域，包括印度至澳洲北部、新畿內亞、印尼、菲律賓、日本和中國臺灣。聯合國糧農組織漁區：51、57、61、71、77。

斑點雞籠鯧

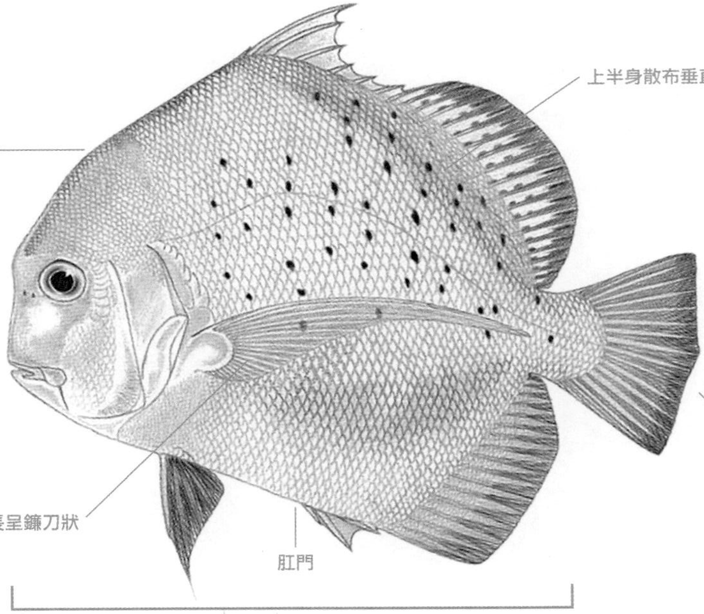

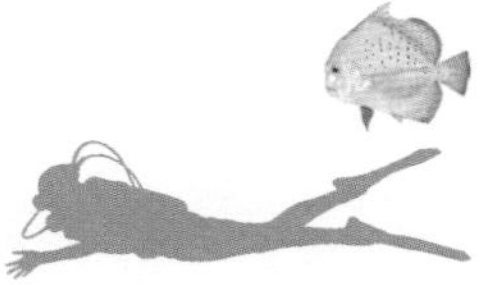

Extinct Threatened Lower Risk

EX EW CR EN VU cd nt lc

《IUCN紅色名錄》物種瀕危等級
未予評估 Not Evaluated

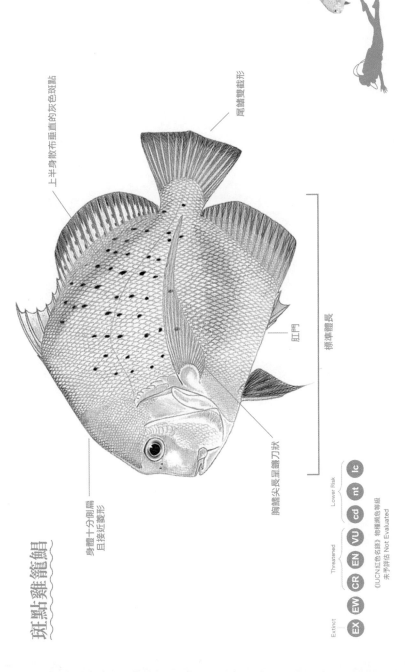

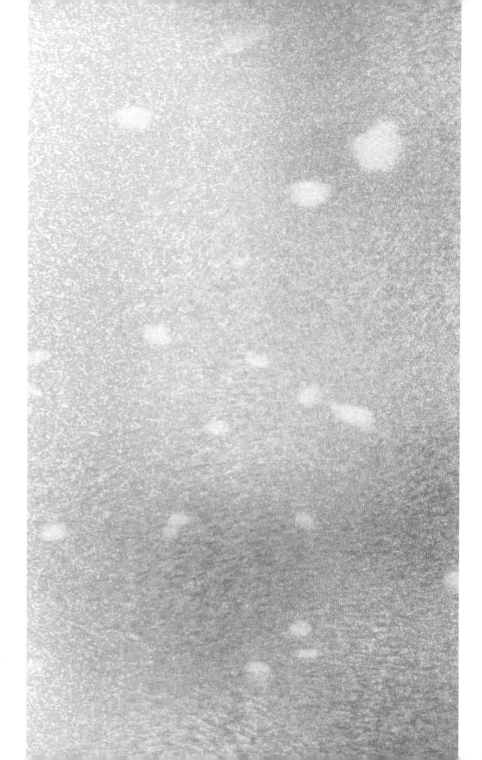

33 蝴蝶魚科 *Chaetodontidae*

刺尾鯛目 *Acanthuriformes*

蝴蝶魚科現有約 136 個物種，棲息於熱帶至溫帶海域，尤其集中於印度—西太平洋區的珊瑚礁。最大特點是身體極側扁且呈菱形或橢圓形，多數物種體色鮮艷且具斑紋，是具有名氣的海水觀賞魚類。肉食性，食性獨特，部分會進食珊瑚蟲。

| 麗蝴蝶魚

33-1 麗蝴蝶魚
Chaetodon wiebeli Kaup, 1863

英文俗名 | Hongkong butterflyfish, Wiebel's butterflyfish

中文俗名 | 荷包魚、蝴蝶魚（香港、臺灣）

體長／重量 | 長達 19 厘米

行為／食性 | 晝行；素食。

生殖／壽命 | 卵生，以對魚（一雌一雄）方式繁殖。

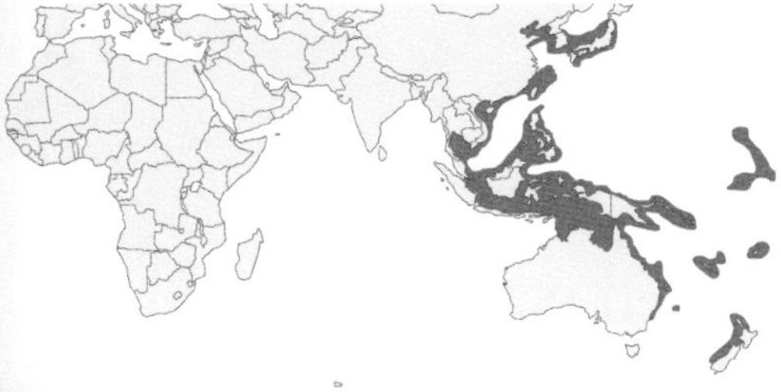

形態特徵 |

體形小，身體十分側扁且呈卵圓形。頭部上方平直，吻部上緣明顯凹陷，吻短而尖。前鰓蓋緣具有細鋸齒。身體被有大圓鱗。背鰭單一，無明顯缺刻。身體呈黃色，身體兩側各具16~18 條橙色斜縱紋；頸部上方具 1 個三角形的黑色斑塊；胸鰭基部具 4~5 個橙色斑點；頭部白色，上方具 1 條黑色眼帶延伸至鰓蓋下緣。各鰭黃色；背鰭後部具黑緣；臀鰭後緣具橙緣；尾鰭白色，中部具 1 條黑色寬帶。

生活習性 |

底棲魚類，獨居或結小群棲息在沿岸 4~20 米的礁區或珊瑚區海域，較偏好水質佳的清澈水域。晝行，素食，主要以藻類為食。

經濟文化 |

流刺網或籠具捕獲，為香港經濟魚類。市售個體主要來自本地和鄰近水域。因形狀如同昔日華人使用之錢包，而在香港有「荷包」之俗名（粵語稱錢包為「荷包」）。是常見海水觀賞魚，在香港同樣具食用價值。肉質嫩滑鮮甜，可清蒸品嚐。

地理分布 |

西太平洋，包括日本、琉球群島、中國臺灣、南中國海和泰國。聯合國糧農組織漁區：61、71、81。

麗蝴蝶魚

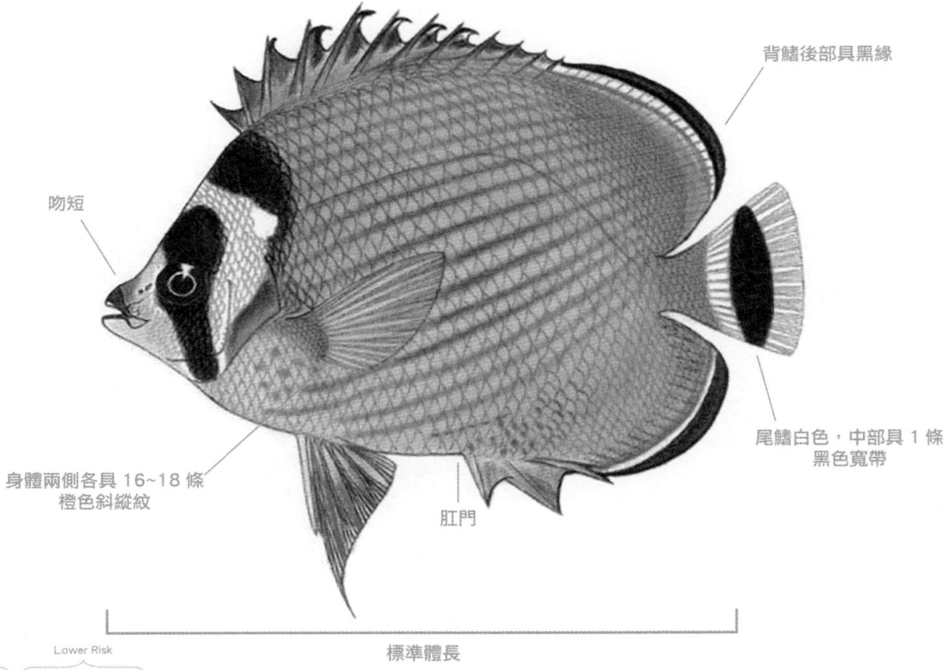

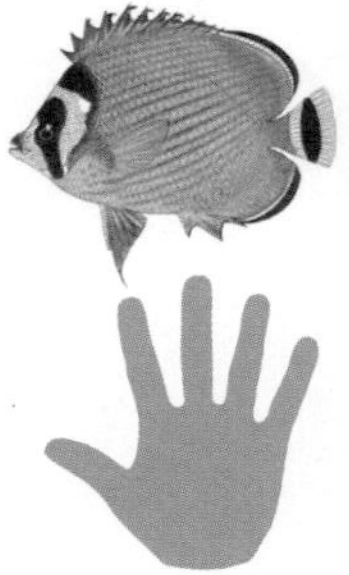

Extinct　Threatened　Lower Risk

EX　EW　CR　EN　VU　cd　nt　**lc**

《IUCN紅色名錄》物種瀕危等級
無危 Least Concern (LC)

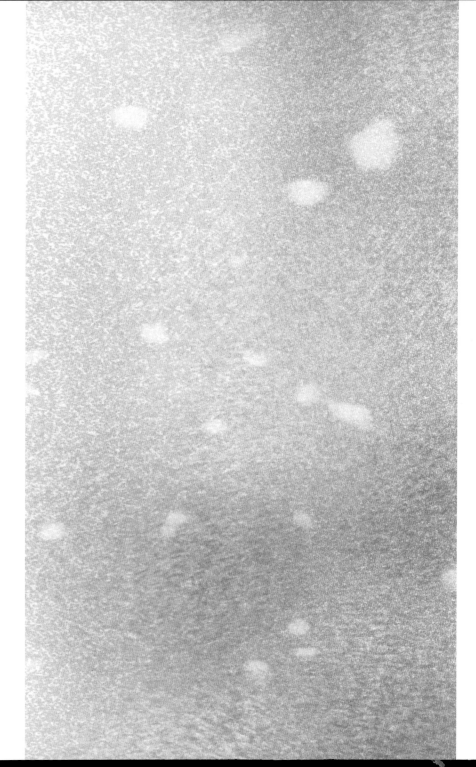

34 鯻科 *Terapontidae*

日鱸目 *Centrarchiformes*

鯻科現有約 59 個物種，分布於印度—西太平洋海域及澳洲、新畿內亞、印尼及菲律賓，廣鹽性魚類，對鹽度之適應廣，主要棲息在沿岸海域，可見於鹹淡水區或淡水。最大特點是鰓蓋有 2 根尖棘，下棘較長，大部分物種身上有黑色縱紋。魚鰾可以發聲。

| 細鱗鯻

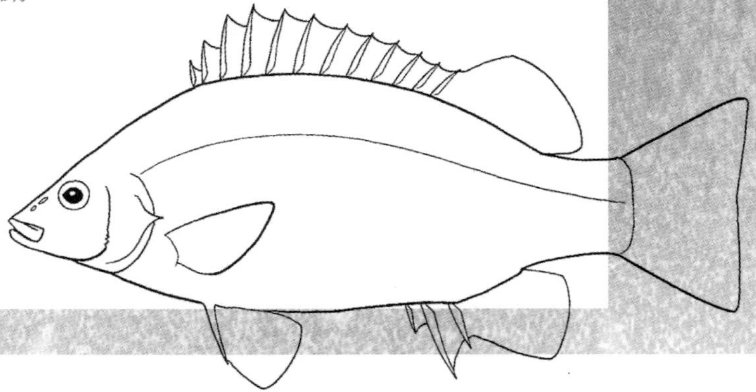

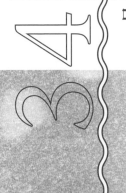

34-1 細鱗鯻

Terapon jarbua (Fabricius, 1775)

英文俗名 | Jarbua terapon

中文俗名 | 釘公(香港)、花身雞(臺灣)

體長／重量 | 長達 36 厘米，平均約 25 厘米。

行為／食性 | 晝行；雜食。

生殖／壽命 | 卵生。繁殖期為 4~10 月，雄魚繁殖年齡為 2 年，雌魚為 1 年。

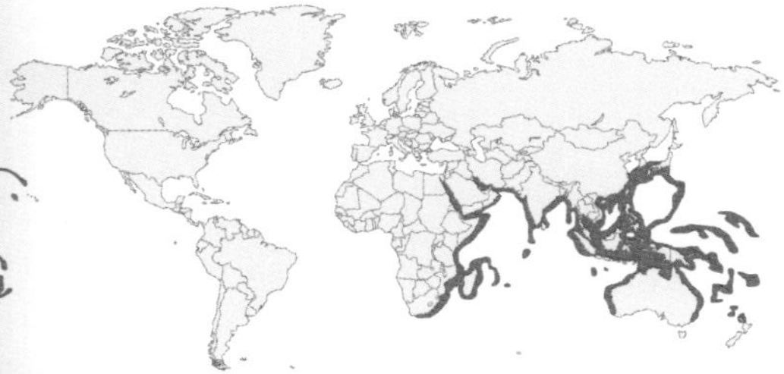

形態特徵 |

體形小，呈長橢圓形且側扁。口中等大，前位，上、下頜約等長。吻略鈍。前鰓蓋骨後緣具鋸齒；鰓蓋骨上具有 2 根鋒利硬棘，下棘較長，上棘細弱而不明顯。身體被有小櫛鱗，不易脫落。背鰭 1 個，具明顯缺刻。各鰭棘強且鋒利。身體背部為銀灰色，腹部白色，身體兩側各具 3~4 條深褐色橫紋；背鰭棘部有 1 塊大黑斑，尾鰭有黑色斜紋。

生活習性 |

底棲魚類，群居棲息在沿岸 1~25 米的沙泥區或礁區海域，常見於潟湖，廣鹽性魚類。河口和淡水也可見其蹤跡，幼魚多在潮間帶出沒。晝行，雜食，主要以小魚、昆蟲、藻類和無脊椎動物為食。離水後能發出「咕咕聲」。雌雄同體魚類，先雌後雄。

經濟文化 |

一支釣捕獲，為香港經濟魚類。市售個體主要來自香港海域。在香港屬中下價魚，肉質較粗糙，但味鮮甜，可用作煮湯、清蒸或蒜頭豆豉蒸。鱗片細小，鰓蓋及魚鰭有尖銳硬棘，須小心處理。

地理分佈 |

印度—太平洋，西起紅海、東非，北至日本南部，南達澳洲北部。聯合國糧農組織漁區：51、57、61、71、77。

細鱗鯻

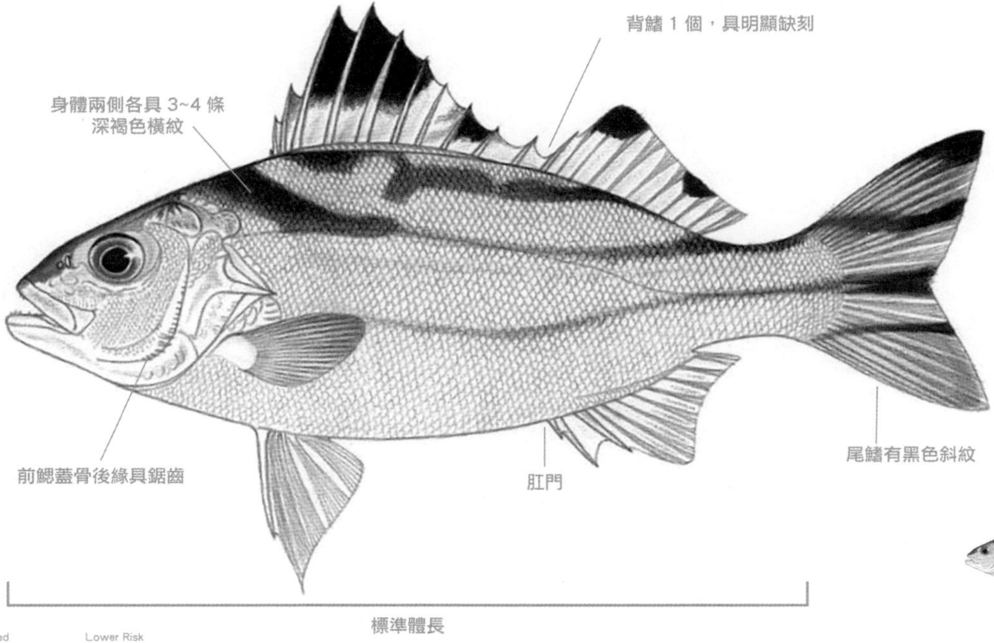

Extinct Threatened Lower Risk

EX EW CR EN VU cd nt lc

《IUCN紅色名錄》物種瀕危等級
無危 Least Concern (LC)

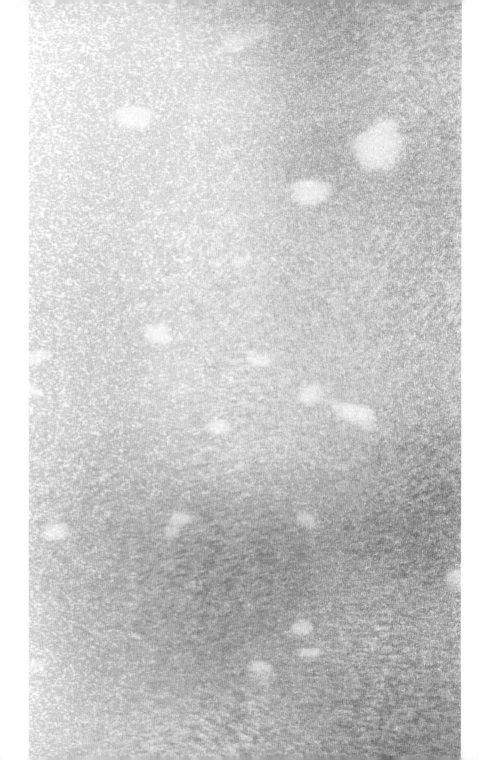

35 隆頭魚科 *Labridae*

真鱸形系 *Eupercaria*

隆頭魚科現有約 562 個物種，是海洋魚類中的大家族，廣泛分布於世界三大洋熱帶及亞熱帶海域。主要棲息於沿岸的淺水的沙底區、礁區或珊瑚礁區海域，部分棲息深度可達 200 米或以下。具有鑽沙習性，尤其遇到危險會躲入沙中。晝行，夜間會鑽入沙中睡眠。多數種類色彩鮮艷。最明顯的特徵是牙齒通常外凸，且多數物種的顏色和性別會隨成長而變化。

| 黑鰭厚唇魚

| 新月錦魚

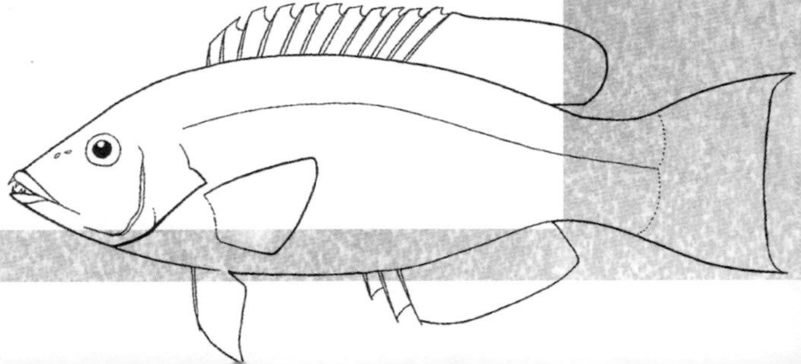

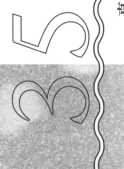

35-1 黑鰭厚唇魚

Hemigymnus melapterus (Bloch, 1791)

英文俗名｜Blackeye thicklip

中文俗名｜假蘇眉、厚唇青衣（香港）、黑白龍（臺灣）

體長／重量｜長達 39.6 厘米；重達 1.3 公斤。

行為／食性｜晝行；肉食。

生殖／壽命｜卵生

形態特徵｜

體形中等，身體呈長橢圓形，略側扁。頭中等大。眼小。吻長且凸出；唇厚，會隨成長變厚；具錐狀牙齒。前鰓蓋骨緣平滑。背鰭單一，無明顯缺刻。身體被有大圓鱗。身體前半部為米白色，自背鰭起點至臀鰭起點後半部為黑色；頭淺黃色，眼睛後方具有一個黑斑，幼魚眼睛布有藍環，成魚則具放射狀藍帶。

生活習性｜

底棲魚類，獨居棲息在近海 1~30 米的珊瑚礁區或礁區海域，常見於近岸淺水區或潟湖，幼魚多見於枝椏珊瑚周圍，成魚則大多棲息於深水區。晝行，定棲魚類；肉食，以小蝦、軟體動物、海星、蠕蟲為食，成魚尤其偏好甲殼類動物。

經濟文化｜

一支釣或延繩釣捕獲，為香港經濟魚類。市售個體主要為從東南亞入口，但市面上不甚常見。體色鮮艷，偶見於水族市場，可作觀賞魚飼養。肉質細嫩，魚味較淡，適合清蒸、紅燒食用。

地理分布｜

印度—太平洋，西至紅海、東非，東至密克羅尼西亞一帶，北至琉球、中國臺灣。聯合國糧農組織漁區：51、57、61、71、77。

黑鰭厚唇魚

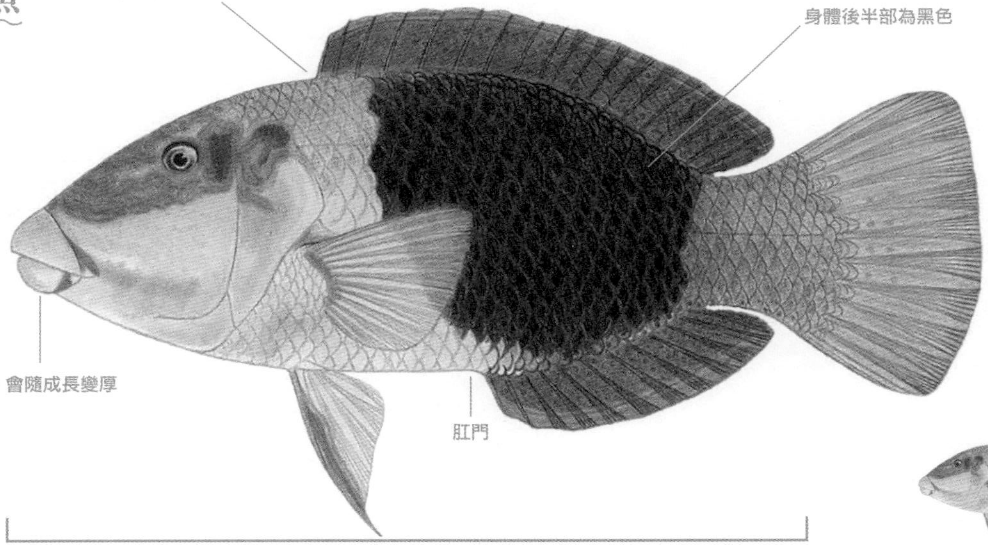

Extinct　Threatened　Lower Risk

EX　EW　CR　EN　VU　cd　nt　**lc**

《IUCN紅色名錄》物種瀕危等級
無危 Least Concern (LC)

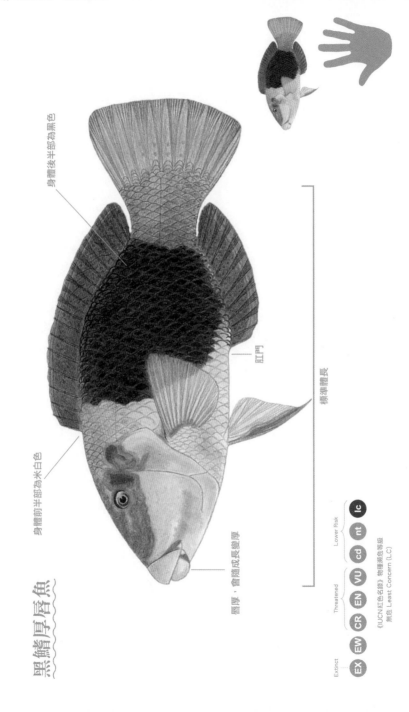

35² 新月錦魚

Thalassoma lunare (Linnaeus, 1758)

英文俗名 | Moon wrasse

中文俗名 | 龍船魚（香港）、礫仔（臺灣）

體長／重量 | 長達 45 厘米

行為／食性 | 晝行；肉食。

生殖／壽命 | 卵生

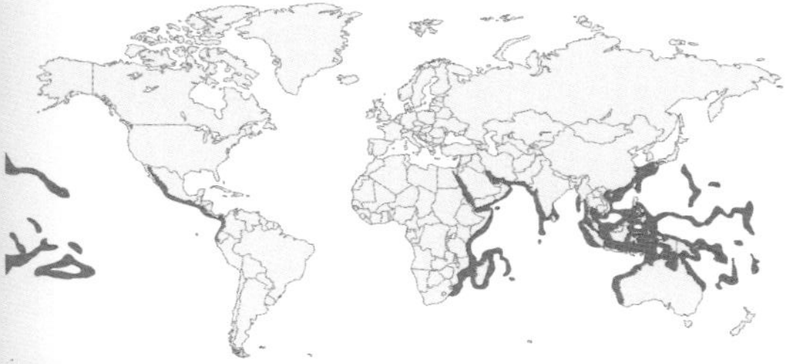

形態特徵 |

體形中小，身體延長且側扁。吻略尖，上下頜嘴內前方各具 2 隻大犬齒。體被大圓鱗，不易脫落，臉頰無鱗。腹鰭尖形；尾鰭截形，上下葉末端延長。身體整體呈藍綠色，每塊鱗片上皆有一垂直紅紋；頭部呈暗紅色；胸鰭紅色，外圍具一藍環紋；背鰭與臀鰭藍綠色，鰭緣為藍、黃色。

生活習性 |

底棲魚類，獨居或一夫多妻成小群棲息在沿岸 1~20 米的珊瑚礁區或礁區海域，常見於近岸淺水區或瀉湖，喜歡風浪較小的區域。晝行，肉食性，主要以小型甲殼類、底棲無脊椎動物和魚卵為食。群居時具優勢的雌魚會轉性為最終形態雄魚，以利守護領域內雌魚。

經濟文化 |

一支釣或流刺網捕獲，為香港經濟魚類。市售個體主要來自香港和鄰近水域。在水族市場常見，具觀賞價值。肉質較鬆散，適宜清蒸。

地理分布 |

印度—太平洋，西至紅海、東非，東至基里巴斯的萊恩群島，北至日本、中國臺灣海域，南至澳洲及新西蘭北部等。聯合國糧農組織漁區：51、57、61、71、77、81。

新月錦魚

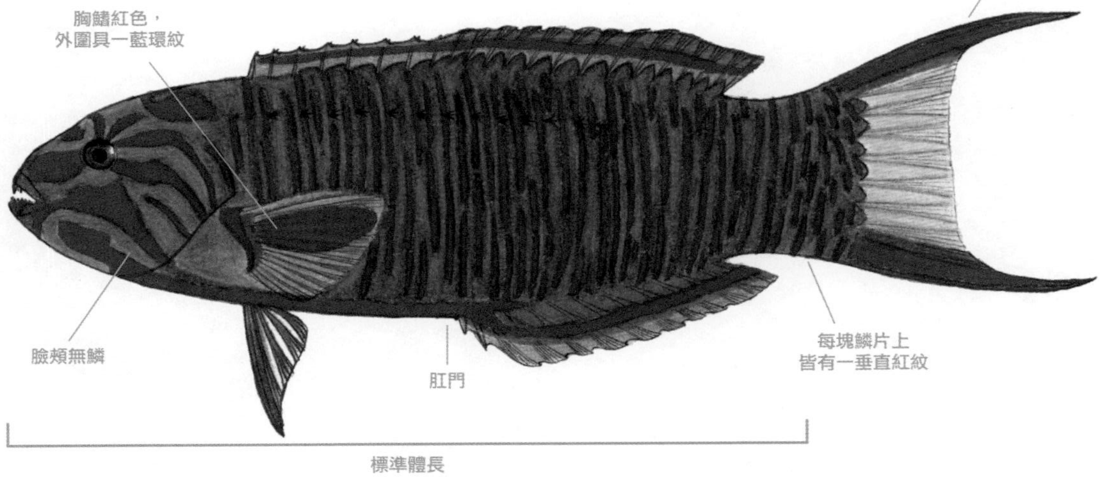

Extinct　Threatened　Lower Risk

EX　EW　CR　EN　VU　cd　nt　**lc**

《IUCN紅色名錄》物種瀕危等級
無危 Least Concern (LC)

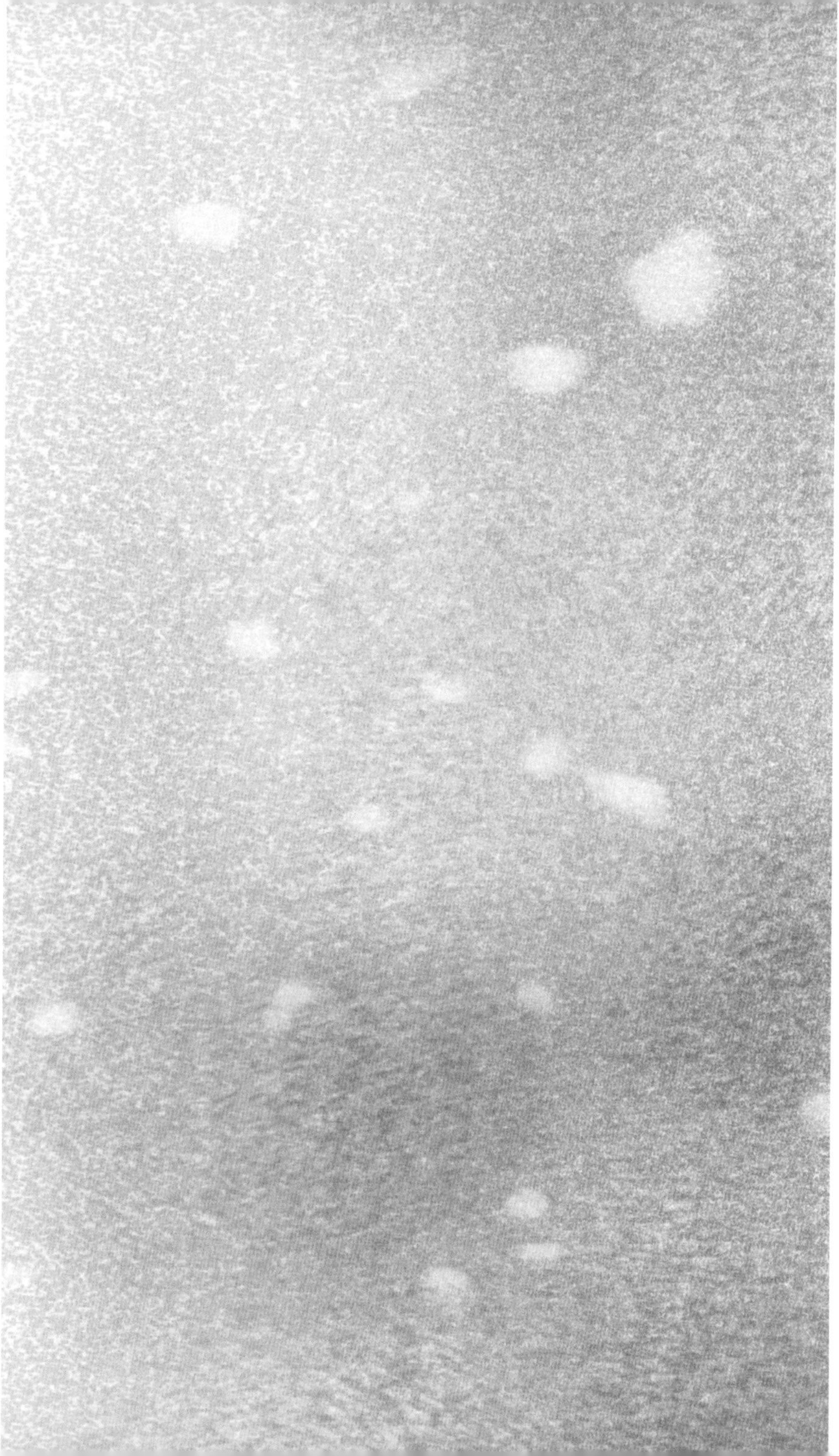

36 鯧科 *Stromateidae*

鯖形目 *Scombriformes*

鯧科現有 17 個物種，分布於北美洲和南美洲沿海、大西洋非洲沿海和印度—西太平洋等海域，屬近海暖溫水域魚類。主要棲息於沿岸的中底層，偶然會進入河口。具垂直洄游習性，早晨及黃昏時會洄游至中上層。幼魚常伴隨海洋漂浮物體漂浮。鯧科物種體高而側扁，是亞洲（包括中國、日本、韓國和印度）具重要經濟價值的食用海魚。

| 銀鯧
| 中國鯧

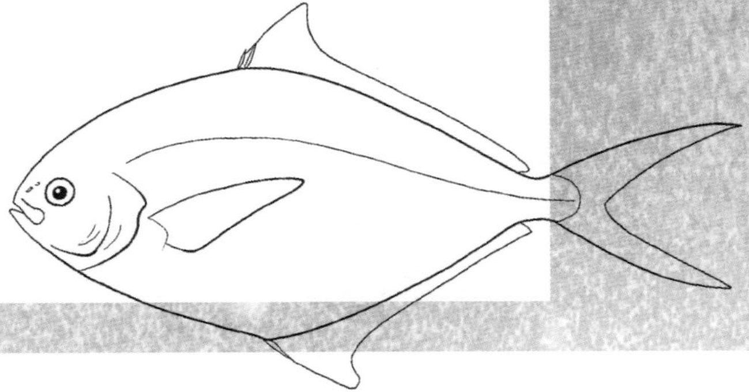

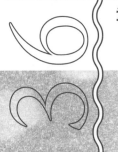

36-1 銀鯧

Pampus argenteus (Euphrasen, 1788)

英文俗名 | Silver pomfret

中文俗名 | 白鯧（香港）、白鯧（臺灣）

體長／重量 | 長達 60 厘米，平均約 30 厘米。

行為／食性 | 晝行；肉食。

生殖／壽命 | 卵生。繁殖期為冬天至夏天（10~4 月）。壽命可達 7 年。

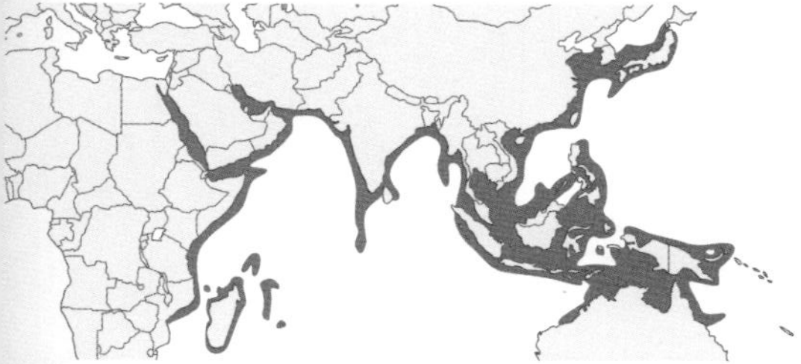

形態特徵 |

體形中等，身體接近橢圓形且十分側扁，背部、腹緣弧形隆起。頭小，吻短鈍。口小，具細齒。主鰓蓋骨具柔軟的扁棘；鰓耙細而尖。體被極細小圓鱗，極容易脫落。背鰭及臀鰭最前方的軟條十分延長，伸出形成鐮刀狀；無腹鰭；尾鰭深分叉，下葉較大，並且明顯長於上葉。體背呈灰色，腹部呈銀白色。

生活習性 |

中底層魚類，獨居或結小群棲息在沿岸 5~110 米的沙泥底區海域。晝行，洄游魚類。常與金線魚科、鯧科同游。肉食性，主要以水母或浮游生物為食。繁殖時集結在沿岸中層海域。

經濟文化 |

拖網或流刺網捕獲，為香港經濟魚類。市售個體主要來自本地和鄰近水域，昔日尤其盛產於屯門，有不少專捕銀鯧的近岸拖網漁船。在香港屬中上價魚，肉質軟綿，味美鮮甜。因有脂肪多以及入口即化的特點，尤適合老人和小孩食用。一般以清蒸、蒜頭豆豉蒸或煎煮處理。

地理分布 |

印度—西太平洋，西至波斯灣，東至印尼，北至日本北海道。聯合國糧農組織漁區：51、57、61、71。

銀鯧

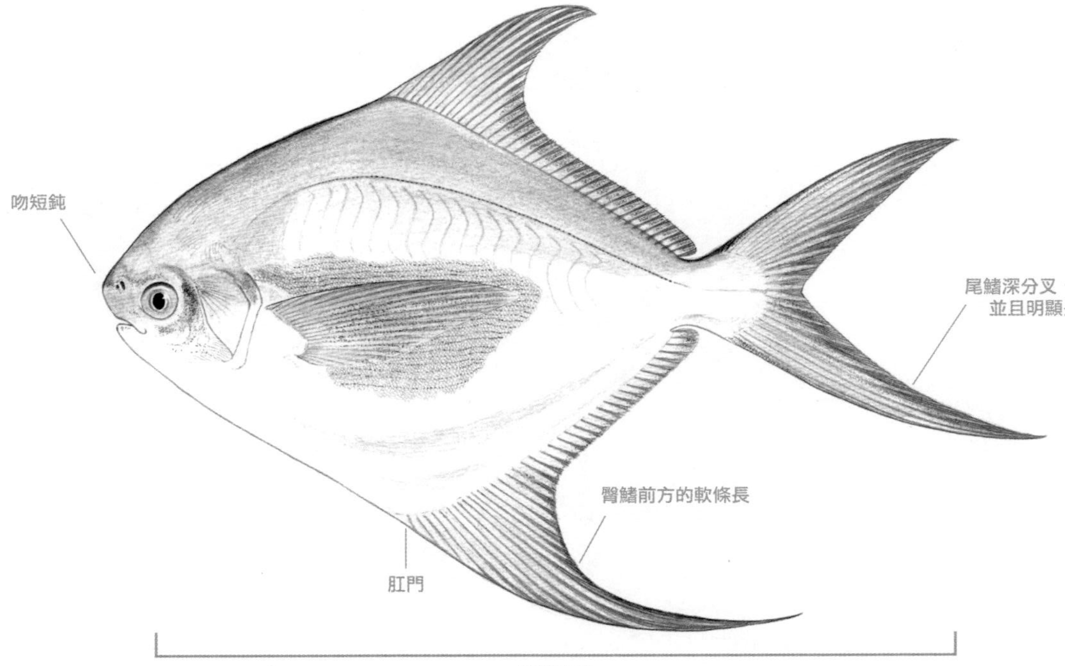

Extinct　Threatened　Lower Risk

EX　EW　CR　EN　VU　cd　nt　lc

《IUCN紅色名錄》物種瀕危等級
未予評估 Not Evaluated

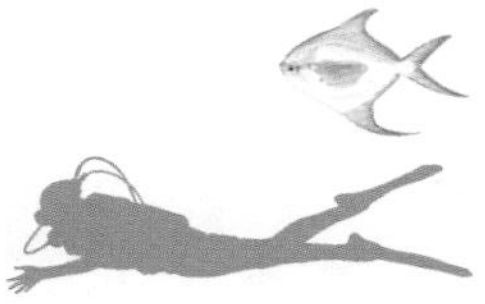

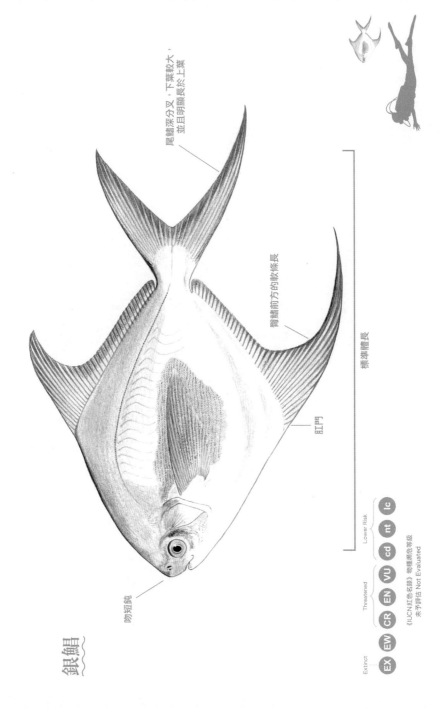

36-2 中國鯧
Pampus chinensis (Euphrasen, 1788)

英文俗名｜Chinese silver pomfret

中文俗名｜鷹鯧（香港）、斗鯧（臺灣）

體長／重量｜長達 40 厘米，平均約 20 厘米。

行為／食性｜晝行；肉食。

生殖／壽命｜卵生。繁殖期為 7~9 月。

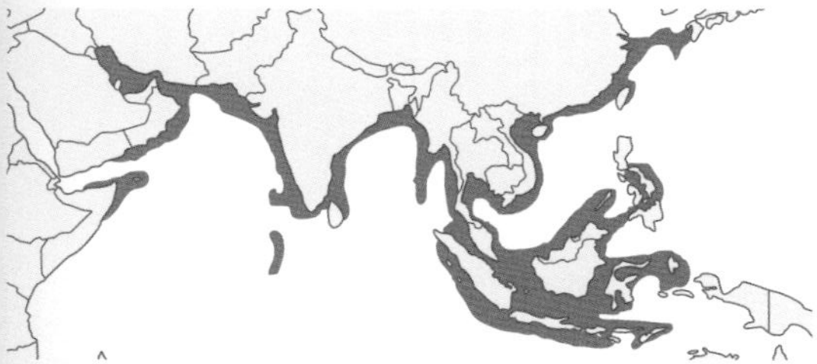

形態特徵｜
體形中等，身體接近橢圓形且十分側扁，背部、腹緣弧形隆起。頭小，吻短鈍。口小，具細齒。主鰓蓋骨具柔軟的扁棘，鰓耙細而尖。體被極細小圓鱗，極容易脫落；無腹鰭；尾鰭深分叉，上、下葉約等長。體背部呈淡青色，腹部呈銀白色，各鰭呈灰褐色。

生活習性｜
中底層魚類，獨居或結小群棲息在沿岸 10~100 米的沙泥底區海域，偶然進入河口。晝行，洄游魚類。肉食，主要以水母、浮游動物、底棲小動物等為食。

經濟文化｜
拖網或流刺網捕獲，為香港經濟魚類。市售個體主要來自本港和鄰近海域，尤其盛產於屯門和大澳。在香港為上價魚，肉質爽口細嫩，一般以煎封、清蒸、蒜頭豆豉蒸處理。新鮮者表面仍被有灰黑色小鱗。吃魚俗語謂「鯧魚頭、馬鮫尾」，指中國鯧魚頭尤其味美。

地理分布｜
印度—西太平洋，西起波斯灣，東至印尼東部，北至日本。聯合國糧農組織漁區：51、57、61、71。

中國鯧

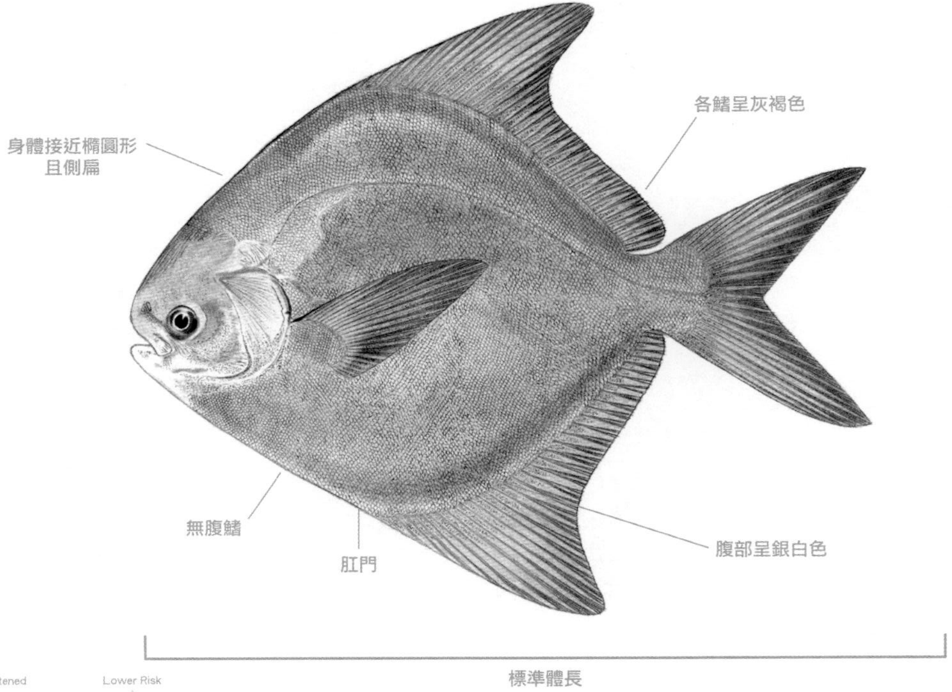

Extinct　Threatened　Lower Risk

EX EW CR EN VU cd nt lc

《IUCN紅色名錄》物種瀕危等級
未予評估 Not Evaluated

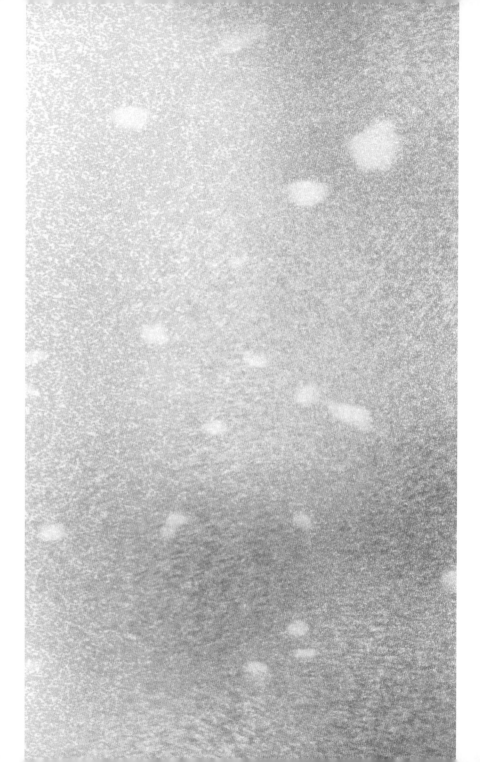

37 鯖科 *Scombridae*

鯖形目 *Scombriformes*

鯖科現有約 54 個物種，廣泛分布於世界三大洋熱帶及亞熱帶海域。主要棲息於大洋之表層。最明顯的特徵是背鰭及臀鰭後有小離鰭。屬於世界性的經濟食用和鬨釣魚類。泳速快，性凶猛。

| 康氏馬鮫

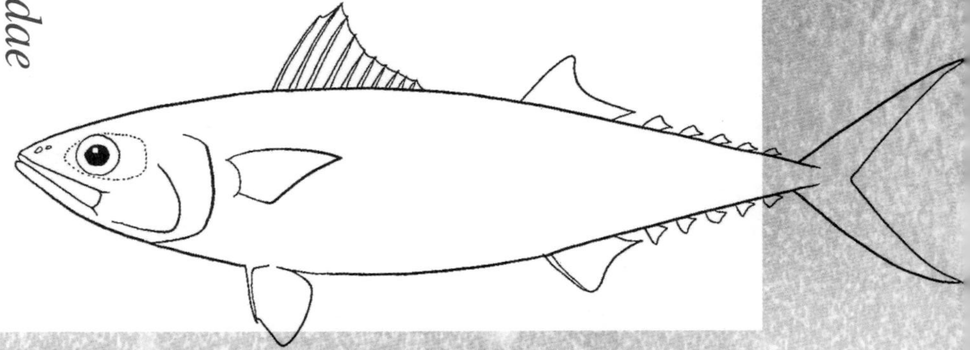

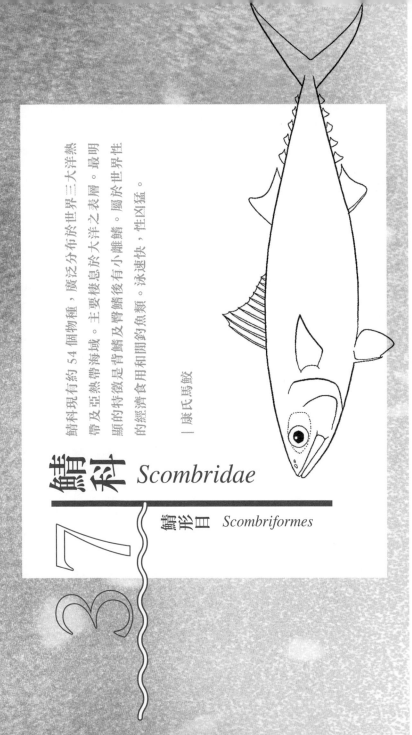

37[1] 康氏馬鮫

Scomberomorus commerson (Lacepède, 1800)

英文俗名 | Narrow-barred Spanish mackerel

中文俗名 | 馬膏郎（香港；鮫魚為錯讀；源自：Mackerel）、竹鮫（香港）、土魠（臺灣）

體長／重量 | 長達 2.4 米，平均約 1.2 米；重達 70 公斤。

行為／食性 | 晝行；肉食。

生殖／壽命 | 卵生。繁殖期為 4~12 月。

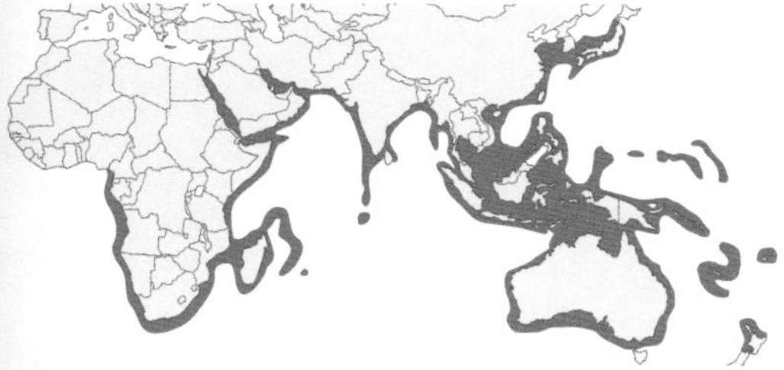

形態特徵 |

體形大，身體延長且略側扁；尾柄細，兩側各具有 1 個隆起脊。頭中等大，吻尖。眼睛小。口中等大，前位，具大而尖的犬齒。體被極細小圓鱗，甚易脫落。第二背鰭及臀鰭後方具許多小離鰭；尾鰭新月形。身體呈銀灰色，腹部呈銀白色，身體兩側各有 40 多條波浪狀黑色條紋。

生活習性 |

中表層魚類，獨居或結小群棲息在沿岸 10~70 米的開放海域，有時會出沒於岩岸陡坡或潟湖區，甚至在河口出現。晝行，大洋洄游魚類。肉食性，主要以小型群游魚類、魷魚、甲殼類為食。游泳敏捷，性情凶猛。

經濟文化 |

流刺網捕獲，為香港經濟魚類。市售個體主要來自南中國海北部，香港水域也有捕獲，但一般體形較小。香港漁民主要使用流刺網，作業俗稱「浸鮫」。在香港屬中上價魚，全球年產量為 55,000 至 75,000 公噸，屬世界性經濟魚類。適合清蒸或製成魚蛋，在外國是煎魚柳佳品。

地理分布 |

印度—西太平洋，西至紅海和南非，東至東南亞，北至中國、日本，南至澳洲東南部和斐濟。聯合國糧農組織漁區：51、57、61、71、81。

康氏馬鮫

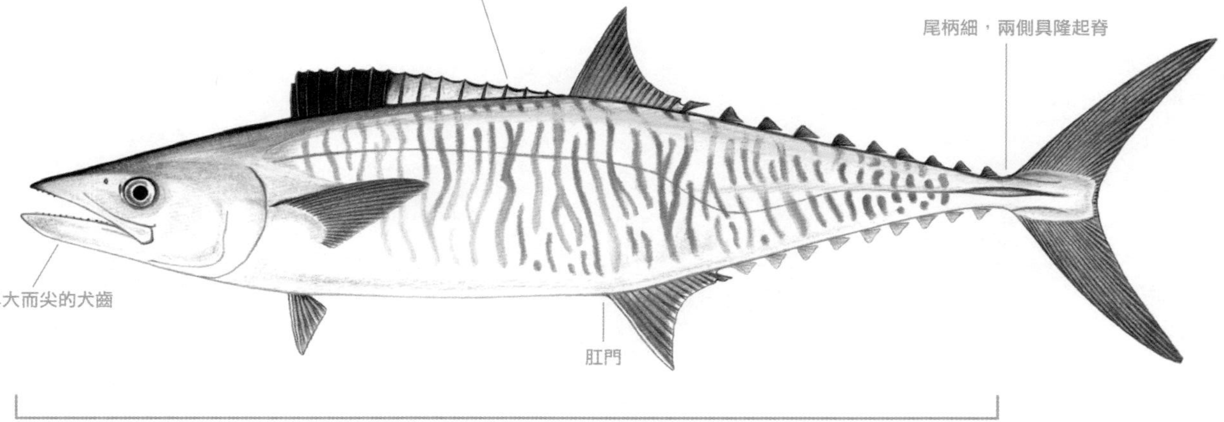

Extinct Threatened Lower Risk

EX EW CR EN VU cd nt lc

《IUCN紅色名錄》物種瀕危等級
近危 Near Threatened (NT)

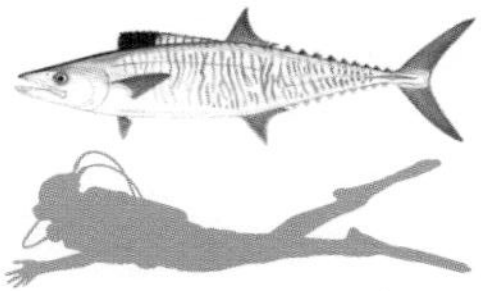

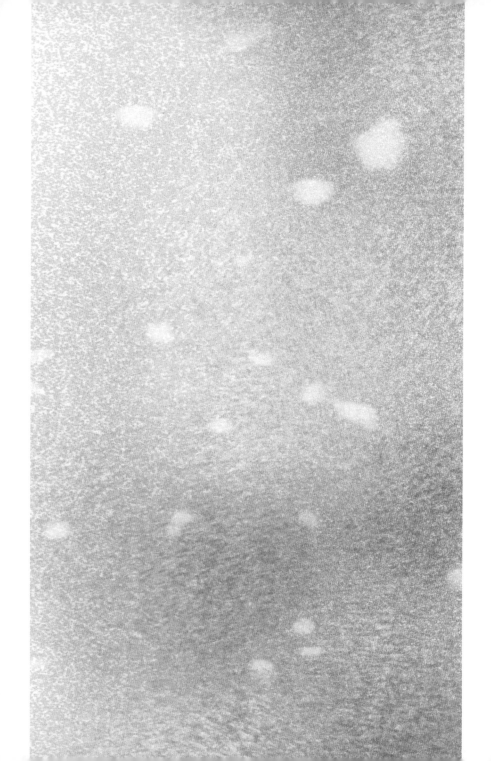

38 帶魚科 *Trichiuridae*

鯖形目 *Scombriformes*

帶魚科現有約 46 個物種，廣泛分布於世界三大洋之溫、熱帶海域。主要棲息於近海大陸棚沙泥底質。最明顯的特徵身體非常細長，背鰭沿身體延長至尾部，牙齒非常鋒利。生性凶猛，較偏好弱光環境，白天大多待在底層，清晨和黃昏則移至中表層覓食。

| 高鰭帶魚

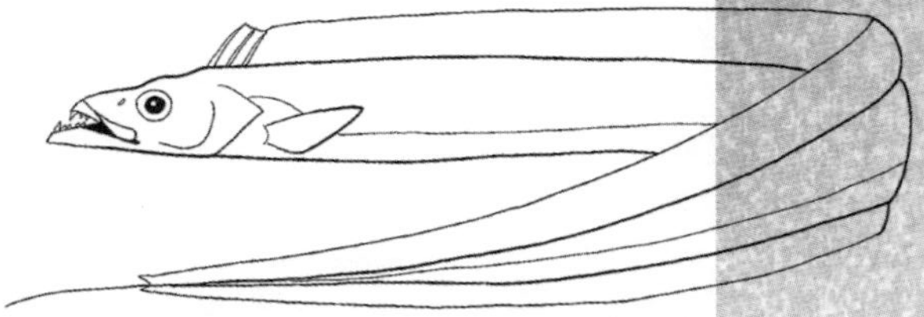

38-1 高鰭帶魚

Trichiurus lepturus Linnaeus, 1758

英文俗名 | Largehead hairtail, Hairtail

中文俗名 | 牙帶（香港）、白帶魚（臺灣）

體長／重量 | 長達 2.3 米，平均約 1 米；重達 5 公斤。

行為／食性 | 夜行；肉食。

生殖／壽命 | 卵生。繁殖期為 3~6 月。最長壽命約 15 年。

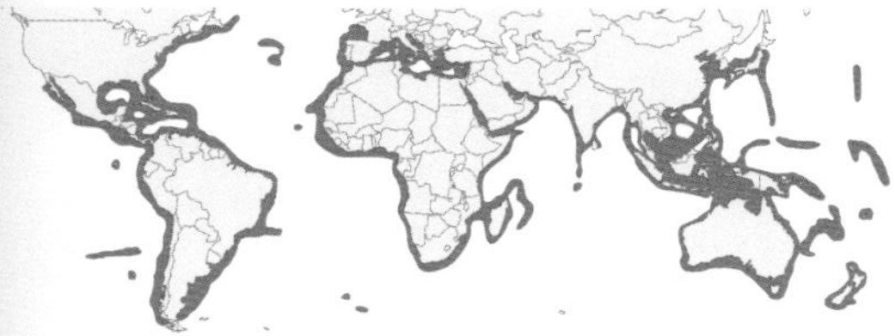

形態特徵 |

體形大，身體十分延長且側扁，呈長帶狀，向後逐漸尖細，尾部細長。吻尖。眼睛中等大。口大，具倒鉤狀大犬齒。魚鱗退化。背鰭起始於頭部後上方，一直延伸至尾部；臀鰭退化成棘狀，通常埋於皮下；胸鰭短。身體整體呈反光的銀白色；背鰭及胸鰭淡白至透明。

生活習性 |

全泳層魚類，群居棲息在沿岸 100~350 米的沙泥區海域，一般在 10~40 米活動，偶爾進入河口。夜行，具日夜垂直洄游習性，白天出沒於深水區，傍晚至晚上游近表層覓食。肉食性，主要以小型群游魚類、魷魚、甲殼類為食。產卵時洄游至淺海區域。

經濟文化 |

拖網捕獲，為香港經濟魚類。市售個體主要來自南中國海北部，大部分由雙拖捕獲。全球年產量 50 萬公噸以上，為世界性經濟魚類，也是中國內地普及的食用海魚。在香港屬中價魚。肉質細嫩，適宜煎煮食用。魚皮普林（purine，亦稱「嘌呤」）含量較高，尿酸血症、痛風患者不宜多吃，或煮食前將魚皮洗刷乾淨。

地理分布 |

全球熱帶和溫帶水域。聯合國糧農組織漁區：21、27、31、34、37、41、47、51、57、61、71、77、81、87。

高鰭帶魚

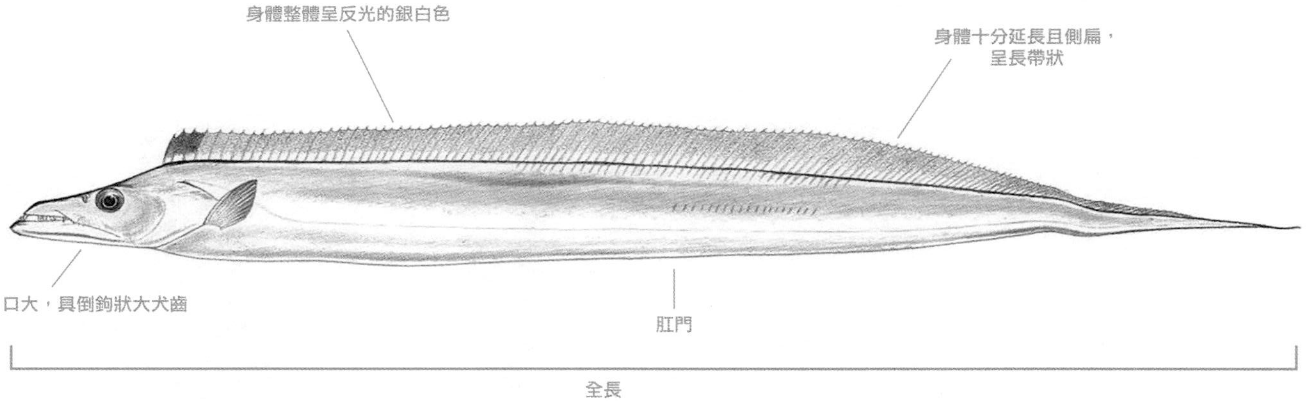

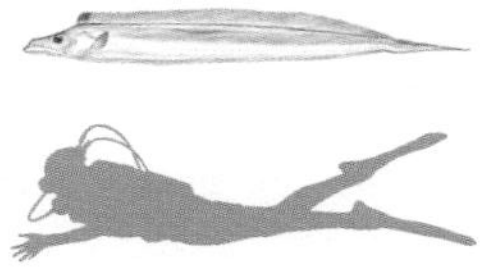

Extinct: EX
Threatened: EW CR EN VU
Lower Risk: cd nt **lc**

《IUCN紅色名錄》物種瀕危等級
無危 Least Concern (LC)

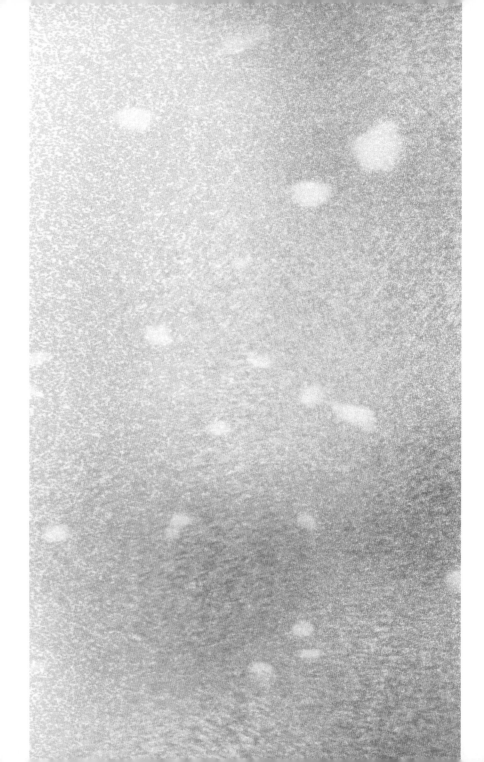

39 白鯧科 *Ephippidae*

刺尾鯛目 *Acanthuriformes*

白鯧科現有 15 個物種，分布於三大洋的熱帶及亞熱帶海域。主要棲息於礁區或珊瑚礁區上方或周圍，成魚喜群游，幼魚則大多單獨活動，並有擬態成枯葉或扁蟲的習性。身體呈菱形至圓形，高而短。

| 燕魚

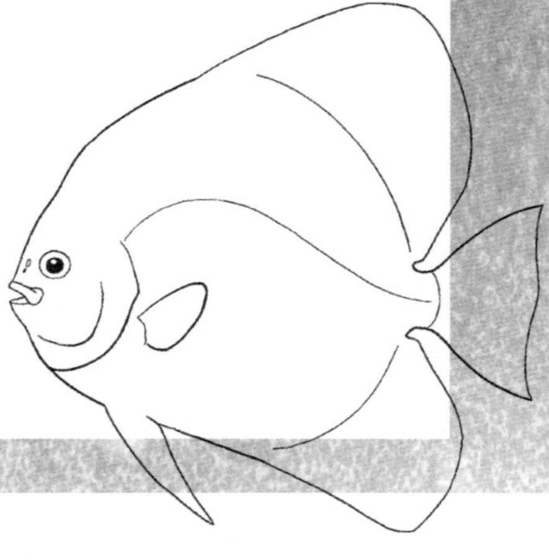

39-1 燕魚
Platax teira (Fabricius, 1775)

英文俗名 | Longfin batfish, Teira batfish

中文俗名 | 石鯧、黑鷹鯧（香港）、尖翅燕魚（臺灣）

體長／重量 | 長達 70 厘米

行為／食性 | 晝行；雜食。

生殖／壽命 | 卵生

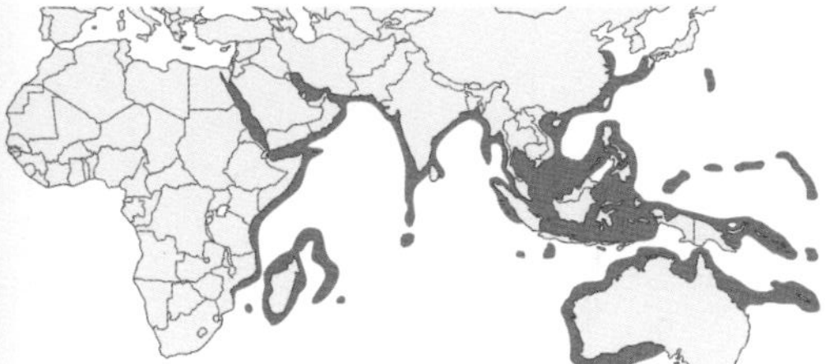

形態特徵 |

體形中等大，身體呈菱形至圓形且側扁。吻短鈍。口小，前位。體被小櫛鱗；背鰭單一，無明顯缺刻;腹鰭延長，末端超越肛門;尾鰭截形或雙凹形。身體呈銀黃色，腹部顏色較淺；身體兩側各具有 3 條黑色寬橫帶，隨成長而不顯著或消失；腹部腹鰭基部後上方具明顯的黑色斑塊。

生活習性 |

底棲魚類，群居棲息在沿岸 0~70 米的礁區或珊瑚區海域，幼魚在沿海淺水區單獨活動，成魚則成群在岩礁斜坡活動。晝行，雜食性，主要以浮游生物、藻類為食。幼魚獨行，多在淺海活動，會擬態成枯葉並依隨著海洋漂浮物的周圍或下方。

經濟文化 |

流刺網、圍網或拖網捕獲，為香港經濟魚類。市售個體主要來自香港和鄰近水域，部分為本地或內地的養殖魚。肉質相對結實，一般清蒸、煎煮食用。幼魚常見於觀賞魚市場。近幾年已發展出成熟的人工繁養殖技術，於市面上供應穩定。

地理分布 |

印度—西太平洋，西至紅海、東非，東至巴布亞新幾內亞，北至琉球群島，南至澳洲北部。聯合國糧農組織漁區：51、57、61、71、81。

燕魚

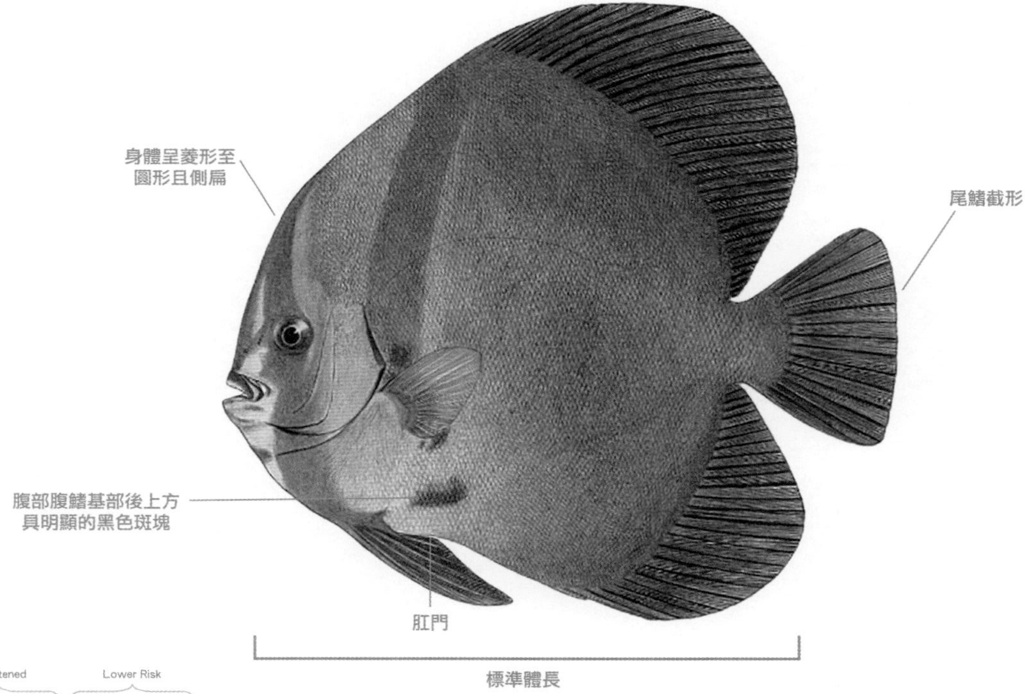

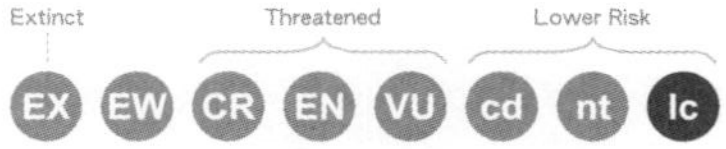

《IUCN紅色名錄》物種瀕危等級
無危 Least Concern (LC)

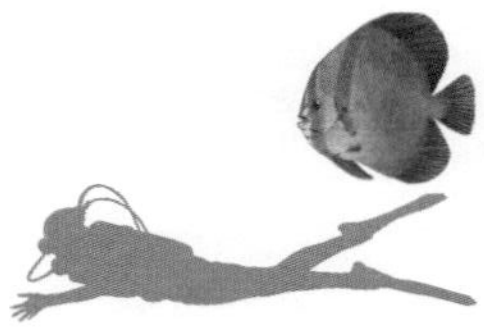

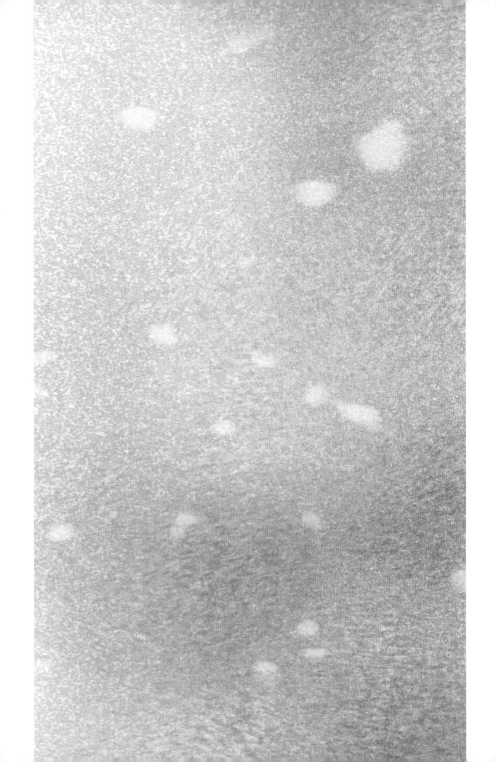

40 籃子魚科 *Siganidae*

刺尾鯛目 *Acanthuriformes*

籃子魚科現有 29 個物種，分布於印度—太平洋熱帶及亞熱帶海域及地中海東部。偏好暖水性海域，幼魚大多群居棲息在枝狀珊瑚叢中，亦常見於紅樹林或河口；成魚則成群棲息於礁區或珊瑚礁區。素食性魚類，由於偏好進食蛋白質較多的藻類，魚死後藻類於腹腔內發酵因而產生臭味，所以又稱為「臭肚」。本科物種鰭棘有毒，能夠分泌毒液，因此需要小心處理。

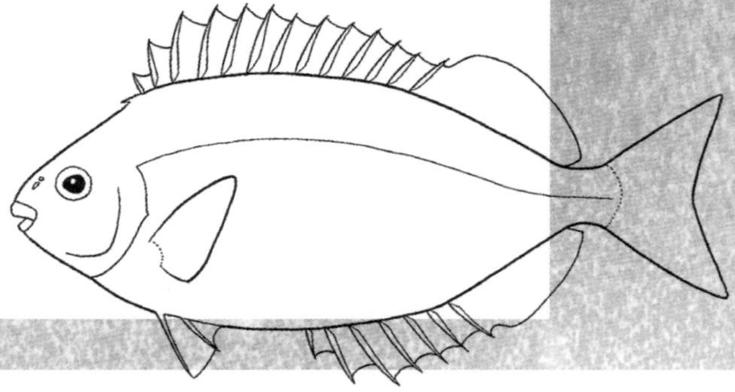

| 褐臭肚魚

40-1 褐臭肚魚
Siganus fuscescens (Houttuyn, 1782)

英文俗名 | Rabbitfish

中文俗名 | 泥鯭（香港）、臭肚魚（臺灣）

體長／重量 | 長達 40 厘米，平均約 25 厘米。

行為／食性 | 晝行；雜食。

生殖／壽命 | 卵生。繁殖期為 3~6 月，群體產卵。雄魚繁殖年齡為 2 年，雌魚 2 年或以上。

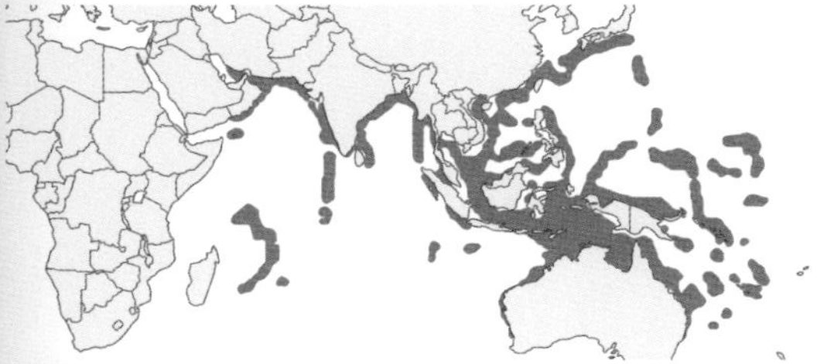

形態特徵 |

體形中小，身體呈長橢圓形且側扁，尾柄細長。頭小。眼睛中等大。口小，下位，具有密集的細齒。體被極小圓鱗，頰部無鱗。背鰭單一，不具明顯缺刻；尾鰭淺叉形，隨體形變大而分叉越深；各鰭棘尖銳且具毒性。體側上方呈褐綠色，下方呈銀白色；布有許多白色的圓形斑，鰓蓋後上方有 1 個黑色橢圓形斑。

生活習性 |

底棲魚類，群居棲息在沿岸 1~50 米的沙泥區、礁區或珊瑚區海域，有時進入河口，可於渾濁水域生活，幼魚大群出沒於內灣，在碼頭亦十分常見。晝行，雜食性，以藻類和小型無脊椎動物為食。

經濟文化 |

流刺網或籠具捕獲，為香港經濟魚類。市售個體主要來自本港及鄰近水域。是香港閒釣經常被釣獲的魚種之一，碼頭、海濱等釣點均能釣獲。在香港屬中價魚，魚肉鮮美，「生滾泥鯭粥」更是地道美食。其他煮食方式還包括清蒸或油鹽水，體形較細小者亦可酥炸食用。

地理分布 |

印度—西太平洋，西起波斯灣、阿曼灣，東至印尼、菲律賓、帛琉，北至中國臺灣、日本南部，南至澳洲。聯合國糧農組織漁區：51、57、61、71。

褐臭肚魚

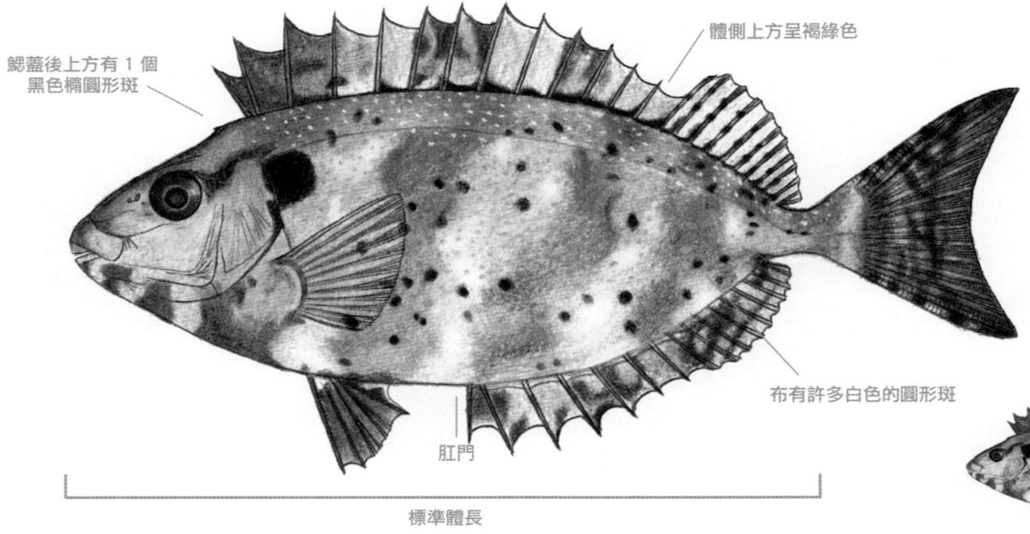

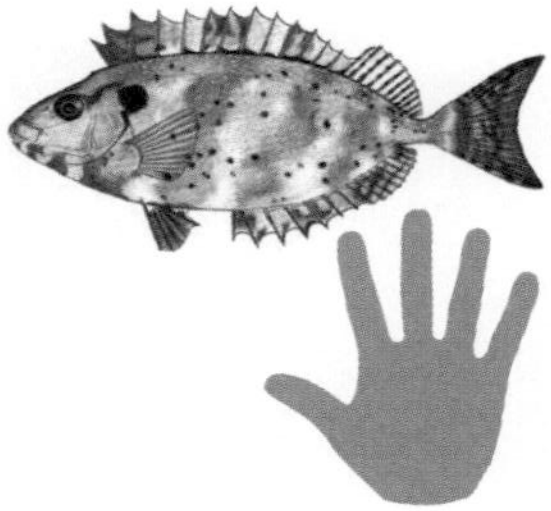

Extinct | Threatened | Lower Risk

EX EW CR EN VU cd nt **lc**

《IUCN紅色名錄》物種瀕危等級
無危 Least Concern (LC)

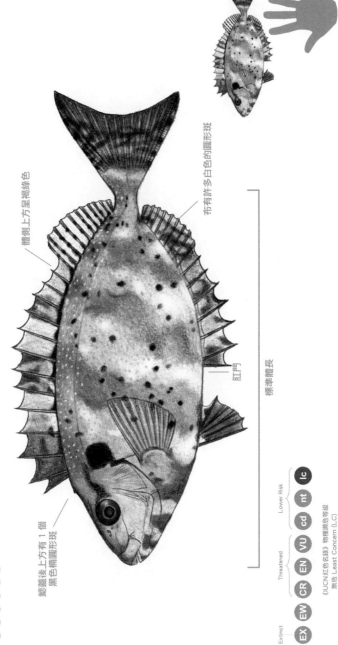

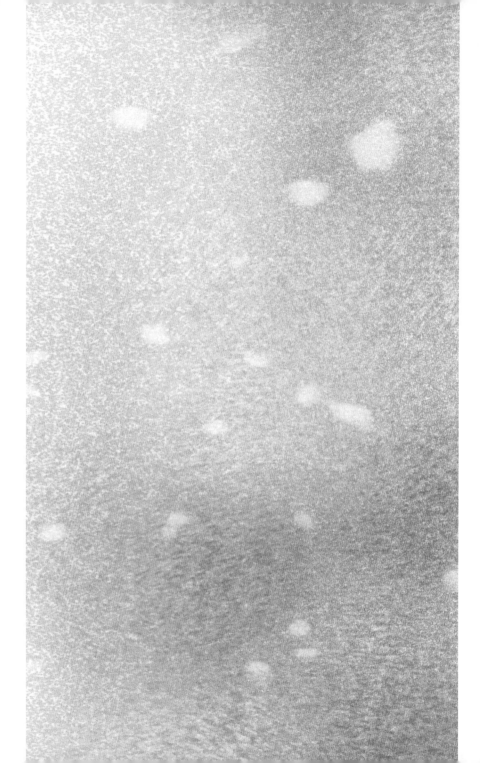

41 金錢魚科 *Scatophagidae*

刺尾鯛目 *Acanthuriformes*

金錢魚科現有 4 個物種，分布於印度—西太平洋沿岸或河口。棲息於沙泥底區較渾濁的水域，常見於紅樹林、河口汽水域或河川下游，甚至進入淡水水域。十分雜食，以蠕蟲、甲殼類、水生昆蟲及植物碎屑為食。各鰭棘尖硬且有毒。是香港常見的食用魚和觀賞魚。

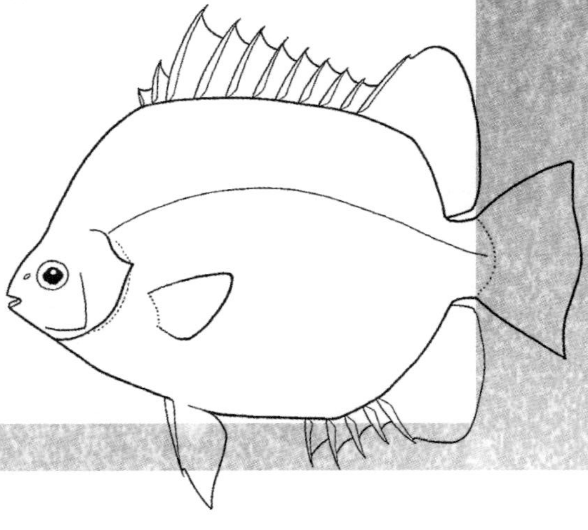

| 金錢魚

41-1 金錢魚
Scatophagus argus (Linnaeus, 1766)

英文俗名｜Spotted scat

中文俗名｜金鼓（香港）、金錢魚（臺灣）

體長／重量｜長達 45 厘米，平均約 25 厘米。

行為／食性｜晝行；雜食。

生殖／壽命｜卵生。繁殖期為春、夏季。

形態特徵｜

體形中等，體高而側扁。吻鈍。眼睛中等大。口小，具刷毛狀牙齒。背鰭單一。身體被有小櫛鱗，不易脫落。各鰭棘尖銳且具毒性。尾鰭截形或雙凹形。成魚身體褐色，身體兩側均具大小不一之橢圓形黑斑；幼魚時黑斑較多，且頭部前緣呈橙色。

生活習性｜

底棲魚類，群居棲息在沿岸 1~10 米的沙底區海域，幼魚常見於河口、紅樹林或淡水，成魚出現於渾濁的淺水內海。晝行，雜食，偏好藻類，其次為甲殼動物和昆蟲，甚至自身或其他魚類排泄物，因此英文俗名有「scat」一字，意指食肉動物的糞便。

經濟文化｜

一支釣或籠具捕獲，為香港經濟魚類。市售個體主要來自內地的養殖魚，野生個體亦來自本地和鄰近水域。是香港閒釣的目標魚種之一。幼魚是受歡迎的觀賞魚。野生個體肉帶甘味，肉質細嫩，清蒸和油鹽水為主要煮食方法；肝臟則適合煎封處理，異常味美。

地理分布｜

印度—太平洋，西至科威特，東至薩摩亞，北至日本南部，南至澳洲北部。聯合國糧農組織漁區：51、57、61、71。

金錢魚

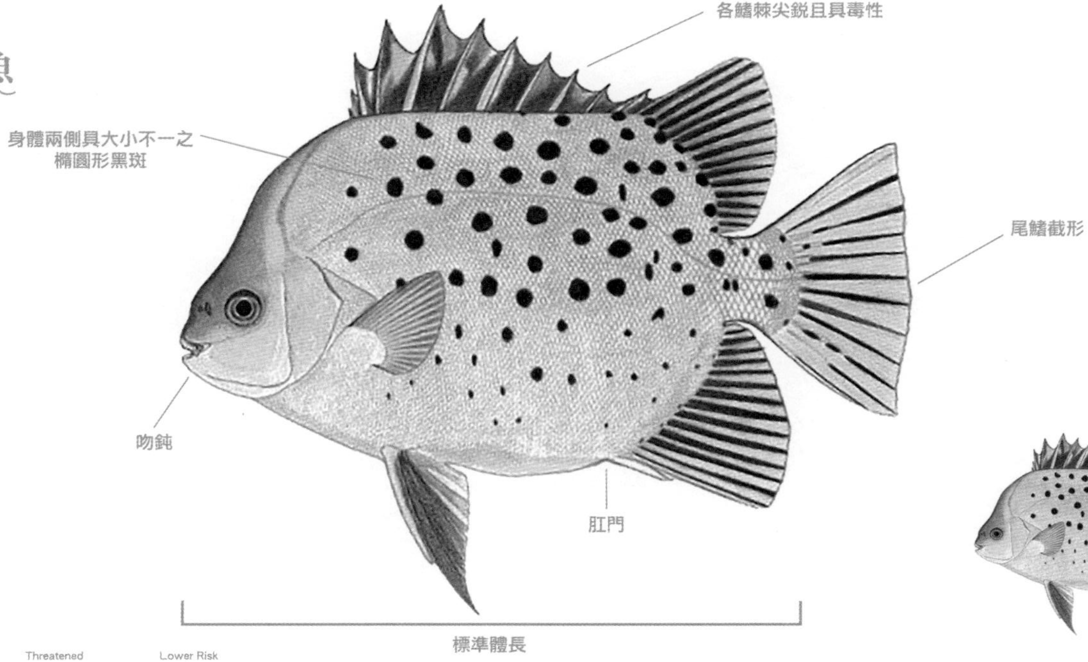

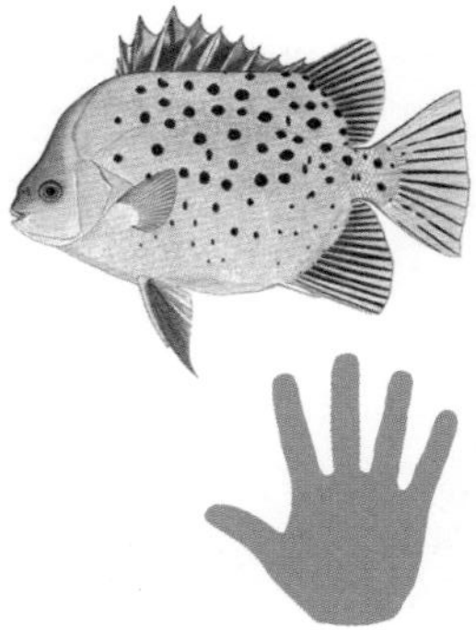

Extinct　Threatened　Lower Risk

EX　EW　CR　EN　VU　cd　nt　lc

《IUCN紅色名錄》物種瀕危等級
無危 Least Concern (LC)

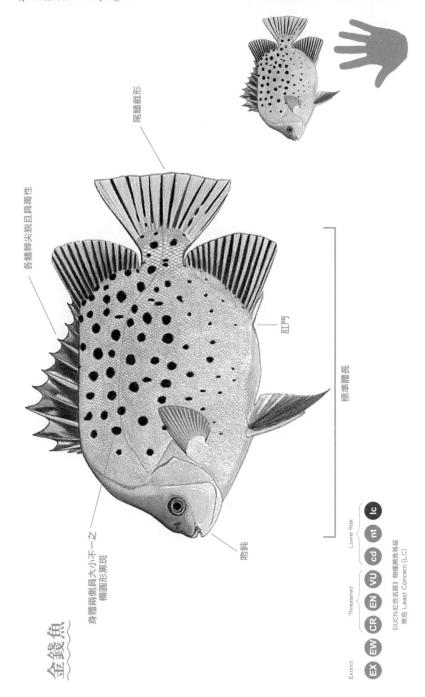

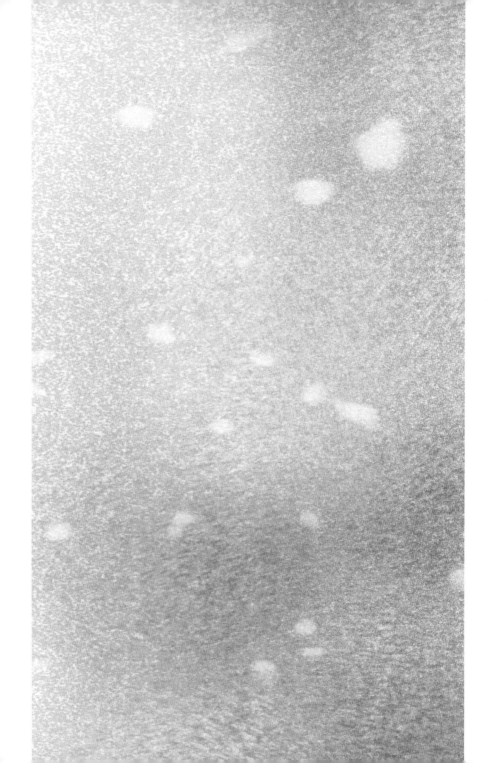

42 舌鰨科 *Cynoglossidae*

鰈形目 *Pleuronectiformes*

舌鰨科現有約 161 個物種，廣泛分布於世界各熱帶及亞熱帶海域，少數物種可進入淡水域。棲息環境十分多樣，主要棲息於沙泥底區或泥質的海域，小部分生活於珊瑚礁區或潮間帶。棲息深度範圍亦十分廣，由 0~1500 米之間均有分布。最明顯的特徵是所有物種兩眼均位於身體左側，有眼的一側體色較深，另一側顏色較淺。

| 印度舌鰨

| 日本鬚鰨

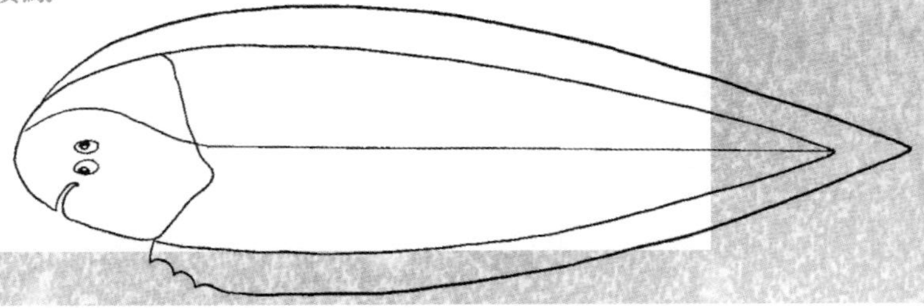

42-1 印度舌鰨

Cynoglossus arel (Bloch & Schneider, 1801)

英文俗名 | Largescale tonguesole

中文俗名 | 粗鱗貼沙（香港；源自：「貼沙」音變「鰨沙」）、龍舌魚（臺灣）

體長／重量 | 長達 45 厘米，平均約 30 厘米。

行為／食性 | 晝行；肉食。

生殖／壽命 | 卵生

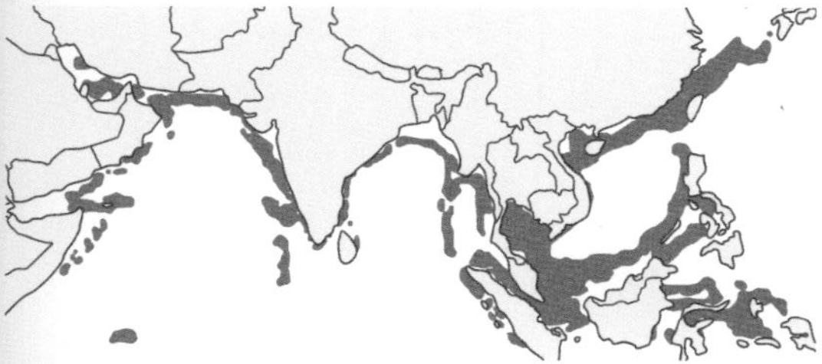

形態特徵 |

體形中小，身體呈長舌形而極為縱扁。兩眼均位於左側，眼睛小。口小，下位；吻尖。眼側被有小櫛鱗，盲側被有小圓鱗；眼側具有二條側線。背鰭、臀鰭與尾鰭相連；尾鰭尖形；無胸鰭。眼側呈褐色且無紋，鰓蓋上具有一暗色區域；盲側整體呈白色。

生活習性 |

底棲魚類，獨居或結小群棲息在沿岸 9~125 米的沙泥底區海域，成魚貼近沙質海床生活，有時進入河口或淡水。晝行，肉食，主要以底棲無脊椎動物為食。

經濟文化 |

拖網或流刺網捕獲，為香港經濟魚類。市售個體主要來自本地水域和南中國海。是香港市面最常見的舌鰨科物種。香港俗名「貼沙」，顧名思義指魚體貼在海床的沙底上生活。在香港屬中價魚，皮薄而肉質軟綿，適宜清蒸食用。

地理分布 |

印度—西太平洋，西起波斯灣、斯里蘭卡，東至中國臺灣，南至印尼，北至日本南部。聯合國糧農組織漁區：51、57、61、71。

印度舌鰨

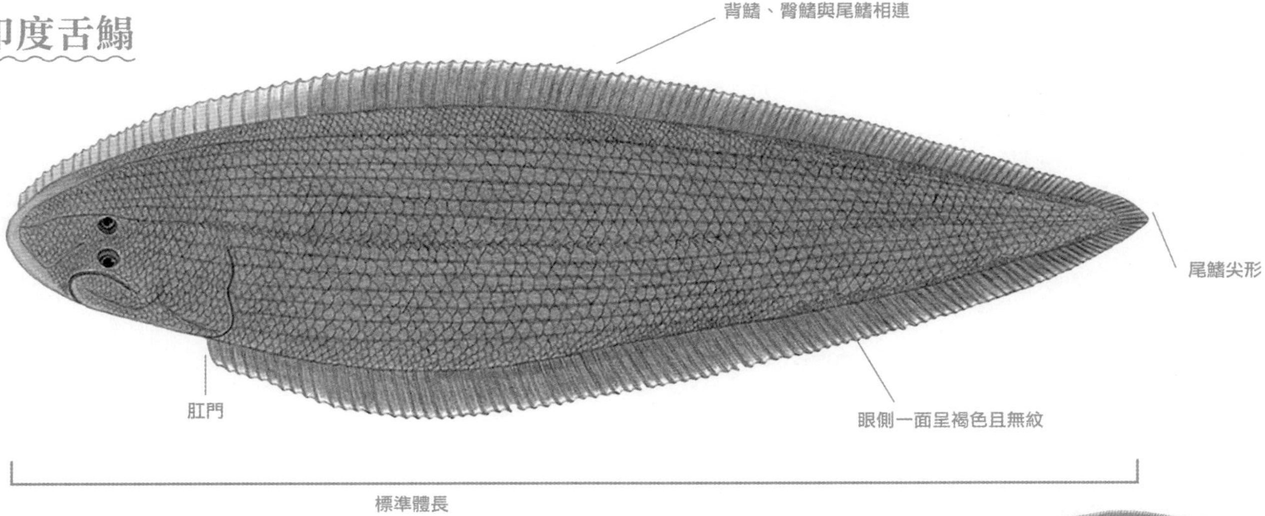

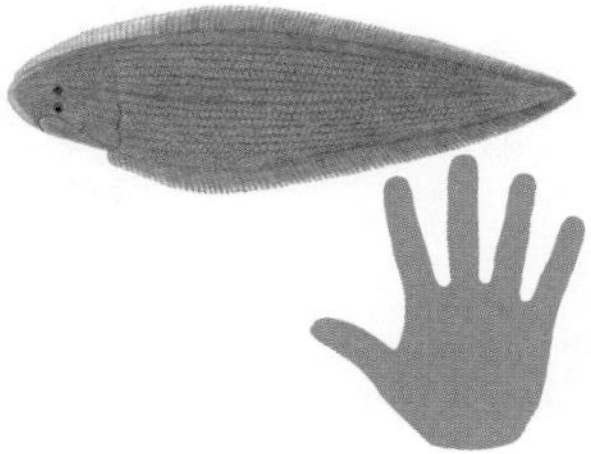

Extinct　Threatened　Lower Risk

EX　EW　CR　EN　VU　cd　nt　lc　DD

《IUCN紅色名錄》物種瀕危等級
數據缺乏 Data Deficient (DD)

42^{2} 日本鬚鰨

Paraplagusia japonica (Temminck & Schlegel, 1846)

英文俗名 | Black cow-tongue

中文俗名 | 方脷（香港）、龍舌魚（臺灣）

體長／重量 | 長達 36.2 厘米；重達 258 克。

行為／食性 | 晝行；肉食。

生殖／壽命 | 卵生

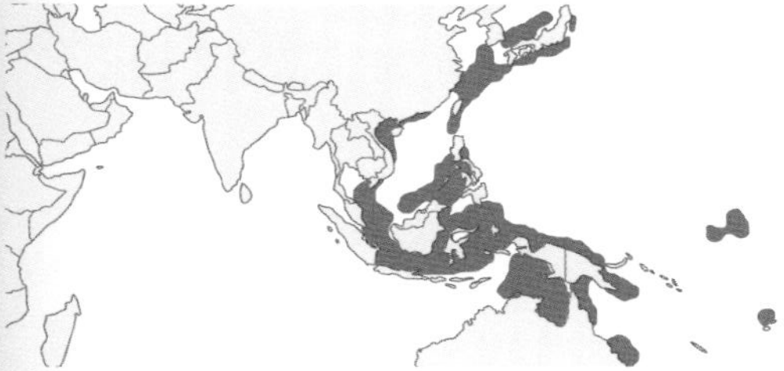

形態特徵 |

體形中小，身體呈長舌形而極為縱扁。兩眼均位於左側，眼睛小。口小，下位；吻尖。眼側被有小櫛鱗，盲側被有小圓鱗；眼側具有 2 條側線。背鰭、臀鰭與尾鰭相連；尾鰭尖形；無胸鰭。鰓蓋上具有一暗色區域。眼側面呈黃褐色，具不規則棕色斑點；盲側呈白色；鰭緣呈黃褐色或黑色。

生活習性 |

底棲魚類，獨居或結小群棲息在沿岸 20~65 米的沙泥底區海域，成魚貼近沙質海床生活。晝行，肉食，主要以底棲無脊椎動物為食。

經濟文化 |

拖網或流刺網捕獲，為香港經濟魚類。市售個體主要來自本地和鄰近水域，多以流刺網捕獲，因不喜群游，每次只能少量捕獲。昔日青山灣有不少網艇專捕此魚，集中珠江口作業。在香港為上價魚，是酒樓宴席用魚之一。肉質軟綿嫩滑，最宜清蒸。

地理分佈 |

西太平洋，包括日本、韓國、中國臺灣、巴布亞新畿內亞。中國香港西部及珠江口的鹹淡水交界區也有日本鬚鰨出產。聯合國糧農組織漁區：61、71、81。

日本鬚鰨

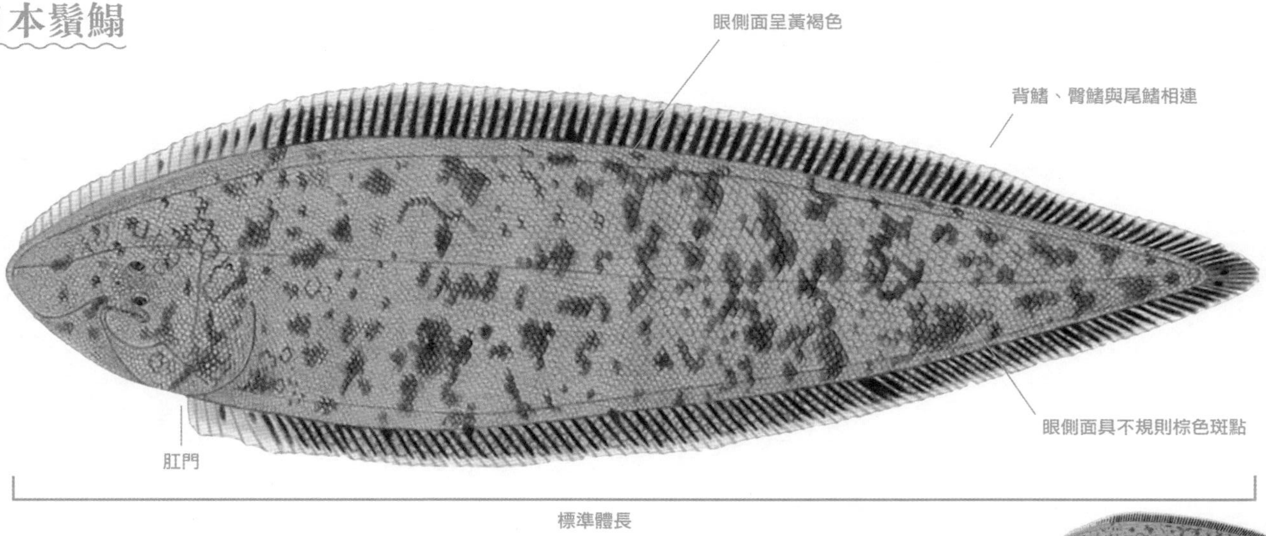

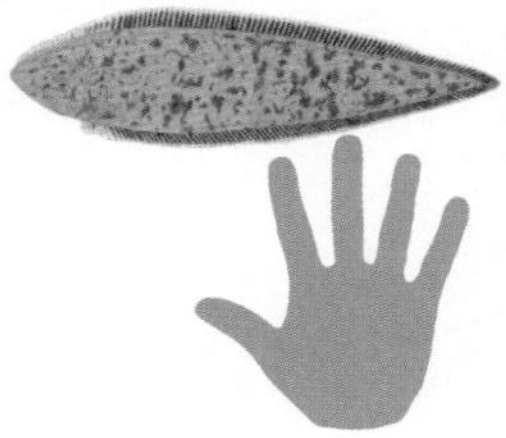

Extinct　Threatened　Lower Risk

EX EW CR EN VU cd nt **lc**

《IUCN紅色名錄》物種瀕危等級
無危 Least Concern (LC)

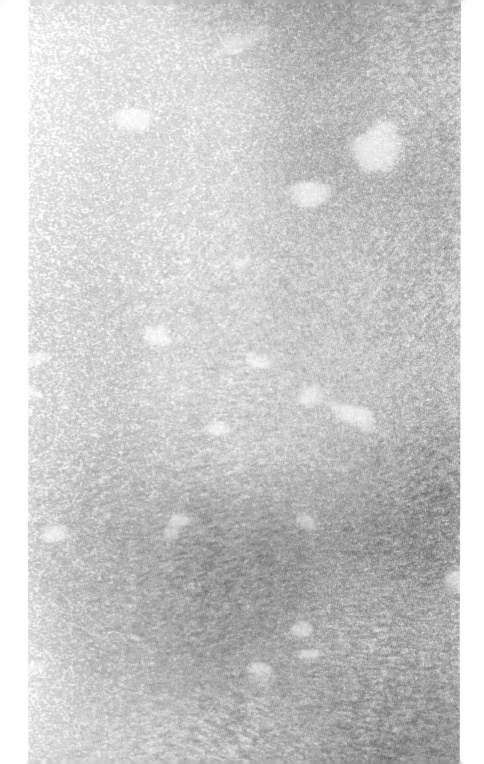

43 單角魨科 *Monacanthidae*

魨形目 *Tetraodontiformes*

單角魨科現有約 108 個物種，廣泛分布於世界三大洋。棲息環境十分多樣，主要棲息於礁區或沙泥質的海域，也常見於海藻叢、海鞭林或珊瑚叢間。大多物種能隨環境而改變體色，以達致保護色，部分物種皮膚上更有小皮瓣作偽裝。最明顯的特徵是第一或二背鰭棘強大而長。

| 單角革魨
| 中華單角魨

43[1] 單角革魨

Aluterus Monoceros (Linnaeus, 1758)

英文俗名 | Unicorn leatherjacket filefish, Unicorn leatherjacket

中文俗名 | 牛鯭、大沙鯭(香港)、剝皮魚(臺灣)

體長／重量 | 長達 76 厘米;重達 2.7 公斤。

行為／食性 | 晝行;雜食。

生殖／壽命 | 卵生

形態特徵 |

體形中大，身體呈長橢圓形且極側扁。口前位，唇薄。皮膚粗糙，被有小鱗，上方有小棘。背鰭 2 個，第一背鰭硬棘幼細長且易折斷，第二根背鰭棘退化並埋於皮膜下。尾鰭截平。身體呈灰褐色；活體身上具不明顯的淡黃棕色圓點。尾鰭灰色，其餘魚鰭淡黃色。

生活習性 |

底棲魚類，群居棲息在沿岸 1~ 80 米的礁區或珊瑚區海域，幼魚大多獨行，會伴隨在大型水母或海洋漂游物體的周圍或下方。晝行，雜食，主要以水母、藻類、無脊椎動物為食。

經濟文化 |

拖網或流刺網捕獲，為香港經濟魚類。市售個體主要來自南中國海。在香港屬中下價魚，在市場也有「大波板」的俗稱。料理前需先將魚皮剝離，主要以清蒸、煎煮、酥炸方式食用；如配以芹菜紅燒，更能提鮮。新鮮的魚肝能以煎封處理，十分味美。單角革魨是單角魨科的最大物種。

地理分布 |

全球熱帶、亞熱帶和溫帶的沿岸，世界三大洋也有分布，主要分布地區是大陸的黃海、南海，日本、中國臺灣和越南等。聯合國糧農組織漁區：31、34、41、47、51、57、61、71、77、87。

單角革魨

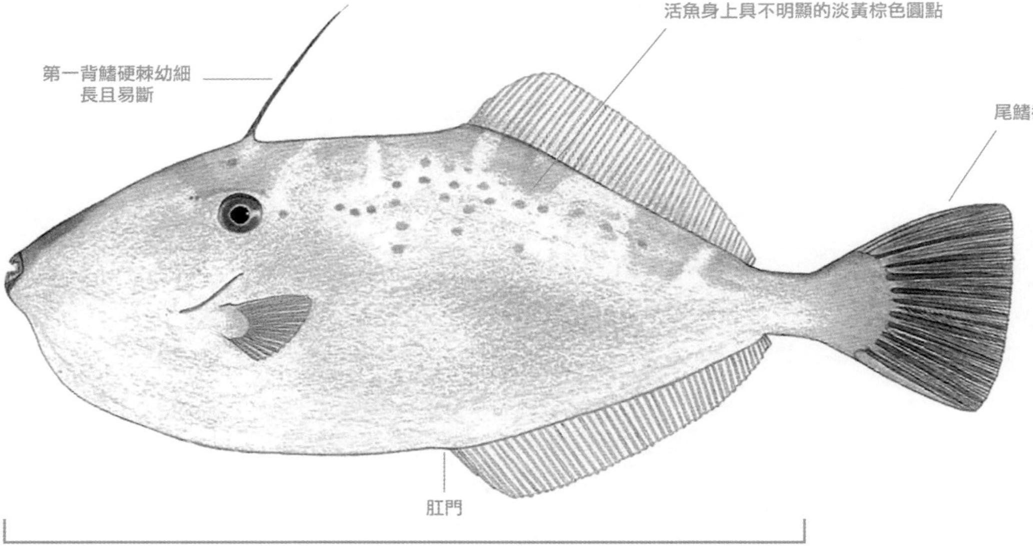

Extinct | Threatened | Lower Risk

EX EW CR EN VU cd nt **lc**

《IUCN紅色名錄》物種瀕危等級
無危 Least Concern (LC)

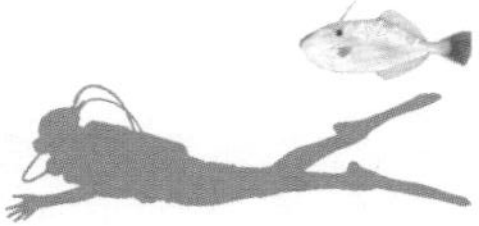

43-2 中華單角魨

Monacanthus chinensis (Osbeck, 1765)

英文俗名｜Fan-bellied leatherjacket

中文俗名｜沙鯭（香港）、剝皮魚（臺灣）

體長／重量｜長達 38 厘米；重達 580 克。

行為／食性｜晝行；雜食。

生殖／壽命｜卵生

形態特徵｜

體形小，體高且極側扁，略呈菱形。口前位，唇薄。皮膚粗糙，被有小鱗，上方有小棘。腹部具有碩大皮瓣。背鰭 2 個，第一背鰭硬棘強且上方有倒鉤，第二根背鰭棘退化並埋於皮膜下。尾鰭上緣延長成絲，雄魚尤其延長。身體整體呈褐色，分布許多深褐色斑點；尾鰭有數條黑色細縱帶。

生活習性｜

底棲魚類，獨居棲息在沿岸 3~30 米的礁區或沙泥底區海域，也常見於海藻堆。晝行，定棲；雜食，主要以藻類和蟲蝦為食，有時也進食無脊椎動物，如苔蘚蟲、水母和海鞘等。

經濟文化｜

一支釣、拖網或流刺網捕獲，為香港經濟魚類。市售個體主要來自南中國海。岸釣常有釣獲。在香港屬中價魚，一般以清蒸、煎煮、酥炸等方式烹調，或配以芹菜紅燒，味道會更佳。新鮮的魚肝能以煎封處理，十分味美。

地理分布｜

印度—太平洋，西起馬來西亞、印尼，北至日本南部，南至澳洲西北部和新南威爾士州。聯合國糧農組織漁區：51、57、61、71、77、81、87。

中華單角魨

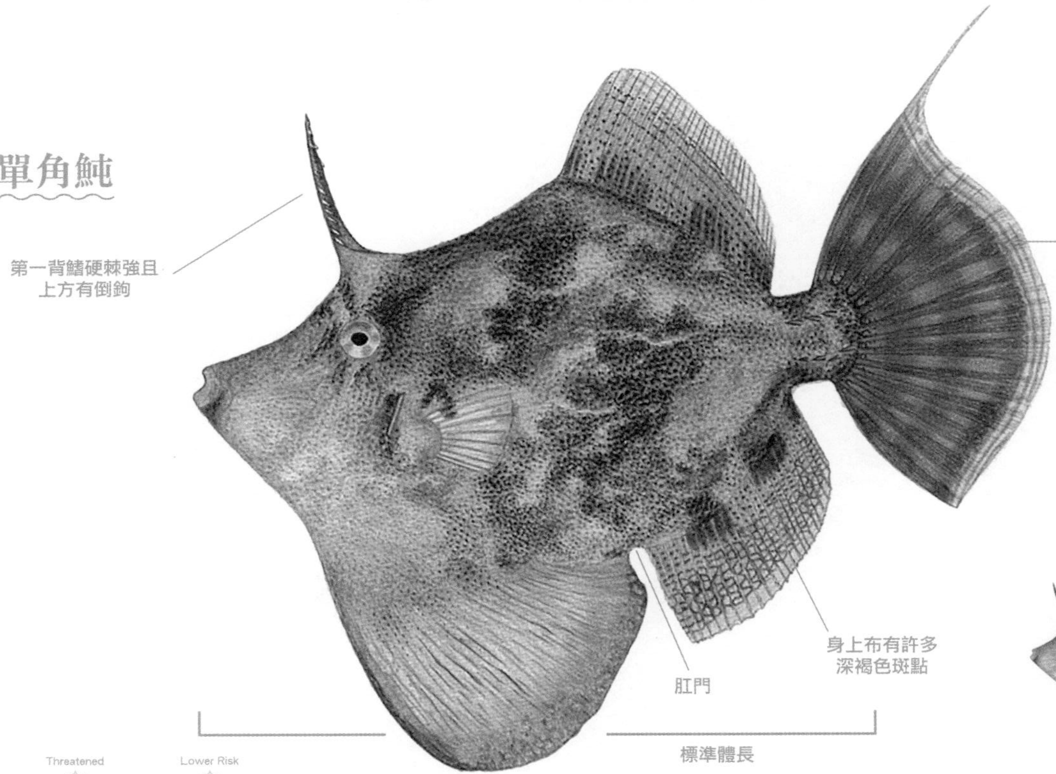

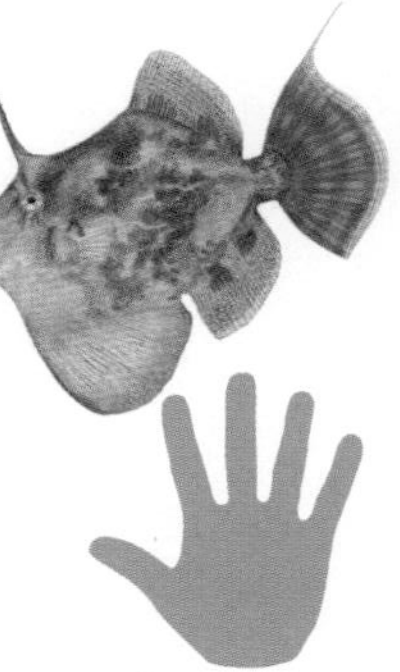

Extinct　Threatened　Lower Risk

EX　EW　CR　EN　VU　cd　nt　lc

《IUCN紅色名錄》物種瀕危等級
無危 Least Concern (LC)

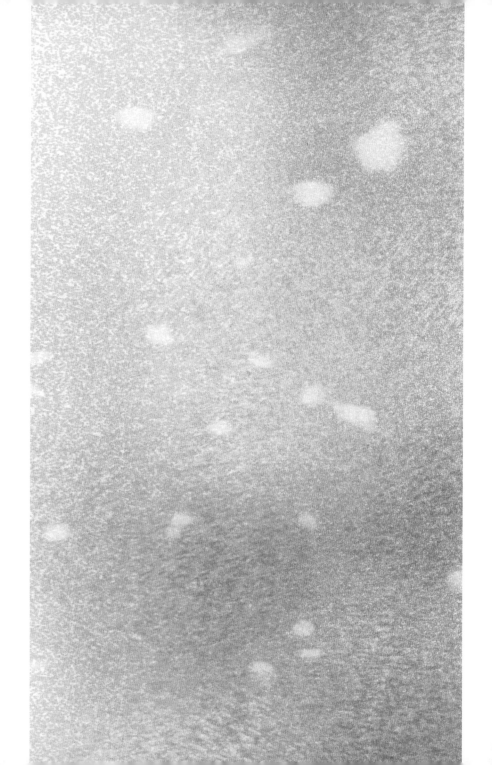

44 魨科 *Tetraodontidae*

魨形目 *Tetraodontiformes*

魨科現有約 205 個物種，廣泛分布於世界三大洋的溫帶、熱帶和亞熱帶海域。棲息環境十分多樣，主要棲息於礁區者、沙泥底質及潟湖，少數在淡水生活。所有物種在遇有危險時，會吞入大量海水或吸入空氣，使身體膨脹而使敵人無法吞食或嚇走敵人。大多物種能分泌河魨毒，內臟、生殖腺和皮膚等部位均具毒素。

| 暗鰭兔頭魨

| 弓斑多紀魨

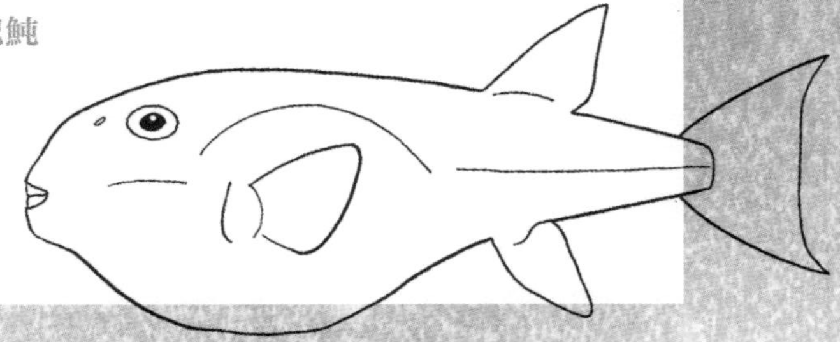

44 1 暗鰭兔頭魨

Lagocephalus gloveri (Abe & Tabeta, 1983)

英文俗名 | Pufferfish

中文俗名 | 青雞泡、河豚(香港)、河豚(臺灣)

體長／重量 | 長達 35 厘米

行為／食性 | 晝行；肉食。

生殖／壽命 | 卵生。繁殖期為 4~12 月。

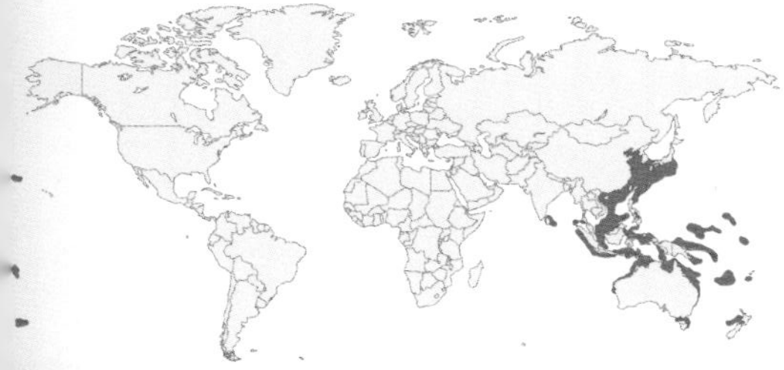

形態特徵 |

體形小，身體呈圓筒形而略側扁，前粗圓並向後漸細。背鰭及臀鰭呈鐮刀狀；無腹鰭；尾鰭寬大，上下葉末端凸出且尖形，中間弧形。身體背部呈黑綠色，腹面呈白色，身上無任何斑紋。背鰭、臀鰭及尾鰭均為黃色，上下邊緣呈白色。

生活習性 |

中底層魚類，獨居棲息在沿岸 20~50 米的沙泥底區的暖溫海域。晝行，肉食，主要以軟體動物、無脊椎動物、貝類和小魚為食。

經濟文化 |

一支釣或拖網捕獲，非香港經濟魚類。市售個體主要來自南中國海，多屬拖網漁船意外捕撈(混獲)。冰鮮魚在市場不常見，通常是經加工或曬乾，以魚乾或魚鰾出售。偶爾在內地和日本被製成生魚片，味道鮮美。表皮和內臟有河魨毒素，能引致中樞神經麻痺，進食前須小心處理。

地理分布 |

印度—西太平洋，包括日本、中國臺灣和南中國海。聯合國糧農組織漁區：51、61、71、81。

暗鰭兔頭魨

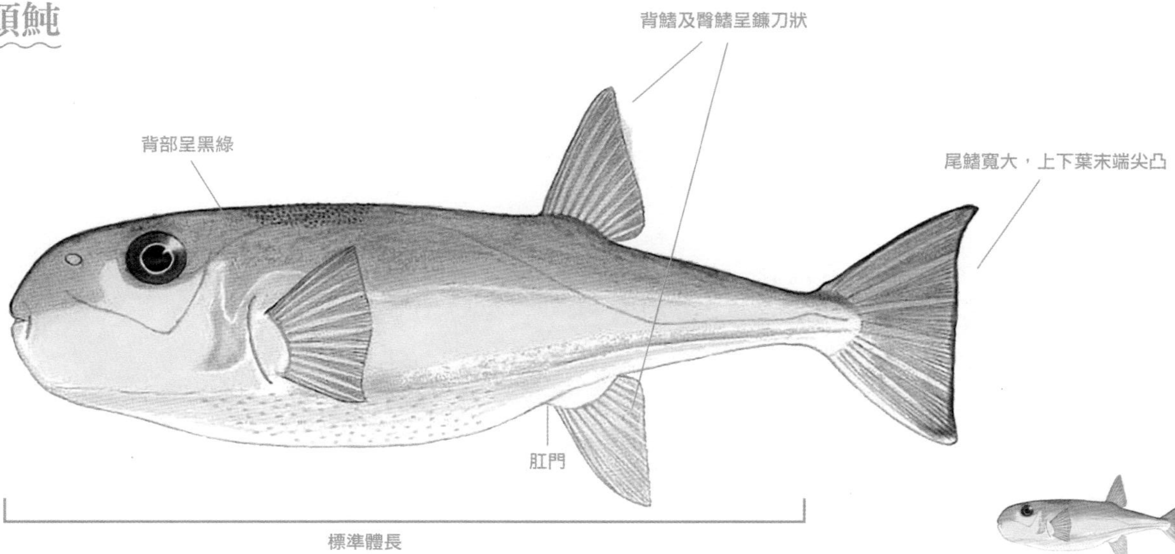

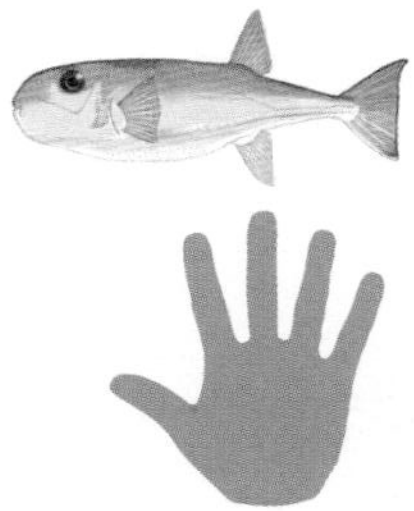

Extinct　Threatened　Lower Risk

EX　EW　CR　EN　VU　cd　nt　lc　DD

《IUCN紅色名錄》物種瀕危等級
數據缺乏 Data Deficient (DD)

44² 弓斑多紀魨

Takifugu ocellatus (Linnaeus, 1758)

英文俗名 | Eclipse pufferfish

中文俗名 | 雞泡、眼鏡娃娃(香港)、河豚(臺灣)

體長／重量 | 長達 15 厘米

行為／食性 | 晝行；肉食。

生殖／壽命 | 卵生

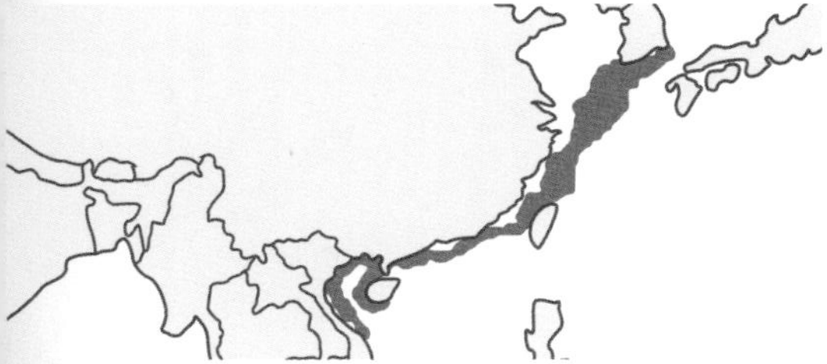

形態特徵 |

體形小，身體呈圓筒形，前部粗圓並向尾部漸收細。背鰭及臀鰭呈鐮刀狀；無腹鰭；尾鰭截形。身體背部呈黃綠色，腹面呈白色。身體背部和胸鰭之間有 1 條黑色粗帶，末端增大且擴展成為圓形，鑲橙色邊；背鰭基底亦具 1 個鑲橙色邊黑色斑。各鰭淡色。

生活習性 |

中底層魚類，獨居或結小群棲息在沿岸 3~30 米的礁區或沙泥底區海域，經常進入河口，偶然進入河川，會進入淡水。晝行，肉食，主要以軟體動物、無脊椎動物、貝類和小魚為食。

經濟文化 |

一支釣或拖網捕獲，非香港經濟魚類。市售個體主要來自南中國海，多屬拖網漁船意外捕撈(混獲)。僅具有觀賞價值，偶見於水族市場。因俯視魚背部的鞍狀斑時，形狀與眼鏡相似，而「娃娃」是小型河魨類在水族市場上的統稱，因此有「眼鏡娃娃」之外號。肝臟及卵巢具有劇毒，其河魨毒素足以令人致命，不宜食用。

地理分布 |

印度—西太平洋，東亞海域，包括中國南海、東海、臺灣海峽和越南等。聯合國糧農組織漁區：61。

弓斑多紀魨

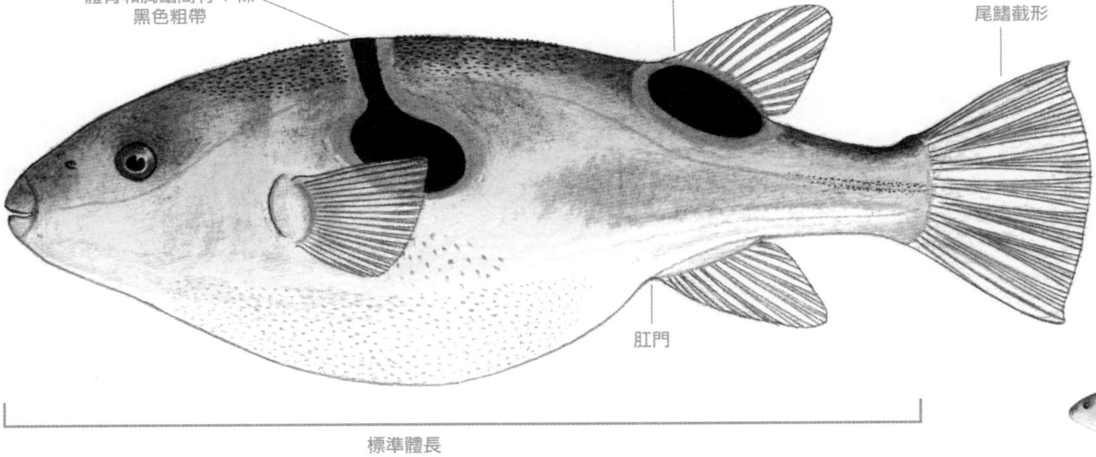

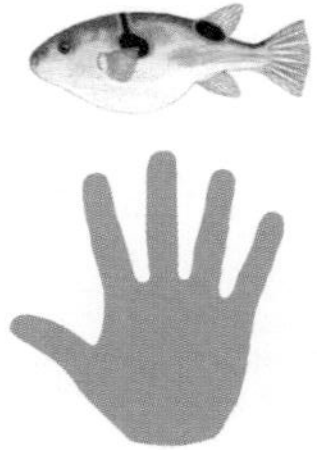

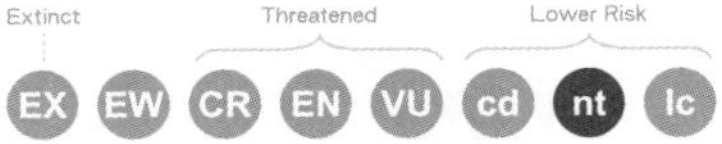

《IUCN紅色名錄》物種瀕危等級
近危 Near Threatened (NT)

鳴謝

本書經多年修訂，由策劃至出版，全賴眾多專家與有力人士的悉心支持。本地漁業史及口述歷史專家羅家輝博士，參與協助策劃大綱；嶺南大學翻譯系高級講師楊宏通先生，於教學百忙中擔任校對；資深生態講師、設計師姚樂倫先生，為每種魚類修訂世界地理分布圖，貢獻良多。

魚類學相關大學及研究機構諸位專家，特別是兩位已故資深魚類學者，上海海洋大學伍漢霖教授，以及中國水產科學研究院東海水產研究所倪勇研究員，在本書策劃初期，在出版資料及展示模式等方面，提供許多寶貴意見，令版面系統精而簡，深入淺出。衷心感謝中國魚類學會對香港魚類學會的支持，自本學會成立以來予出席全國雙年學術討論會議，有機會與不同單位包括中國科學院動物研究所、中國科學院海洋研究所、中國科學院水生生物研究所、中國科學院南海海洋研究所、臺灣中央研究院生物多樣性研究中心、臺灣海洋大學海洋生物研究所等，參與《中國動物誌》及各省區域魚類誌之眾著者，以及多年相識學者們保持交流研究成果，令本書內容得以與時並進。

學會於本地承各機構、大專院校及政府部門的支持信賴，特別鳴謝譽德萊教育（香港）有限公司在學會實踐博物學教育上的協助；香港浸會大學、嶺南大學導師及本科生的資料整理；香港餐務管理協會及香港中華廚藝學院，透過課程與高級廚師交流，讓學會更了解飲食文化最新概況；香港漁農自然護理署網站上所設本地海陸自然環境與生物多樣性之豐富資訊，亦對本著提供了許多重要參考。國內外還有不同層面予以協力者，未能盡錄，在此表示感恩。

感謝香港三聯出版社對本書全力支持，及對編輯的耐性和設計師的理解及創意深表敬意。

最後，感謝所有熱愛、擁護海洋與魚類讀者的支持，這些永遠是編著者的重要動力。

香港海水魚類圖鑑

尤炳軒　著 | 莊棣華、黎諾維　監修

責任編輯　Kayla
書籍設計　Kaceyellow

出　版
三聯書店（香港）有限公司
香港北角英皇道四九九號北角工業大廈二十樓
Joint Publishing (H.K.) Co., Ltd.
20/F., North Point Industrial Building,
499 King's Road, North Point, Hong Kong

香港發行
香港聯合書刊物流有限公司
香港新界荃灣德士古道二二〇至二四八號十六樓

三聯書店
http://jointpublishing.com

JPBooks.Plus
http://jpbooks.plus

印　刷
美雅印刷製本有限公司
香港九龍觀塘榮業街六號四樓 A 室

版　次
二〇二四年六月香港第一版第一次印刷

規　格
三十二開（210mm × 140mm）二八八面

國際書號
ISBN 978-962-04-4281-0

資料

1.《香港海水魚的故事》

2.《做海做魚：康港漁業的故事》

3.《香港街市海魚圖鑑》

4.《拉漢世界魚類系統名典》

5.《中國海洋及河口魚類系統檢索》

1. 香港魚網

2. 臺灣魚類資料庫

3. FishBase